中国科学院理论物理研究所
成立40周年

U0382843

# 从夸克到宇宙

## 理论物理的世界

中国科学院理论物理研究所/编

科学出版社

北 京

# 内 容 简 介

　　理论物理学是研究物质、能量、时间和空间以及它们的相互作用和运动规律的科学，它揭示的是自然界中所有物理现象的本质。理论物理的研究对象小到物质的基本组分夸克，大到整个宇宙，研究对象极其丰富。理论物理学经过 20 世纪的蓬勃发展后，现在仍有大量的重要问题亟待回答，如暗物质的性质、暗能量的本质、粒子物理标准模型的完备性以及是否存在超越标准模型的新物理、爱因斯坦的广义相对论是否是引力理论的终极理论、大统一理论是否存在、宇宙的起源、量子力学的诠释、黑洞的本质以及引力的量子化和时空的起源等。另外，理论物理在其他学科领域具有广阔的应用，如生物体系、社会复杂系统、能源问题等。本书收集了中国科学院理论物理研究所科研人员近年来撰写或者翻译的，涉及上述课题的一些优秀科普文章。

　　本书适合高中生、本科生、研究生和相关科研人员，以及科学爱好者、科技管理人员参考阅读。

**图书在版编目（CIP）数据**

从夸克到宇宙：理论物理的世界/中国科学院理论物理研究所编．—北京：科学出版社，2018.5
　ISBN 978-7-03-057238-7

　Ⅰ.①从⋯　Ⅱ.①中⋯　Ⅲ.①理论物理学-普及读物　Ⅳ.①041-49

中国版本图书馆 CIP 数据核字（2018）第 083452 号

责任编辑：钱　俊/责任校对：杨　然
责任印制：赵　博/封面设计：有道文化

**科 学 出 版 社** 出版
北京东黄城根北街 16 号
邮政编码：100717
http://www.sciencep.com
北京凌奇印刷有限责任公司印刷
科学出版社发行　各地新华书店经销
*
2018 年 5 月第　一　版　开本：720×1000　B5
2024 年 4 月第五次印刷　印张：22 1/2　插页：1
字数：325 000
**定价：98.00 元**
（如有印装质量问题，我社负责调换）

# 前　　言

　　2018 年，中国科学院理论物理研究所迎来建所 40 周年。40 年前，改革春风吹遍神州大地，全国科学大会胜利召开。1978 年 6 月 9 日，经时任国务院副总理邓小平等中央领导同志的批准，中国科学院正式发出《关于建立理论物理研究所的通知》。40 年来，伴随着祖国改革开放的步伐，承载着国家发展理论物理事业的使命，寄托着我国物理学界的期望，坚持"开放、流动、竞争、联合"的办所方针和"开放、交融、求真、创新"的办所理念，中科院理论物理所走过了风雨兼程的 40 年，在科学研究、人才培养、学术交流等方面取得了辉煌的成就，为我国理论物理事业的发展做出了重要的贡献！

　　40 年来，在党和国家、中国科学院等各界领导的关怀和指导下，在海内外朋友的大力支持和帮助下，秉持"两弹一星"功勋奖章获得者、理论物理所老所长彭桓武、周光召等老一辈科学家倡导的开放办所的战略思想，在历任所长的带领下，理论物理所全所职工共同努力，攻坚克难，追求卓越，敢为人先，取得了许多个"第一"。理论物理所是我国第一批博士学位授予点，第一批博士后流动站；理论物理所是中科院第一个开放所，第一批进入中科院的知识创新工程；理论物理所是中科院基础研究领域第一个全面接受国际评估的研究所，并成立了以诺贝尔物理奖获得者戴维·格罗斯教授为主席的国际顾问委员会，也是第一个建立国际化交流合作平台的研究所；依托理论物理所成立了中国科学院交叉学科理论研究中心，我国首个理论物理国家重点实验室也曾在理论物理所建立。

40 年来，理论物理所积极推动发展我国理论物理事业，组织和承担国家重大科研任务。理论物理所推动组织了国家自然科学基金的理论物理重大项目、理论物理专项基金和国家基础性研究重大项目"攀登计划"，承担了国家重点基础研究发展计划（973 项目）和国家自然科学基金重大项目。如："七五"期间国家自然科学基金重大项目"理论物理若干重大前沿课题研究"、国家科委（科技部）"八五"期间国家基础性研究重大关键项目（"攀登计划"）"九十年代理论物理学重大前沿课题"、科技部"九五"期间国家基础研究预研项目"面向 21 世纪理论物理学重大前沿课题"、基金委重大研究计划"理论物理学及其交叉科学若干前沿问题"，以及从 1993 年一直执行至今的"国家自然科学基金理论物理专款"项目。这些计划和项目的实施极大地推动了我国的理论物理研究，稳定和壮大了理论物理研究队伍。近十年来，理论物理所每年承担国家级科研项目 70 余项。

40 年来，理论物理所科研成绩突出。理论物理所作为第一完成单位，获得国家自然科学奖二等奖 7 项，国家科技进步奖二等奖 1 项；作为参与单位，获得国家科技进步奖特等奖 2 项，国家自然科学奖一等奖 1 项，国家自然科学奖二等奖 1 项，以及省部级各类科技奖励 30 多项。有 2 人获得"两弹一星"功勋奖章，1 人获得求是基金会"中国杰出科学家"奖，1 人获得求是基金会"杰出青年学者"奖；1 人获得何梁何利科学成就奖，3 人获得何梁何利科学与技术进步奖，以及其他 40 多项个人奖励。近年来，理论物理所每年发表高水平论文 200 余篇。最近汤森路透发布了 2007 年 1 月 1 日—2017 年 12 月 31 日期间论文统计数据 ESI，我国共有 117 所研究机构进入全球前 1‰，其中中国科学院占了 62 所，理论物理研究所以 2618 篇论文和 35160 次被引榜上有名，位列全国各大研究机构第 39 位，中科院第 28 位。

40 年来，理论物理所人才辈出。曾经在理论物理所工作和学习的科研人员已有 16 位当选两院院士，其中 11 位院士是在理论物理所当选，7 位当选发展中国家科学院院士。先后引进 28 位中科院"百人计划"研究人员，17 位研究员获得国家杰出青年基金资助，3 位入选"万人计划"，7 位入选"青年千人计划"，1 位获得优秀青年基金资助，11 位入选"百千万人才工程"国家级人选。这些优秀人才为理论物理所的发展和薪火传承奠定了雄厚的基础。

40 年来，理论物理所为国家不断培养和输送优秀人才，逐步发展成为我国理论物理英才辈出的人才培养基地。理论物理所已培养博士学位研究生 358 人，硕士学位研究生 120 人。其中有 5 人获得全国优秀博士学位论文，2 人获得全国优秀博士学位论文提名，12 人获得中国科学院优秀博士学位论文，9 人获得中国科学院院长特别奖。理论物理所培养的研究生中，已有 2 人当选为中国科学院院士。理论物理所于 2005 年和 2015 年被评为全国优秀博士后科研流动站。已进站博士后 251 人，出站博士后 206 人。出站的博士后中，已有 3 人获得全国优秀博士后奖，4 人当选中国科学院院士，1 人当选中国工程院院士。理论物理所毕业的学生和出站的博士后中已有多人获得了国家杰出青年基金、长江学者、青年千人、优秀青年基金、青年拔尖人才等各类荣誉，成为了我国理论物理及其相关学科研究和教学队伍的骨干力量。

40 年来，理论物理所实施了一系列重要举措和体制机制创新，举办了许多具有重要国际影响的学术活动；每年吸引数百名海内外学者来所访问交流，包括许多诺贝尔奖获得者和具有国际影响的顶级科学家的来访交流，如诺贝尔奖获得者杨振宁、李政道、丁肇中、格罗斯、盖尔曼、格拉肖、科恩、益川敏英、巴理希、索恩，菲尔兹奖获得者丘成桐、弗里曼、威腾以及世界著名物理学家霍金等。这些学者的来访和学术活动为提升理论物理所的影响力，推动国内外的理论物理发展发挥了重要作用。

40年来，理论物理所的科学家们除了进行前沿科学研究外，还积极关心国家战略需求，关心国家科技政策，积极组织和承担中国科学院学部的咨询项目，为国家科技政策、战略需求、学科建设、科学前沿、大科学工程等建言献策，在中科院"出成果，出人才，出思想"的三位一体战略定位方面走在了各所的前列。欧阳钟灿院士等撰写的《基础研究与战略性新兴产业发展》咨询报告，得到了时任总理温家宝同志的批示，根据总理批示，发改委、科技部、工信部、财政部派代表与中科院咨询专家召开了座谈会。不久，国务院批准成立了战略性新兴产业发展专家咨询委员会。张肇西院士等关注我国高能物理发展，积极推进超级Z工厂的物理论证，使其成为我国未来高能物理加速器实验的一个重要选项。何祚庥院士等关注国家能源发展，撰写《关于建设以三峡枢纽为中心，由水、火、核、日、风组成，抽水蓄能核站群为有效调节，智能电网连接的超巨型能源体的建议》，得到了李克强总理批示，并向国家领导人报送了《科学发展核能必须坚决贯彻"稳中求进"》以及《科学发展观和捍卫国家安全》等报告。吴岳良院士主持了学部咨询项目《暗物质暗能量与粒子宇宙物理研究》和《全球化背景下中国基础科学研究的优先领域选择》。

2017年10月，举世瞩目的党的十九大胜利召开。习近平总书记向大会作了题为《决胜全面建成小康社会 夺取新时代中国特色社会主义伟大胜利》的报告。习近平总书记在报告中指出，要在本世纪中叶将我国建设成为一个社会主义现代化强国。要加快建设创新型国家，要瞄准世界科技前沿，强化基础研究，实现前瞻性基础研究、引领性原创成果重大突破。要建设科技强国，要培养造就一大批具有国际水平的战略科技人才、科技领军人才、青年科技人才和高水平的创新队伍。2016年6月，习近平总书记在全国科技创新大会、两院院士大会、中国科学技术协会第九次全国代表大会上向全国发出了建设世界科技强国的动员令，明确了未来我国科技事业的发展路径并进行了总体布局。总书记明确强调："科技创新、科学普及是实现科技创新的两翼，要把科学普及放在与科技创新同等重要的位置。"

理论物理所科研人员和学生在过去 40 年里，一贯高度重视科学普及和科学文化传播工作，在科学文化普及、科学知识传播、提高全民科学素养等方面做出了积极贡献。理论物理所的研究人员和学生在中学、高校和科研机构等做了大量的科普报告，在杂志和网络上撰写了大量的优秀科普作品。这次以庆祝建所 40 周年为契机，收集近期完成的分散在各个杂志上或者网站上的部分优秀科普作品结集出版，一方面用以庆祝理论物理所建所 40 周年，另一方面可以更好地传播科学知识并鼓励大家为传播科学精神、科学文化和科学知识做出更大贡献。

理论物理是物理学各分支学科的理论基础，是研究物质、能量、时间和空间以及它们的相互作用和运动规律的科学。理论物理的每一次重大突破都意味着人类对自然界认识的又一次深化，乃至给人类的时空观和自然观带来革命性的变革。理论物理研究的对象从空间尺度上小到夸克，大到整个宇宙；从时间尺度上从宇宙的诞生直到宇宙的未来，所以研究对象极其丰富，研究内容博大精深。理论物理所目前在粒子物理和核物理、量子场论和超弦理论、引力理论和宇宙学、统计物理和理论生物物理、凝聚态物理和量子物理等研究领域部署了一支人员精干、学科方向齐全的研究队伍。这本科普文集收录的文章内容十分丰富，主要内容大致可以可分为四个方面的内容：第一部分涉及量子力学的本质、粒子物理标准模型和宇宙的起源和演化，如谈论宇宙是如何起源的《宇宙如何起源》，早期宇宙模型的研究和进展的《暴涨宇宙学的研究和进展》，粒子物理标准模型和宇宙学关系的《探索自然、揭示奥秘——极小夸克和极大宇宙的内在联系》，上帝粒子到底是怎么回事的《希格斯粒子理论浅析》，爱因斯坦大统一梦想的《爱因斯坦的未竟之梦：物理规律大统一》，量子力学本质问题的《量子力学诠释问题》，量子力学和时空关联的《量子纠缠创造了虫洞》，超弦理论中时空观的《弦论编织的多重宇宙》，自然界中最神秘的天体黑洞和引力本质问题的《黑洞的本质》，解读 2017 年诺贝尔物理奖（引力波直接探测）的《来自宇宙的微弱声音》；第二部分涉及核物理及超重元素，如《超重元素和超重元素稳定岛》和《原子核的电荷和质量极限探索》；第三部分内容为统计物理、生物物理及其相关交叉学科，如讨论自然中无处不在的相变现象的《相变和临界现象》，物理学和生物学关系的《物理学和生物学》，自然界中混沌现象的《世界是必然的还是偶然的》，软物质科学新机遇的《从液晶显示到液晶生物膜理论：软凝聚态物理在交叉学科发展中的创新机遇》，DNA 动力学的《DNA 的弹性理论》；第四部分涉及科学研究方法和建议，如《谈谈统计物理的对象和方法》，《向前辈学者和各位学者学习科学研究方法》，《理性的胜利——从上帝粒子到引力波》，《物理：从 IT 到 ET》以及《超级 "Z-玻色子工厂"》等。

这次收集科普作品结集出版，得到了全所科研人员和学生的积极响应，也得到了同行的热情鼓励。但是由于篇幅限制，我们无法收录更多的好作品。另外，受编者水平所限，所选作品也不一定是大家提供的作品中最好的文章。在此，我代表编委会向大家致歉。在收集和编排过程中，王延颋、庄辞、方晓、刘瑾等同志花费了大量的时间和精力，在出版过程中得到了科学出版社钱俊先生的大力协助，在此一并致谢。

蔡荣根

中国科学院理论物理研究所副所长（主持工作）
2018 年 4 月 22 日

# 目　录

# 黑洞的本质

◆蔡荣根　曹利明

## 1　经典黑洞的本质

### 1.1　什么是黑洞？

粗略地说，"黑洞是时空中连光都逃逸不出的区域"。这是一个朴素但又非常不平凡的关于黑洞的描述方式。真正地理解这一描述是一件不容易的事，原因在于人们对于时空概念理解的不同，或者对连光都逃逸不出这一过程界定的不同。这里我们愿意从历史发展的眼光来看待这个问题。

在介绍黑洞这个概念时，很多人愿意提及如何在牛顿力学的框架下理解一个黑洞。这种想法可以追溯到 18 世纪的英国牧师兼自然哲学家米歇尔（Mitchell）。1783 年，米歇尔在写给卡文迪许

蔡荣根：中国科学院理论物理研究所研究员，中国科学院院士。研究领域：引力理论和宇宙学。

曹利明：原中国科学院理论物理所博士研究生，现中国科学技术大学物理学院教授。研究领域：引力理论和宇宙学。

（Cavendish）的一封信中提出了暗星的概念（图 1）。这封信中的内容于 1784 年在英国皇家学会发表[1]。同时代的法国著名学者拉普拉斯（Laplace）于 1796 年也独立地提出暗星的想法，且将这个想法写到了其著作 *Exposition du Système du Monde* 的第一和第二版中，并于 1798 年给出了一个光逃逸不出的证明。拉普拉斯的工作被霍金（Hawking）和埃利斯（Ellis）翻译成英文，并放在他们 1973 年所著的 *The Large Scale Structure of Space-time* 一书的附录中，因此广为人知。1979 年，剑桥大学的引力物理学家杰彭斯（Gibbons）在 *New Scientist* 杂志中的一文指出了米歇尔的工作。自那时起，米歇尔的贡献才被人们广泛知悉。

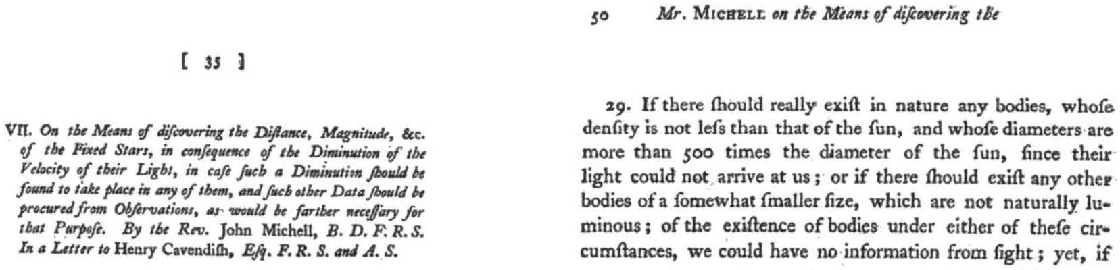

50　　Mr. MICHELL on the Means of discovering the

【 35 】

VII. On the Means of discovering the Distance, Magnitude, &c. of the Fixed Stars, in consequence of the Diminution of the Velocity of their Light, in case such a Diminution should be found to take place in any of them, and such other Data should be procured from Observations, as would be farther necessary for that Purpose. By the Rev. John Michell, B. D. F. R. S. In a Letter to Henry Cavendish, Esq. F. R. S. and A. S.

29. If there should really exist in nature any bodies, whose density is not less than that of the sun, and whose diameters are more than 500 times the diameter of the sun, since their light could not arrive at us ; or if there should exist any other bodies of a somewhat smaller size, which are not naturally luminous ; of the existence of bodies under either of these circumstances, we could have no information from sight ; yet, if

图 1　米歇尔写给卡文迪许的信中关于暗星的部分[1]

　　拉普拉斯关于暗星的讨论基于牛顿引力理论和光的粒子学说：如果星体表面光子的动能小于它的引力势能，光子便不能够逃逸到无限远处。由此可以很容易得到质量为 $M$ 的星体成为暗星时的最大半径为 $R=2GM/c^2$，其中 $c$ 是光速，$G$ 是牛顿常数。这就是所谓的暗星，也是迄今为止人们能够发现的人类关于黑洞最早的一个认识。需要指出的是：这个半径恰好是爱因斯坦广义相对论中所预言的施瓦西黑洞的施瓦西半径。但这只是一个巧合。事实上，在同时代的学者看来，拉普拉斯等人的讨论存在着明显的漏洞，即需假定光速不依赖于参考系。但这和牛顿力学中任何物体的速度（包括光速）是一个相对的量相冲突。在牛顿力学框架下，总有一些物理过程（例如星体表面附近速度很大的电子发射光）使得光子的速度超过 $c$，并可以逃逸到无限远处天文学家的望远镜（图 2）。在牛顿力学的框架下，物理信号可以以无限大的速度运行，因此牛顿理论所在的时空中不存在信息逃逸不出的区域，即不存在真正黑洞的概念。当然我们现在知道光速不依赖于参考系是狭义相对论的一个基本假设。可见，若希望理解黑洞，相对论性的时空观是必要的。

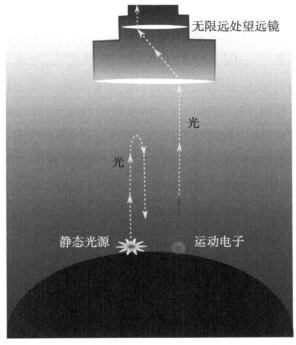

图2　米歇尔和拉普拉斯的暗星。牛顿时空中不存在真正意义上黑洞的概念

在牛顿时代或更早，人们关于时空的认识是接近日常生活的。先知告诉我们：在这些时空中时间和空间是分离的（这是一种典型非动力学的，人为加入的"背景结构"），每一个时刻都存在一个三维的空间。

时间和空间的分离意味着我们需要两套度量，分别来衡量时间的间隔和空间的间隔。牛顿引力理论就是建立在这样的时空之上，相应的引力场方程是一种典型的椭圆方程，即泊松方程。因此牛顿引力理论中没有引力波的概念。而引力相互作用是一种超距作用，物理信号的传播速度可以是无限大。虽然牛顿引力理论在物理上简单直观，但其数学结构是相对复杂的。除了需要引入两套退化的度规，人们还需要额外的联络结构。而且这种联络结构并不能由这两套度规确定。在相对论性时空中时间和空间没有先验地分离，而是融合在一起成为一个四维的对象。这意味着相对论性的时空只需要一个衡量"时空间隔"的度量，或者说只需要一个度规。更进一步地，很多情况下，用来描述时空弯曲程度的联络也由度规唯一确定。因此相对论性时空中没有"人为的背景"，具有比牛顿引力理论更为简单的数学结构。任何物理信号都不能超光速，这一基本假设要求时空的每一点处都能够构造出一个光锥（图 3）。换句话说，这个度规是洛伦兹的。这样，一个相对论性时空可以看成是一个二元组（$M$, $g$），即一个四维流形 $M$ 配上一个洛伦兹度规 $g$。或者说一个相对论性时空就是一个洛伦兹流形。在物理上，相对论性时空上的引力理论更为自然。如广义相对论中的爱因斯坦场方程，通常可以写成一个非线性（拟线性）偏微分方程组，而且在一些特殊的坐标系（如谐和坐标）下具有双曲方程的特征。这意味着相对论性的引力理论具有传播自由度，存在引力波的概念。事实上，最近位

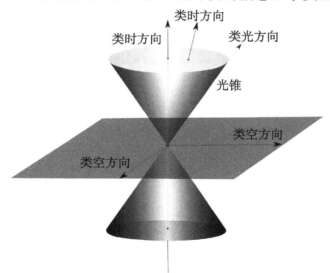

图 3　相对论性时空上每一点处的矢量可以分为三类：类时、类光、和类空。类时矢量可以看作过该点的质点世界线在该点的切矢量，而类光矢量可以看成是过该点的光的世界线的切矢量，即光的 4-波矢

于美国路易斯安那州和华盛顿州的激光干涉引力波天文台（LIGO）已经直接观测到了引力波的存在。这一引力波是由二个转动黑洞并合后产生的[2]。在相对论性引力理论中，引力相互作用以有限的速度（如光速）传播，而不是超距作用。引力现象归结为时空的弯曲程度，这表明在一个相对论性的引力理论中度规也是动力学的，而不是简单地作为背景或舞台出现在物理理论中。度规即是背景又是动力学变量这一特征是相对论性理论的一个核心。可以说，相对论性引力理论（如广义相对论）中的一系列重要的结论和困难都和这一事实密切相关。

比起牛顿或伽俐略时空，相对论性时空除了拥有类时和类空无限远，还拥有类光无限远的概念。形象地说，所谓的类光无限远可以理解成时空上光线能够延伸到的最远的"端点"的集合。通常来说，人们用来 $\mathscr{I}$ 代表未来类光无限远。在闵氏时空上的任意一点发射的光都可以达到类光无限远。但是不是所有时空都有类似的性质呢？答案并不是。黑洞就是这样的时空，在这个时空中的一些区域发出的信号无法到达类光无限远。如果我们记时空为 $(M,\ g)$，那么这样的区域可以记为

$$B = M - \mathcal{I}^{-}(\mathscr{I}^{+})$$

这就是时空上的黑洞区。其中 $\mathcal{I}^{-}(\mathscr{I}^{+})$ 代表未来类光无限远 $\mathscr{I}^{+}$ 的过去。简而言之，所谓的黑洞区就是时空上连光都逃逸不出的区域。需要强调的是：这里的时空是相对论性的时空，而光逃逸不出指的是光不能够到达未来类光无限远。黑洞区域的边界称为"黑洞事件视界"（event horizon）。因此人们常说：所谓的"黑洞事件视界是时空未来类光无限远过去的边界"。事件视界这个词最早由奥地利物理学家伦德勒（Rindler）[3,4] 于 1956 年在宇宙学的研究领域内引入。当然他研究的是所谓的观测者的事件视界，不同于我们这里的黑洞事件视界（图 4）。1969 年英国数学物理学家彭罗斯（Penrose）将这一概念发展成所谓的"绝对事件视界"，也就是我

们这里的黑洞事件视界[5]。当然黑洞事件视界也可以理解为一族逃逸到无限远处的观测者共有的事件视界[5]。因此我们也可将黑洞区定义为 $M\text{-}\mathcal{I}^-(\mathcal{R})$，其中 $\mathcal{R}$ 是上述的所有观测者所形成的集合。黑洞事件视界是时空中的类光超曲面（时空的 3 维子流形），也就是说它的母线是类光曲线。

(a) VISUAL HORIZONS IN WORLD-MODELS

W. Rindler

(Received 1956 November 23)

We shall define a horizon as a frontier between things observable and things unobservable. (The vague term things is here used deliberately.) There are then two quite different horizon concepts in cosmology which satisfy our definition and to which cosmologists have at various times devoted their attention. The first, which I shall call an event-horizon, is exemplified by the de Sitter model-universe. It may be defined as follows : An event-horizon, for a given fundamental observer A, is a (hyper-) surface in space-time which divides all events into two non-empty classes : those that have been, are, or will be observable by A, and those that are forever outside A's possible powers of observation. It was this horizon,

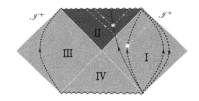

(b) Gravitational Collapse: The Role of General Relativity[1]

R. Penrose

Department of Mathematics, Birkbeck College - London
[Current address: Mathematical Institute, University of Oxford, 24–29 St. Giles, Oxford, OX 13 LB, UK]
(Rivista del Nuovo Cimento, Numero Speziale I, 257 (1969))

appropriate is the term "event horizon", since $r = 2m$ represents the absolute boundary of the set of all events which can be observed in principle by an external inertial observer. The term "event horizon" is used also in cosmology for essentially the same concept (cf. Rindler [5]). In the present case the horizon is less observer-dependent than in the cosmological situations, so I shall tend to refer to the hypersurface $r = 2m$ as the absolute event horizon[3] of the space-time

图 4 （a）为某个观测者的事件视界。观测者世界线的过去是图中的阴影部分，也是观测者有可能探测到的时空的最大区域。而他（她）的事件视界是这个区域的边界。图（b）中的 II 区为最大扩张施瓦西时空中黑洞区 $B$。黑洞的事件视界是这个区域的边界。上图中的每一点代表一个二维的曲面。图（b）中的各种无限远已经通过共性映射拉到有限处。这样，压缩掉两维后，我们可以将时空画在一张纸上。这种图称为彭罗斯-卡特图。在这种图中光的世界线都是和竖直方向成 45°夹角的直线，如图中的直虚线。图（b）上下的锯齿线代表最大扩张施瓦西时空中的奇点

## 1.2 广义相对论中黑洞的小历史

1915 年爱因斯坦建立了广义相对论。这是一种典型的相对论性引力理论，时空度规满足的引力场方程就是著名的爱因斯坦场方程。20 世纪 60 年代以前，人们关于广义相对论的研究主要集中在

时空的局部性质。典型的做法是在某个局部坐标系中求解爱因斯坦场方程和研究一些物理现象。例如：1916 年，在广义相对论诞生 3 个月左右，德国物理学家和天文学家施瓦西（Schwarzschild）发现了爱因斯坦场方程的一个球对称解，也就是著名的施瓦西解。1918 年，考虑电磁场后，莱斯纳（Reissner）和诺斯特朗（Nordström）发现了球对称的解，也就是所谓的莱斯纳-诺斯特朗解。在某个坐标系中求得的解只是爱因斯坦方程的一个局部解。它极有可能是更大的一个时空的一部分。二十世纪二三十年代，爱丁顿（Eddington）和勒梅特（Lemaître）将施瓦西解扩张到图 4 中的 I 区和 II 区。到了 50 年代，辛格（Synge）意识到这种扩张的不完备性，并将时空扩张到包含了 III 区和 IV 区。1960 年克鲁斯卡（Kruscal）和塞凯赖什（Szekeres）分别独立地实现了这种扩张。这样人们实现了施瓦西时空的最大扩张。1963 年，新西兰物理学家克尔（Kerr）又发现了轴对称稳态的转动解，即克尔解。1965 年，纽曼（Newman）发现了带电荷的克尔解，称为克尔-纽曼解。1967 年，博耶尔（Boyer）和伦德奎斯特（Lindquist）实现了克尔解的最大扩张。随后，1968 年，卡特（Carter）完成了克尔-纽曼解的最大扩张。在这些研究中，人们发现扩张后的时空中存在着因果不连通的区域。例如：1958 年芬克尔斯坦（Finkelstein）意识到施瓦西时空的 I 区和 II 区是因果不连通的。它们中间存在着因果壁垒，物理信号无法从 II 区传播到 I 区。这就是黑洞事件视界这个概念的雏形。物理上我们并不要求所有的时空都是最大扩张的，例如：在现实世界中，很多时候最大扩张施瓦西时空的 I 区和 II 区所形成的小一些的时空就足够了。在 1967 年之前，"黑洞"这个名词并没有在物理学界广泛使用（那时人们用"冻结星体"或"塌缩的星"等来描述黑洞）。唯一可知的记录是 1964 年美国女科学记者尤因（Ann Ewing）在 *Science News Letter* 上发表的一篇关于"黑洞"的短文（图 5）。1967 年 12 月 29 日，美国著名物理学家惠勒（Wheeler）

在哥伦比亚大学的一次题为"Our Universe：the Known and Un-known"的公众讲座中使用了"黑洞"这个词，从那时起"黑洞"逐渐成为物理学中的一个专有名词。

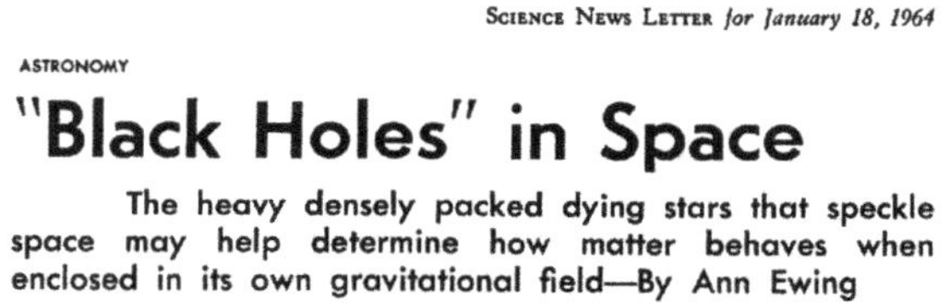

SCIENCE NEWS LETTER *for January 18, 1964*

ASTRONOMY

# "Black Holes" in Space

The heavy densely packed dying stars that speckle space may help determine how matter behaves when enclosed in its own gravitational field—By Ann Ewing

图 5　安·尤因最先使用了黑洞这个名词

　　直到 20 世纪 60 年代，人们关于时空整体性质的研究才获得实质性的进展。1962 年底，彭罗斯引入了时空的共形完备技术。自此，人们关于时空渐近无限远的行为研究和时空因果结构的研究拥有了相对系统的手段。伴随着研究方法的改进和克尔解的发现，从 1960 年初到 1970 年初，广义相对论和黑洞物理的研究取得了辉煌的成就。有时候，这 10 年左右的时间被称为黑洞物理的"黄金年代"。在这段时间内人们给出了黑洞的数学定义（见上一小节）和关于黑洞的一些重要性质。例如：奇异性定理、唯一性定理（无毛定理）、黑洞的力学四定律，和霍金辐射等等。这里我们做一点简单的介绍。

　　20 世纪 30 年代初，钱德拉塞卡（Chandrasekhar）和朗道（Landau）已经意识到星体塌缩成白矮星应该有个质量上限。事实上，1931 年钱德拉塞卡的计算给出了恒星塌缩形成白矮星的质量上限为大约 1.4 个太阳质量。但钱德拉塞卡和朗道的讨论是基于牛顿力学。1939 年，基于爱因斯坦方程，奥本海默（Oppenheimer）和斯奈德（Snyder）研究了球对称流体的引力塌缩问题，并发现：当星体的质量很大时，没有什么可以阻止星体的塌缩，最终它必然塌缩到一个点（即施瓦西黑洞的奇点，见图 3（b）中的锯齿线）。但奇点的出现是不是和球对称的假设有关呢？答案是否定的。彭罗斯、霍金、盖罗奇（Geroch）的一系列奇异性定理回答了这个问题——奇点的形成和对称性没有关系。1965 年彭罗斯证明：只要时空中存在 2-维的俘获面，奇点就不可避免地形成（但这个证明中用到了时空的整体双曲条件）。1970 年霍金和彭罗斯改进了证明，所需的条件被放松，建立了他们著名的奇异性定理。这些奇异性定理告诉我们：如果广义相对论正确，大质量星体塌缩形成奇点是必然的。

1967 年，物理学家以色列（Israel）证明了静态（无转动）黑洞的无毛定理：真空爱因斯坦方程的静态渐近平坦解必然是球对称的，因此是施瓦西解，从而只需要用一个质量参数便可唯一确定。以色列在其文章结束部分指出了将这个唯一性定理推广到转动解的情况的重要性。随后，在 1971 年，卡特给出了一个关于克尔解唯一性的证明。那时候人们已经逐渐相信大质量恒星引力塌缩的终态必然是克尔-纽曼解，而且只需要用三个参数确定，即质量、角动量和电荷。因此，1971 年惠勒和鲁菲尼（Ruffini）用"黑洞无毛假设"来描述黑洞的这种性质。黑洞无毛是一个让人很吃惊的结论：不具备任何对称性的初始引力系统，经过引力塌缩最终会形成一个稳态轴对称的简单系统——黑洞。对于这一现象，1969 年彭罗斯最先给出了一个解释：在引力塌缩过程中，初始的多极矩都被辐射殆尽，只留下质量、角动量和电荷这三个量[6]。这种想法最终被普赖斯（Price）在 1972 年关于引力塌缩的研究中证实。需要指出的是：实际上 1971 年卡特的证明是不完备的。1972 年霍金证明了刚性定理和拓扑唯一性定理：稳态黑洞要么是静态，要么是轴对称的，以及黑洞事件视界截面在拓扑上是一个球面。基于卡特和霍金等的工作，1975 年罗宾森（Robinson）完善了卡特的证明。一直到 1982 年克尔-纽曼解的唯一性才被澳大利亚学者邦廷（Bunting）和波兰学者马祖尔（Mazur）分别独立地证明。

霍金在 1971~1972 年研究了黑洞事件视界截面面积的演化，并发现这个面积是不减的。这就是所谓的黑洞面积定理。黑洞无毛定理表明黑洞的形成会导致熵的丢失。为了解决熵丢失的问题，

1972 年贝肯斯坦（Bekenstein）提出黑洞的熵应该正比于黑洞事件视界截面的面积。霍金并不认同贝肯斯坦的想法，认为贝肯斯坦错误地理解了他的面积不减定理，且于 1973 年与巴丁（Bardeen）和卡特建立了黑洞的力学四定律，并强调：虽然这四条定律和热力学中的四条定律非常相似，但黑洞不是一个热力学系统。这是因为：通常来说，如果有熵的话，就需要一个温度的概念。有温度就会存在热辐射，而这对于经典黑洞来说是不可能的。盖罗奇甚至在 1971 年设计了一个模型来反驳贝肯斯坦的说法。贝肯斯坦处境尴尬。但前苏联物理学家泽尔多维奇（Zel'dovich）、斯塔罗宾斯基（Starobinsky）和美国物理学家米斯纳（Misner）等认为黑洞辐射粒子也不是不可能的，例如：转动黑洞彭罗斯过程的"波"版本，即"超辐射"就是从转动黑洞的无限红移面内的能层（ergosurface）内辐射出粒子。但超辐射只局限于转动黑洞，且实质上并不涉及量子理论。1973 年霍金访问莫斯科，与泽尔多维奇和斯塔罗宾斯基讨论了超辐射的问题。霍金认为泽尔多维奇和斯塔罗宾斯基关于超辐射的讨论在物理上是可靠的，但不太喜欢他们计算超辐射的方式。他希望用一个更好的方式来研究这个问题，并与当年 11 月份找到了处理办法。但他发现：考虑时空上场的量子效应后，即使是不转动的静态黑洞也会辐射出粒子，而且无限远处观测者看到的辐射粒子的谱是一个热谱，相应的温度正比于黑洞的表面引力，这就是霍金辐射，而这个温度被后人称为霍金温度。霍金并不希望支持贝肯斯坦的想法，因此反复检验了计算，但并没有发现错误[6]。最终，霍金不得不接受了贝肯斯坦关于黑洞熵的想法，并给出了黑洞熵和面积的比例系数－1/4。这个黑洞的熵的表达式被人们称为贝肯斯坦-霍金熵。量子效应被考虑进来之后，黑洞的力学四定律变成了真实的热力学四定律。但霍金辐射的存在也表明黑洞会因为这种量子效应丢失能量，并最终变成一堆辐射物质，即黑洞完全蒸发了。可见在黑洞形成并蒸发的过程中，形成黑洞的物质的信息丢失了。这就是所谓的黑洞信息丢失疑难。

1974 年，随着霍金辐射的发现，至今黑洞物理最为辉煌的时代逐渐落下了帷幕。在这个黄金时代，群星璀璨，广义相对论中许多重要的问题被解决，同时也提出了很多新的问题。这里我们只列举了与黑洞密切相关的部分。其中的很多问题仍然是当前引力理论中重要的研究方向。例如：黑洞信息丢失问题。再例如：在引入宇宙常数时，前面所述的那些定理会有什么样的改变？

## 1.3 黑洞理解的演变

至此，相信读者已经知道什么是黑洞，什么是黑洞事件视界，也已经对黑洞物理有了一定的认识。但需要指出的是：黑洞事件视界依赖于时空的整体因果结构。或者换句话说，为了知道黑洞的事件视界我们需要知道时空的一些整体信息，例如时空的类光无限远。这使得黑洞事件视界在实际应用上非常不方便，因为一般来说我们不可能知道我们的未来，不可能知道我们所处时空的整体因果结构。原则上我们无法局部地定义黑洞事件视界，更有甚者，在局部的观测者看来黑洞事件视界会具有一些反直觉的行为。这就是事件视界的"目的论"（telelogical）特性。霍金和埃利斯很早就注意黑洞事件视界的非局部特征，并在其著作 *The Large Scale Structure of Space-time* 一书中引入了表观视界（apparent horizon）的概念[7]。这个视界的定义依赖于 4-维时空中 2-维闭合曲面的外几何与内禀几何，而不是时空的整体因果结构。但霍金和埃利斯的表观视界仍然依赖于时空的一种整体结构，即时空的分层。因此在实际应用中可操作性依然不强。20 世纪 90 年代，人们将表观视界的定义推广，建立了一些准局域视界。其中颇具影响的是阿什塔卡（Ashteka）[8]提出的孤立视界和动力学视界[7]。

前文提到的彭罗斯的俘获面（trapped surface）在定义这些准局域视界时起到了重要的作用。考虑时空中的一个 2-维的闭合曲面。现在我们考察这个曲面上向外和向内发射的光。如果时空是通常的闵氏时空，那么向外发射的光是发散的，而向内发射的光是汇聚的（图6）。这表明向外发射的光所成线汇的扩张标量为正，而向内发射光所成线汇的扩张标量为负。但如果曲面所处的时空弯曲的比较厉害，向外发射光所成的线汇也会变成汇聚！即相应扩张标量变为负。这样的曲面称为是俘获面。这表明曲面所在处的引力场如此之强，以至于连光都逃逸不出。向外发射光所成线汇的扩张标量为零的曲面是很特别的，称为边缘俘获面（marginally trapped surface）。粗略地说，所谓的准局域视界就是这些（无穷多个）边缘俘获面所组合成的3维超曲面。和事件视界不同的是：这些准局域视界可以是类空的（动力学视界），可以是类光的（孤立视界），也可以是类时的。甚至一些准局域视界可以一部分是类空的，一部分是类光的，而另外一部分是类时的。这是因为准局域视界和时空的整体因果结构没有必然的联系，故它们和黑洞事件视界的这种不一样是一件很自然的事。但对于稳态黑洞这种理想情况，这些准局域视界和黑洞事件视界是重合的。俘获面一旦形成，时空中便会出现奇点，因此这些新的视界更能反映出黑洞的强引力场性质，且更为接近我们现实世界中对黑洞的描述。另外一方面，准局域视界（如孤立视界）在圈量子引力中具有重要的地位。因此近20年来，基于准局域视界的物理也得到较大的发展，并引起了很多学者的重视。这些新的发展都是在广义相对论的框架下进行的（当然也容易推广到其他的相对论性引力理论）。它们极大地丰富了广义相对论中黑洞物理的内涵，并加深了人们对于黑洞的认识。

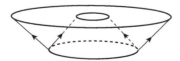

图6 黑色圆圈表示2-维类空曲面，
实线箭头表示向外发射的光，而虚线箭头表示向内发射

## 1.4　总结

从暗星到黑洞事件视界，再到所谓的准局域视界，我们可以看出：米歇尔和拉普拉斯的光是否能逃逸出这种朴素的想法是黑洞这个概念产生的根源。相对论性时空中的黑洞事件视界，准局域视界都是这一想法的具体实现中出现的重要物理对象。简而言之："所谓的黑洞就是相对论性时空中连光都逃逸不出的区域。"这就是"经典理论中黑洞的本质"。

## 2　黑洞的量子本质

但问题并非这么简单。这是因为黑洞不可避免地会产生一些量子效应。例如前面提到的霍金辐射和贝肯斯坦-霍金熵都只有在引入量子理论后才可获得解释。因此可以说没有量子理论就没有黑洞热力学。半经典的弯曲时空量子场论可以解释霍金辐射、霍金温度、昂鲁温度等，但给不出令人信服的贝肯斯坦-霍金熵的量子统计起源。为了真正解释黑洞熵，还需要一个量子引力。因此在谈及黑洞本质时，量子引力是绕不过去的话题。可是，至今为止，还没有一个公认的量子引力理论。这里我们只准备告诉读者：在几种可能的量子引力候选理论中黑洞是什么，贝肯斯坦-霍金熵是怎样得到了统计解释。

若直接将引力场量子化，无论是协变量子化（以某个最大对称空间作为背景，如闵氏时空。理论存在该最大对称空间的最大对称性，如闵氏时空的庞伽勒不变性，故称为协变）还是正则量子化（需要对时空进行 1＋3 分解）都会遇到很大的困难。协变量子化过程中遇到的最严重的问题是理论不可重整化，而正则量子化面临的问题是最后的波动方程是一个数学上没有严格定义，几乎无法求解，且具有无限多个自由度的泛函微分方程（Wheeler - DeWitt 方程)[9]。协变量子化最终放弃了点粒子模型，发展成为弦理论。而沿着正则量子化这条路，人们发现了圈量子引力。

## 2.1　弦理论中的黑洞

弦理论是一个天然的量子引力理论，因为引力子自然地出现在闭弦（拓扑上是个圆环）的无质量振动模式中。当然，弦理论不仅仅是量子引力，还能描述自然界中其他的 3 种相互作用。除了无质量振动模式，弦还拥有无穷多的有质量震动模式。在协变量子化的框架中，从微扰的角度来看，时空是引力子的相干态。因此在弦理论中，弯曲时空可以看成是闭弦的"相干态"[10]。弦理论中除了 1 维的基本弦，还包含了很多非微扰对象，也就是所谓的膜（brane），如各种空间维数的 D-膜[10]。这些膜是一些反对称张量场的源，并带有相应的荷。弦理论中牛顿常数不是一个基本量，它由弦的张力所给出的长度标度和弦与弦之间的耦合强度来决定。D-膜的质量反比于弦的耦合常数，但其生成的引力场正比于弦的耦合常数。1993年萨斯坎德（Susskind）基于微扰弦提出一个假设：弦的激发态与黑洞存在一个 1-1 对应关系（质量很大的激发态塌缩成黑洞）。但这种假设很快被证明有问题——因为黑洞的熵和质量的平方成正比，而弦的熵与质量成正比。1997 年泡尔钦斯基（Polchinski）和霍洛维茨（Horowitz）改进了这一想法，并论证弦的确具有足够的自由度来形成黑洞。但这一图像并不能给出准确的黑洞微观自由度数目，无法实现黑洞熵的量子统计解释[11]。从非微扰的角度来看，这个目标是可以实现的。弦论中的黑洞可以看成是一些膜的构型。而由一些 D-膜形成的构型可以看成是没有霍金温度的极端黑洞（粗略地说，质量 $M$ 和荷 $Q$ 相等）。当然因为黑洞的引力场是较强的，弦处于强耦合区。假定这些 D-膜保持了理论的一部分超对称（超弦理论），并想象弦的耦合强度被逐渐调弱到可以忽略不计，这样 D-膜的引力效应随之可以忽略。在这种弱耦合极限下，系统变成闵氏时空上的一个 D-膜束缚态，也可以看成是弦理论的一个荷为 $Q$ 的 BPS 态（图 7）。因为在弱耦合极限下，荷为 $Q$ 的 BPS 态的数目是可以计算的。又由于部分超对称的存在，这个数目不依赖于弦的耦合常数。这样，人们便可以计算出荷为 $Q$ 的极端黑洞所拥有的微观自由度数目，从而计算出黑洞的统计熵。当 $Q$ 很大时，这个统计熵恰好是贝肯斯坦-霍金熵！这就是斯特罗明格（Strominger）和瓦法（Vafa）1996 年完成的工作。之后，人们也发现了近极端黑洞和中性转动黑洞熵的统计起源。但需要指出的是：弦理论中的这种黑洞和现实的黑洞还是有很大的距离。例如：现实的黑洞荷可以忽略不计。弦论学者们仍在努力寻找施瓦西黑洞熵的统计起源。

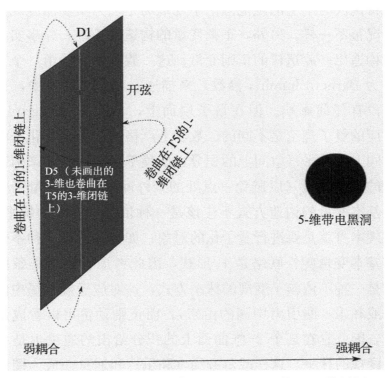

图 7　弦理论中的黑洞示意图，$D_1$ 和 $D_5$ 系统和 5-维黑洞

## 2.2 圈量子引力中的黑洞

圈量子引力是一种比较单纯的量子引力理论。它并没有试图统一自然界的四种相互作用。广义相对论相空间上的约束是比较复杂的，这使得传统正则量子化后的约束方程几乎无法求解（Wheeler-DeWitt 方程）。但基于 1986 年阿什塔卡提出的"阿什塔卡新变量"，人们可以将广义相对论相空间上的正则变量写成类似于 SU（2）规范理论的形式，从而得到一个关于联络的动力学而不是关于度规的动力学。这样规范场量子化的方法便可以用来研究引力场量子化的问题。需要注意的是：这里的正则变量（如正则动量）继承了广义相对论中度规的特征——既有动力学场的角色又有背景场的角色。这和通常闵氏时空上的规范理论中规范场是动力学场而度规是背景场的情况很不一样。另外，正则变量的构造并不唯一。事实上，人们可以构造出一族这样的正则变量。这一族正则变量由一个正的参数（称为 Barbero-Immirzi 参数）来描述。在经典理论中，这种不确定性没有任何影响。但在量子层面上，不同的 Barbero-Immirzi 参数对应的量子理论是不同的。数学上严格的场的量子化需将场做一个空间上的抹平（空间上的积分，依赖于度规体元）来构造量子化所需的基本变量（以避免一点处的紫外问题）。一个量子引力理论中的基本变量的构造方式不应该是一种依赖于度规的抹平方式，因为度规本身就是要进行量子化的对象。如何构造出这种不依赖于度规的基本变量呢？联络是 1-形式，因此考虑它沿着某条曲线的积分便是一种不依赖于度规的抹平方式，这对应于规范场中的威尔逊圈（或和乐，圈引力中圈的由来）。而正则动量可以看成是一个 2-形式，因此它在某个 2-维曲面上的积分给出的通量也是一个不依赖于度规的抹平。这样威尔逊圈（和乐）和通量便成为圈量子引力中的基本变量（对应于量子力学中的坐标 $x$ 和动量 $p$）。将它们量子化后便得到和乐算子和通量算子。藉此，在 20 世纪 90 年代中后期阿什塔卡等[8]建立了严格的量子几何理论。量子几何中的几何算子可以由通量算子构造出来，例如某个 2-维曲面的面积算子和某个 3 维区域的体积算子。对于具有孤立视界的时空（黑洞），孤立视界提供了时空的一个"内边界"。阿什塔卡等人研究了这样时空的量子几何，找到了希尔伯特空间中满足视界边条件的子空间（可称为黑洞的希尔伯特空间），并得到了该子空间的维数。这个维数对应于黑洞的微观自由度数，且可得黑洞熵的领头项正比于孤立视界（截面）的面积。但比例系数中有一个不确定的因子，即 Barbero-Immirzi 因子。只有当这个因子取特定值的时候才能够回到贝肯斯坦-霍金熵的形式。在圈量子引力中，黑洞量子视界的图像是比较直观的。视界外部的和乐可看成是一些类似于 polymer 的物体，它们在与视界相交处刺穿了视界。因此黑洞的量子视界不再是光滑的曲面，见图 8。

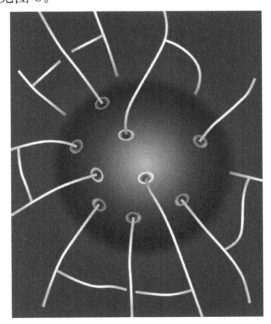

图 8    圈量子引力中，黑洞的量子视界不再是光滑曲面。

图片来源于 PhysOrg.com

## 2.3 全息图像下的黑洞

受黑洞贝肯斯坦-霍金熵的启发，在 1994 年，胡夫特（t'Hooft）和萨斯坎德（Susskind）提出了引力具有全息性质的概念：一个引力系统的独立自由度由它的边界面积来测度。1997 年底，马尔德西纳（Maldacena）在弦理论中精确地实现了这一思想：$AdS_5 \times S^5$ 上的 IIB 型超弦理论等价于 $AdS_5$ 边界上的 $\mathcal{N}=4$ 的超对称杨-米尔斯规范场理论。随后，威滕（Witten）等猜测：$(D+1)$-维 AdS 时空中的量子引力理论等价于 AdS 边界上 $D$-维的共形场论。这就是所谓的 AdS/CFT 对应。按照 AdS/CFT 对应，纯 AdS 时空对应于边界上零温的共形场论，而 AdS 黑洞对应于边界上有限温度的场论，且边界场论的温度就是 AdS 黑洞的霍金温度。这样，人们便可以通过计算边界场论的熵来确定 AdS 黑洞的熵。计算表明边界场的熵和黑洞的贝肯斯坦熵只差一个 3/4 因子。这个因子的存在是因为边界场论的计算是在弱耦合下进行的。因此在从事 AdS/CFT 对应研究的学者看来，AdS 黑洞是边界场的热激发态。进一步地，按照胡夫特和萨斯坎德的想法，全息是量子引力的一个基本特征。它可以和弦理论没有任何关系，也可以和 AdS 时空没有关系。如果任何一个引力系统完全可以由其边界上的某种没有引力参与的量子理论来描述，那么全息原理便可以看成是引力量子化的另外一种实现。它不同于前面的协变量子化或正则量子化的途径，而是一种新的量子化方式。黑洞，在这种图像下，自然应该对应于边界上的某种量子态（图 9）。当然，现在人们关于引力全息性质的研究还在继续。

## 3 结语

在经典理论中，黑洞的本质是明确的：相对论性时空中连光都逃逸不出的区域。在量子引力理论中，黑洞是某种量子态。但在不

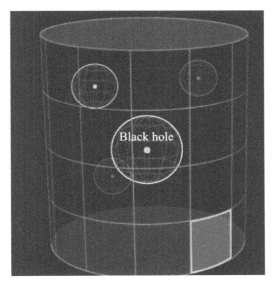

图 9　全息图像下的黑洞。

图片来源于 www.nature.com

同的量子引力理论中，黑洞的图像是非常不一样的。到底哪一种量子理论真实地描述了黑洞？对于这一问题，我们还知之甚少。但无论如何，在量子层面上，黑洞肯定不是简单的由质量、角动量和电荷这三根毛来标识。它应该具有更多的量子毛。事实上，最近霍金、派瑞（Perry）和斯特罗明戈提出了黑洞具有软毛的想法，用以解释黑洞的信息丢失问题，并引起了人们的关注[12]。不可否认，关于黑洞的量子本质的研究是现在理论物理学界重要的研究方向，也是现有或将会出现的量子引力理论无法回避的研究课题。人们相信对黑洞物理理解的不断加深一定会对相对论天体物理，量子引力，信息理论带来革命性的发展。

## 参考文献

[1] Michell J. On the Means of Discovering the Distance，Magnitude，&c. of the Fixed Stars，in Consequence of the Diminution of the Velocity of Their Light，in Case Such a Diminution Should be Found to Take Place

in any of Them，and Such Other Data Should be Procured from Observations，as Would be Farther Necessary for That Purpose. In：A letter to Henry Cavendish. Philosoph Trans R Soc London，1784，74：35－57

[2] Rindler W. Visual horizons in world models. Month Not R Astron Soc，1956，116：662－677

[3] Penrose R. Gravitational collapse：The role of general relativity. Riv Nuovo Cim，1969，1：252－276

[4] Penrose R. "Golden Oldie"：Gravitational collapse：The role of general relativity. Gen Rel Grav，2002，34：1141－1156

[5] Abbott B P，Abbott R，Abbott T D，et al. [The LIGO Scientific Collaboration，The Virgo Collaboration] . Observation of gravitational waves from a binary black hole merger. Phys Rev Lett，2016，116：061102

[6] Hawking S W，Israel W. Three Hundred Years of Gravitation. Cambridge：Cambridge University Press，1987

[7] Hawking S W. The Large Scale Structure of Space-Time. Cambridge：Cambridge University Press，1973

[8] Abhay A，Badri K. Isolated and dynamical horizons and their applications. Liv Rev Rel，2004，7：1－91

[9] Ashtekar A. Introduction to loop quantum gravity and cosmology. 2012，arXiv：1201.4598

[10] Polchinski J. String Theory. Cambridge：Cambridge University Press，2005

[11] Horowitz G. Spacetimes in string theory. 2004，arXiv：gr-qc/0410049

[12] Hawking S W，Perry M J，Strominger A. Soft hair on black holes. 2016，arXiv：1601.00921

本文原载于《科学通报》，2016，61 (19)：2083

# 来自宇宙的微弱声音
## ——2017 年度诺贝尔物理学奖成果简析

◆郭宗宽　黄庆国

2017 年 10 月 3 日，瑞典诺贝尔委员会将 2017 年度诺贝尔物理学奖授予 3 位美国物理学家：Rainer Weiss、Barry Clark Barish 和 Kip Stephen Thorne（图 1），以表彰他们为 LIGO（Laser interfero-

图 1　2017 年度诺贝尔物理学获奖者（从左至右分别为
Rainer Weiss、Barry Clark Barish 和 Kip Stephen Thorne）

郭宗宽：中国科学院理论物理研究所研究员。研究领域：引力理论和宇宙学。
黄庆国：中国科学院理论物理研究所研究员。研究领域：引力波、宇宙学以及相关量子引力理论。

meter gravitational-wave observatory）探测器建设以及引力波探测所作出的贡献。3 位获奖者中，Rainer Weiss 最早提出了用激光干涉仪探测引力波并作噪声分析，为 LIGO 探测器建设和观测到引力波信号起到了决定性作用，Barry Clark Barish 对建立 LIGO 作出了关键贡献，而 Kip Stephen Thorne 的贡献则在于引力波探测和 LIGO 的理论方面。

# 1  2017 年度诺贝尔物理学奖获得者

Rainer Weiss，美国物理学家，1932 年 9 月 29 日出生于德国柏林，分别于 1955 年和 1962 年获得麻省理工学院学士和博士学位。1960—1962 年任教于塔夫兹大学，1962—1964 年在普林斯顿大学从事博士后研究，1964 年加入麻省理工学院，并于 1973—2001 年担任麻省理工学院教授，目前为美国麻省理工学院荣誉教授。Weiss 一直致力于引力物理和天体物理的研究，曾任宇宙背景探测器（cosmic background explorer，COBE）科学探测团队主席。他发明了引力波探测中的核心技术——激光干涉测量技术，对 LIGO 的设计、建造和项目立项起到关键作用。

Barry Clark Barish，美国物理学家，1936 年 1 月 27 日出生于美国内布拉斯加州，1957 年获得物理学学士学位，1962 年于加州大学伯克利分校获博士学位，1963 年加入加州理工学院，成为粒子物理国家实验室一员。此外他还于 2005—2013 年担任国际线性加速器总体设计的主任。目前任职于美国加州理工学院。1994 年 Barish 成为 LIGO 合作组的项目负责人，并领导了 LIGO 项目得到国家自然科学基金资助，1997 年成为实验室主任。他还领导了 Livingston 和 Hanford 两个引力波天文台的建设，以及建立了 LIGO 国际科学合作，最终使引力波探测成为可能。

Kip Stephen Thorne，美国物理学家，1940 年 6 月 1 日出生于美国犹他州，1962 年于加州理工学院获学士学位，1965 年于普林斯顿大学获博士学位，1967 年回到加州理工学院任副教授，1970 年晋升为理论物理教授，成为加州理工学院最年轻的教授之一，目前任职于美国加州理工学院。Thorne 主要研究相对论性天体物理和引力物理学，是 LIGO 项目立项的主要领导者之一。他发展了从数据中甄别和发现引力波信号的分析技术，为 LIGO 得以发现引力波和确定波源的物理特性奠定关键的理论基础。

## 2　引力波

引力波是时空曲率像波一样以光速在时空中传播。1916 年爱因斯坦基于他所提出的广义相对论预言引力波的存在。宇宙中一类典型的引力波波源是两个相互环绕的致密天体。天体的质量越大，它们的间距越小，那么引力越强。同样地，越致密的两个天体相互环绕对方的时候越可以以更短的距离靠近对方，从而产生更强的引力波。

1974 年，美国科学家 Hulse 和 Taylor 用引力波导致能量损耗的机理来解释所发现脉冲双星的轨道在不断减小，间接观测到了引力波，因此获得了 1993 年度诺贝尔物理学奖。自爱因斯坦提出引力波后，历经百年的不懈努力，LIGO 终于于 2015 年 9 月 14 日首次探测到距离地球约 13 亿光年的 2 个质量分别约为 36 和 29 倍太阳质量黑洞并合产生的引力波，并且引力波携带走约 3 倍太阳质量的能量。这是人类首次证实存在恒星级双黑洞系统，也是人类首次直接探测到引力波。随后 LIGO 又探测到另外两次黑洞并合产生引力波事件。特别是，2017 年 8 月 17 日，LIGO 和位于欧洲的 Virgo 联合观测到两个中子星并合产生的引力波事件，这是人类第 5 次直接探测到引力波，这一事件同时被很多其他天文观测测量到并合产生的光学对应体。

## 3　用激光干涉仪探测微弱的引力波信号

激光干涉引力波天文台（LIGO）项目在 20 世纪 80 年代由麻省

理工学院和加州理工学院共同提出，得到美国国家科学基金会（NSF）的资金支持，开展 LIGO 的可行性研究。1994 年，LIGO 获得 NSF 的 3.95 亿美元的长期资助，开始天文台建设，先后在华盛顿的汉福德（Hanford）和路易斯安那的利文斯顿（Livingston）建造 3 台臂长千米级别的干涉仪（即第一代陆基激光干涉引力波探测器）。到 2002 年，LIGO 开始进行引力波的搜索。随着激光探测技术的不断发展，2014 年 LIGO 开始全面升级，升级后的激光干涉引力波天文台被命名为 Advanced LIGO（即第二代陆基激光干涉引力波探测器）。

2016 年 2 月 11 日，美国国家科学基金会和欧洲引力天文台正式宣布，升级后的激光干涉引力波天文台于 2015 年 9 月 14 日第一次直接观测到了引力波（该事件被命名为 GW150914），验证了广义相对论在 100 年前引力波的预言。Advanced LIGO 由 2 个相距 3000km 的独立激光干涉仪组成，一个位于汉福德（臂长 4km），另一个位于利文斯顿（臂长 4km）。2016 年 2 月 17 日，LIGO-India 项目得到批准，该项目计划将汉福德的臂长 2km 的探测器搬到印度，在印度建立一个新的引力波探测器，有助于准确定位引力波波源的方向。

用激光干涉仪探测引力波的原理非常简单，每个干涉仪由 L 型的 2 个臂组成，当引力波经过时，2 个臂长差随时间发生细微变化，该细微变化反映在激光干涉条纹上。如图 2 所示，分光镜（beam splitter）将入射光分成互相垂直的两束，分别沿干涉仪的 2 个臂传播，被臂端的反射镜反射后，再回到分光镜，进入光电探测器（photodetector）。当干涉仪两臂相等时，输出是相消干涉；当干涉仪的 2 个臂长差随引力波的周期和强度变化时，激光束的位相也将受到相应调制。

但由于引力波信号非常微弱，实际的引力波探测要求复杂和精密的光学技术，因此经历了百余年科学技术的发展，才得以直接探

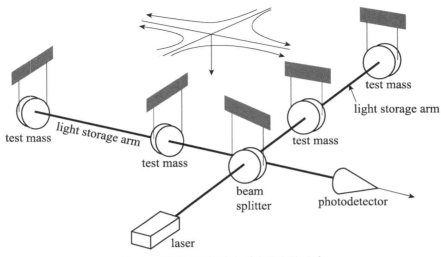

图 2　激光干涉引力波探测器示意

测到。例如，升级后的 LIGO 观测到的 GW150914 引力波事件，应变（strain）大小为 $10^{-21}$，对于臂长为 4km 的干涉仪，引起的臂长差为 $10^{-18}$ m，相当于原子核直径的万分之一。Advanced LIGO 采用了 FP（Fbry-Perot）腔技术，干涉仪的每个臂用 FP 腔代替，光束在腔内被折叠了很多个来回，相当于增加了臂长，实现相位差的积累，从而增加引力波信号的探测灵敏度。另外，采用了相位锁定探测技术，去除激光强度波动噪声。引力波的可探测灵敏度与激光的功率成正比，但功率的增加又引起光学元件热形变、热透镜效应、模式畸变等不稳定性，特别是辐射压力噪声。

目前对干涉仪的噪声主要来自地面振动噪声、热噪声和量子噪声。前两者来自背景干扰，可以采用有效办法避免和补偿；而量子噪声是由量子涨落带来的不确定性。当干涉仪两臂相等时，输出相消干涉。但量子效应实际的光场并不为 0，而是存在一个微小的量子涨落。当引力波经过时，这个微小的涨落会干扰引力波信号的探测。在高频段主要来自光场的相位涨落（称为散粒噪声），在低频段主要来自光场的振幅涨落作用在镜子上的随机辐射压力（辐射压力噪声）。由于未来引力波干涉仪的噪声将完全由量子噪声主导，因此超越标准量子极限是提高未来所有陆基引力波探测器灵敏度的最重要的问题。研究表明光压缩态技术，可数量级地提高干涉仪的可探测灵敏度。

## 4 从噪声中提取微弱的引力波信号

引力波数据分析是从观测数据中寻找引力波信号。引力波探测器测到的应变强度为 $10^{-19}$（图 3 是在汉福德和利文斯顿上观测到的包含 GW150914 引力波信号的数据片段），而在探测器可观测频率范围内典型的双黑洞并合产生的引力波信号为 $10^{-21}$，也就是说，在时域上噪声完全淹没了信号。基于仪器噪声的统计性质和数值相对论的理论建模，通过匹配滤波技术可以把埋在噪声下的引力波信号挖出来。匹配滤波方法首先搜集一段时域数据，然后通过傅里叶变换将信号转换到频域，在频域数据中找寻引力波信号。可以说，人类首次引力波探测 GW150914 是实验技术进步和理论研究突破结合的产物。

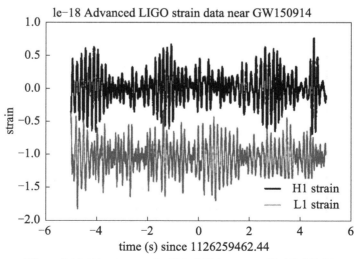

图 3　汉福德（H1）和利文斯顿（L1）的观测数据

从各个引力波探测器传送过来的数据，在进行匹配滤波之前，首先要对数据进行预处理。除了干涉数据，同时也记录了全球定位系统（GPS）时间、探测器的状态信息和环境条件，如温度、气压、地震、声响、电场、磁场等，多达几百个数据通道。预处理主要根据记录的辅助数据标识出由于仪器等原因不可使用的干涉数据，得到片段的科学数据。匹配滤波就是要从这些科学数据中发现隐藏的引力波信号，然后根据多个探测仪的结果对引力波的方位进行定位。

快速识别引力波信号具有十分重要的科学意义，只有快速识别才可以向电磁望远镜发出预警，及时探测致密双星并合事件产生的电磁信号，从而对于全面了解引力波源所发生的天体物理过程。因此，数据分析面临 2 方面的挑战：1）提高发现引力波信号的准确度，既不能漏掉引力波信号，也不能把噪声误报为信号。2）提高发现引力波信号的速度，必须在双星合并时甚至在双星合并之前给出可靠的引力波信号警示与精确的引力波方位，从而为同时观测电磁对应体在时间上提供保证。目前有很多不同的实时在线数据处理流水线来处理引力波数据，如 SPIIR（summed parallel infinite impulse response）流水线、CWB（coherent wave burst）流水线、PyCBC 和 GstLAL 流水线。SPIIR 流水线是一种运用无限冲击响应技术的时域引力波搜索方式，CWB 流水线是同时对多个观测站的数据进行小波分析，然后对得到的小波系数进行聚类来发现引力波信号。

匹配滤波分析依赖于引力波波形库。基于数值相对论所建立起来的有效单体数值相对论模型在 GW150914 的数据处理中已发挥了巨大的威力。数值相对论就是在计算机上数值求解引力波源对应爱因斯坦方程。在数值相对论发展的早期，数值相对论学家在很长时间里被稳定性问题困扰。计算不稳定表现为在计算过程中微小误差迅速指数地增加，导致程序中非数的发生。直到 2005 年，Pretorius 宣布数值相对论的稳定性问题被成功突破，并给出双黑洞整个并合过程的数值计算。之后，数值相对论学家们把关注的重心转移到双黑洞波源引力波数值计算的准确性和计算效率问题上。

## 5　中国科学家的相关研究

2009 年 LIGO 科学合作组织（LSC）接受清华大学为中国大陆唯一成员。清华大学 LSC 研究团队由清华大学信息技术研究院研究员、LSC 理事会成员曹军威负责，研究团队还包括清华大学计算机系副教授都志辉和王小鸽等成员。研究团队着重采用先进计算技术提高引力波数据分析的速度和效率，参与了 LSC 引力波暴和数据分析软件等工作组相关研究。清华大学研究团队主要与麻省理工学院、加州理工学院、西澳大利亚大学、格拉斯哥大学等 LSC 成员合作，在引力波实时在线数据处理和多信使天文学方面开展了算法设计、性能优化与软件开发等方面的工作，主要研究成果包括：GPU 加速引力波暴数据分析、实现低延迟实时致密双星并合信号的搜寻、采用机器学习方法加强引力波数据噪声的分析等。清华大学研究团队还研究利用虚拟化和云计算技术构建引力波数据计算基础平台，开发的软件工具为 LSC 成员广泛使用。

## 6　结论

2017 年度诺贝尔物理学奖的获奖工作首次直接观测到了引力波（GW150914），验证了广义相对论在 100 年前对引力波的预言，打开了人类认识宇宙的一扇崭新的窗口，也拉开了引力波天文学和引力波宇宙学的序幕。

## 参考文献

[1] The Nobel Prize in Physics 2017 ［EB/OL］．［2017 - 10 - 20］．https：//www. nobelprize. org/nobel_prizes/physics/laureates/2017/

［2］ Simon D. Albert Einstein：Akademie-Vorträge：Sitzungsberichte der preußischen akademie der wissenschaften 1914—1932 ［M］．Weinheim，FRG：Wiley-VCH Verlag GmbH & Co. KGaA，2006：99－108

［3］ Abbott B P，Abbott R，Abbott T D，et al．Observation of gravitational waves from a binary black hole merger ［J］．Physical Review Letters，2016，116 (6)：061102

［4］ Abbott B P，Abbott R，Abbott T D，et al．GW151226：Observation of gravitational waves from a 22-Solar-Mass binary black hole coalescence ［J］．Physical Review Letters，2016，116 (24)：241103

［5］ Scientific L. GW170104：Observation of a 50-solar-mass binary black hole coalescence at redshift 0.2 ［J］．Physical Review Letters，2017，118 (22)：221101

［6］ Collaboration V，Gbm F，Collaboration I，et al．Multi-messenger observations of a binary neutron star merger ［J］．Astrophysical Journal Letters，2017，848 (L12)

［7］ 郭宗宽，蔡荣根，张元仲．引力波探测：引力波天文学的新时代 ［J］．科技导报，2016，34 (3)：30－33

［8］ 傅雪，刘国卿．2016 年天文学热点回眸 ［J］．科技导报，2017，35 (1)：30－35

［9］ Cai R G，Cao Z，Guo Z K，et al．The gravitational－wave physics ［J］．arXiv，2017，doi：10.1093/nsr/nwx029

［10］ Pan Y，Buonanno A，Taracchini A，et al．Inspiral-merger-ringdown waveforms of spinning，precessing black-hole binaries in the effective-one-body formalism ［J］．Physical Review D，2014，89 (8)：1－37

［11］ Pretorius F. Evolution of binary black-hole spacetimes ［J］．Physical Review Letters，2005，95 (12)：121101

［12］ Cao J W，Li J W. Real-time gravitational-wave burst search for multimessenger astronomy ［J］．International Journal of Modern Physics D，2011，20 (10)：2039－2042

［13］ Lee H M，Bigot E O L，Du Z H，et al．Gravitational wave astrophysics，data analysis and multimessenger astronomy［J］. Science China，2015，58（12）：1－21

[14] Liu Y，Du Z，Chung S K，et al. GPU-accelerated low-latency realtime searches for gravitational waves from compact binary coalescence［J］. Classical & Quantum Gravity，2012，29（23）：235018

[15] Biswas R，Blackburn L，Cao J，et al. Application of machine learning algorithms to the study of noise artifacts in gravitational-wave data ［J］. Physical Review D，2013，88（6）：062003

[16] Cao J W，Zhang W，Tan W. Dynamic control of data streaming and processing in a virtualized environment［J］. IEEE Transactions on Automation Science & Engineering，2012，9（2）：365－376

[17] Zhang F，Cao J W，Li K Q，et al. Multi-objective scheduling of many tasks in cloud platforms［J］. Future Generation Computer Systems，2014，37（7）：309－320

本文原载于《科技导报》，2017，35（23）：12

# 谈谈统计物理学的对象和方法

◆郝柏林

物理学探索自然界的奥秘，有三个基本的认识发展方向。对于微观世界的研究，从分子、原子、原子核到"基本"粒子，涉及越来越小的时间和空间尺度，其小无内，不可穷尽。引力理论、天体物理，探讨大范围的宇观的时空结构和物质运动，其大无外，同样不可穷尽。另一方面，"一生二、二生三、三生万物"，量的变化导致物质运动由简单到复杂、由低级到高级的各种形态和阶段，直至生命和意识，这个发展过程同样是没有止境的。基础自然科学的多数分支，其实都是以第三个发展方向为对象。物理学研究的只是其中比较初始因而也更为基本的过程。统计物理学则在宏观与微观描述之间、物理学和其他学科之间，起着一种桥梁作用。本文拟从几个侧面，粗浅地讨论一下统计物理学的对象和方法，介绍它的一些概念与范畴。

郝柏林：原中国科学院理论物理研究所研究员，复旦大学教授，中国科学院院士，发展中国家科学院院士。研究领域：统计物理、计算物理、非线性科学、理论生命科学和生物信息学。

## 宏观与微观：物质结构的层次和物理学描述的层次

分子、原子、原子核、电子以及其他各种"基本"粒子，作为物质结构的单位是人们所熟悉的，它们又是物质运动的单位，而且在一定的相互作用条件下，组成与结构单位并不等同的运动单位。例如，金属中的电子通过与组成晶格骨架的原子核的相互作用，可以在条件适合时产生有效的相吸作用，成双配对地运动。又如，一个在固体中运动的电子，可以使周围的晶格稍有畸变，它走到哪里畸变随到哪里，宛如一个更复杂的粒子。这样的运动单位有自己的动量、能量、相当长的寿命，甚至独特的光谱线等，通常称之为"准粒子"或"元激发"。各类宏观物体中的准粒子名目繁多：声子、极化子、激子、等离激元、超导金属中的电子对、液氦中的旋子……它们与作为物质结构单位的粒子有一个根本区别，就是不能离开环境独立存在。然而它们作为物理对象的确定性，并不亚于任何"基本"粒子。

无论粒子或准粒子，都可能有许多不同的运动方式：前后、上下、左右的平动，各种振动和转动，还可能有一些不那么直观的内在运动和集体运动。每一种运动方式叫作一个自由度。统计物理的研究对象，就是由大量粒子、准粒子组成，具有大量自由度的系统。由于它突出抓住"大量"这一特点，"微观"和"宏观"的划分也就更为相对，通常首先不是指物质结构的层次，而是用以区别物理描述的层次。

现代自然科学使人类对自然界的认识跨越了很大的时空尺度。空间范围从基本粒子"内部"的 $10^{-15}$ 厘米，到现代天文观测手段所及的一百亿光年即 $10^{28}$ 厘米，相去 $10^{43}$ 倍。时间范围从强子寿命 $10^{-23}$ 秒，到我们所知的这一部分宇宙的寿命一百亿年即 $10^{17}$ 秒，也差 $10^{40}$ 倍。物理思维中常把 10 倍左右的数量变化忽略掉，视为同一个"量级"。现代科学所知的物理世界，在时间和空间两方面都跨越了 40 个量级。然而就我们对物理世界的描述而言，必须把这几十个量级划分成许许多多的层次。这不仅是因为物质的结构和运动本来表现出阶段和层次，而且因为我们的每种观测手段，从高能加速器到射电望远镜，都局限于某些层次。尺有所短，寸有所长。每种物理仪器都有它所瞄准的主要层次，虽然有一定的调整变化余地（"动态范围"），也不可能跨越许多个量级。同时，每种仪器还有其观测精度或分辨能力，超乎这一限度的物质运动必须改用其他手段研究。这有如用放大镜看油画，作品的整体结构和主题自然是在视野之外，颜料和画布的分子结构也还无法觉察。描述层次的划分，可以举两个极端的例子。研究银河系的旋臂结构，把单个天体看成"微观"粒子，讨论这种粒子组成的连续的气体中物质的运动和分布；研究单个原子核或基本粒子，为了强调其内部的无限多自由度，又可以把它看成"宏观"系统，和液滴类比等，这两个例子都可引用统计物理的概念和方法来处理。

描述单个或少量粒子的运动和相互作用的科学，可以统称之为"力学"。无论是描述天体运行的经典力学、反映电子运动的量子力学、表征电子与电磁场相互作用的量子电动力学，包括相对论力学，从统计物理的观点看来，都是"微观"理论。即使我们透彻地掌握了它们，同时还知道了粒子间的全部相互作用力，也不可能直接运用这些规律来刻画宏观物体的性质，即使可以写出来全部方程，也无法准确知晓和利用全部初始条件来求解这些方程。

应当强调指出，这并不仅仅是一种技术性的困难。"大量"相互作用粒子的行为，出现本质上新的特点，我们的认识和描述方法也必须做质的改变。一滴水里面有近百万亿亿个分子，一片最纯的半导体中杂质原子的数目仍有成千上万亿。每立方厘米普通液体或固体中的原子数目大致是 $10^{23}$ 的量级。即使是所谓"稀薄"气体或"低密度"等离子体，其中每一块小体积中的粒子数目，至少仍要以亿计量。这些数量是如此之大，以至于把它们看成"无穷大"往往更合乎实际一些。统计物理中常令粒子数和系统的体积趋向无穷大，但保持单位体积内的粒子数有限，这叫热力学极限。只有取了热力学极限之后，许多数量关系才得以简化，物理图像也更为清楚。

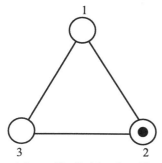

图 1　粒子随机跳跃模型

为了得到一些启示，设想一个粒子在三角形三个顶点之间随机跳跃（图 1）。三种可能的初始状态，即粒子处于第 1、2 或 3 点上，可以用三个矢量 $\begin{pmatrix}1\\0\\0\end{pmatrix}$、$\begin{pmatrix}0\\1\\0\end{pmatrix}$、$\begin{pmatrix}0\\0\\1\end{pmatrix}$ 代表。如果粒子现在处于某点，则一次跳跃后它必定离开此点，以各为 1/2 的概率达到另外两点之一。新的状态可以用一个方阵（"转移矩阵"）乘代表初始状态的矢量来得到。例如

$$\begin{pmatrix}1/2\\0\\1/2\end{pmatrix}=\begin{pmatrix}0 & 1/2 & 1/2\\1/2 & 0 & 1/2\\1/2 & 1/2 & 0\end{pmatrix}\begin{pmatrix}0\\1\\0\end{pmatrix}$$

从任何给定的状态出发，经过 $N$ 次跳跃后达到各点的概率，都可以用转移矩阵乘 $N$ 次求得。计算虽不难，但每种具体条件都有其特殊的答案。然而有一种情形却很简单，那就是不论从什么状态出发，经过无穷多次跳跃后，粒子达到每个点的概率都是 1/3。事实上也很容易证明，转移矩阵的无穷次方是

$$\begin{pmatrix}0 & 1/2 & 0\\1/2 & 0 & 1/2\\1/2 & 1/2 & 0\end{pmatrix}^{N}\xrightarrow[N\to\infty]{}\begin{pmatrix}1/3 & 1/3 & 1/3\\1/3 & 1/3 & 1/3\\1/3 & 1/3 & 1/3\end{pmatrix}$$

统计物理学中的热力学极限当然更为复杂。然而这个随机过程的简例，反映了统计物理的一种基本精神：研究那些不受具体初始条件影响的普遍性质。"大量"这个背景，使我们从微观物理出发研究宏观系统的性质时引用概率统计方法，如同力学中使用微分方

程一样自然和精确。统计物理学的名称也就由此而来。它并不是一门新学科，19 世纪麦克斯韦（J. K. Maxwell）和玻尔兹曼（L. E. Boltzmann）研究气体动理学理论是它的诞生，20 世纪初在吉布斯（J. W. Gibbs）和爱因斯坦的工作中已经形成它的理论体系。它作为无穷多自由度系统理论的威力，则是近 20 多年来在与量子场论的互相影响中逐步显现出来。

一个"层次"，一个"大量"，抓住这两条才能理解统计物理学的特殊地位。它并不像原子或分子物理学那样具有确定的研究领域。任何由大量较小的单位或层次组成的系统，都可以成为统计物理学讨论的对象。正是在这个意义上，我们说统计物理学既是物理学，又是方法论。作为物理学，它的主要对象是气体、液体、固体、等离子体等"多体系统"，也涉及更复杂的化学和生物过程；作为方法论，它探讨如何从单个或少量粒子的运动规律出发，以概率统计的方法推断和说明由大量粒子组成的物体的性质。也正是由于"大量"这一特殊的矛盾，使得量子力学的创立并未从根本上改变统计物理学的理论体系。微观粒子的行为和不可区分性，以新的统计分布（玻色-爱因斯坦分布和费米-狄拉克分布）丰富了统计物理学的内容，自然地解决了经典统计中曾经存在的一些困难，例如由粒子的不可区分性说明了原来推导中需硬行引进的 $N!$ 因子。从基本精神看，统计物理学与量子力学更为一致。量子力学的诠释受益于统计观念，这是大家所熟悉的。近几年的研究表明，甚至处理纯经典的具有无穷多自由度系统的涨落时，也要自然地引入不对易的算子，遇到某种不含普朗克常量的波动力学。这方面的研究，还在继续。

大量相互作用粒子组成的系统，有哪些本质上不同于力学系统的新的行为呢？至少可以指出三类：一是出现不平衡、不可逆的过程；二是在温度或其他参数改变时系统的状态会发生突变；三是出现大量粒子协同动作才可能产生的有序和结构。

## 平衡与非平衡：平衡附近和远离平衡的差别

历史上统计物理学的任务首先在于说明平衡态的性质。早在人类认识物质的微观结构之前，就形成了描述宏观物体的科学体系。这就是使用体积、温度、压力、比热、压缩率、膨胀率等可以测量的参数，坚持能量守恒、热过程不可逆等基本规律的热力学体系。热力学主要描述平衡态。对于非平衡态，它除了指出孤立系统最终必须趋向平衡外，几乎没有给出更为积极的知识。平衡态的统计物理学，作为热力学的微观基础，已经是发展完备的理论。除了少数孤立难题和它本身的理论基础所引起的数学问题外，平衡统计目前并不是活跃的研究领域。研究重心早已转入非平衡现象，我们在后面再谈。为了说明平衡态统计的基本方法，不妨先介绍一个至今悬而未决的难题。

解决任何一个平衡统计问题的过程，可以归结为如下三部曲：第一步是求解一个"力学"问题，得到系统的能量谱 $E_n$，它可能依赖于一些参数；第二步是对一切可能的能量状态计算如下的指数和

$$Z = \sum_n \exp(-E_n/kT)$$

其中 $T$ 是绝对温度，$k$ 是玻尔兹曼常量，$Z$ 称为配分函数或统计和；第三步是建立与热力学的关系，实际上就是把指数和换成单个指数，令 $Z = e^{-F/kT}$，$F$ 就是热力学中的自由能。一切热力学量都通过求 $F$ 对各个参数的导数得到，而不需使用其他运算。除了理想气体等少数特例，真正用这个三部曲得到解决的实际问题微乎其微。因为第一步并非统计的力学问题，对于多粒子系统已经极难求解，而第二步的数学困难很大，通常要靠各种近似方法或避开计算去寻求定性结论。

由于指数是极为光滑的连续函数，求和更使函数的性质变好，历史上对这一套三部曲的严重怀疑，就在于它能不能说明磁铁在升温过程中突然失去磁性这类相变现象，以及相变点附近许多物理性质的反常。为了试图回答这个责难，伊辛（E. Ising）在 1925 年提

出一个非常简单的统计模型。在晶体的每个格点 $i$ 上放一个磁矩 $\sigma_i$。它可以有向上（$\sigma_i=1$）或向下（$\sigma_i=1$）两种取向。只考虑最近邻磁矩的相互作用，当它们取向相同（$\sigma_i\sigma_j=1$）时，能量是负 $J$，而取向相反（$\sigma_i\sigma_j=1$）时，能量是 $J$。这样就绕过了力学问题，直接给出了能谱

$$E(\sigma) = J \sum_{(近邻 ij)} \sigma_i\sigma_j$$

其中字母 $\sigma$ 代表各个格点上的 $\sigma_i$ 取 $+1$ 或 $-1$ 的一种具体分布方式。计算配分函数

$$Z = \sum_{(一切可能的\sigma)} e^{-E(\sigma)/kT}$$

的手续并不简单。伊辛本人只解决了一维链（即磁矩排列成一条直线）的情形，发现没有相变。他还给出一些似是而非的论据，说明二维和三维情形下也不会有相变。直到 1944 年昂萨格（L. Onsager）以精美的数学技巧解出了二维伊辛模型，人们才明白二维是有相变的，但比热尖峰（图 2）只有在取了热力学极限之后才突出起来。这是平衡态统计物理的一项辉煌成就，是后来授予昂萨格诺贝尔奖奖金的根据之一。[①] 杨振宁对于二维伊辛模型也做过重要贡献。然而半

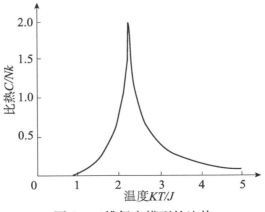

图 2　二维伊辛模型的比热

---

① 这句话不对，请看本文附录 1。

个多世纪以来一直未能严格计算出更为实际的三维伊辛模型，甚至连解决途径也不清楚。

非平衡统计问题的提出虽然与平衡问题同样悠久，但是直到近几十年才逐渐形成一些重要概念，勾画出理论体系。一个稳定的平衡态附近，主要的趋势是走向平衡。如果对系统施以短暂的扰动，则取消扰动后系统经一段时间后就重新回到平衡。所需的这一段时间称为弛豫时间，这类过程称为弛豫过程。如果强行维持使系统处于不平衡的外界条件（"力"），则系统的响应是产生持续不断的"流"。例如，维持电位差，导致电流；保持温度差，出现热流；造成浓度差，形成粒子流……这些流就是电荷、能量、质量等的转移，是要消耗能量的。这类过程称为输运过程或耗散过程。如果离开平衡不远，"流"和"力"是成比例的，比例系数是物质本身的一种宏观参数，称为输运系数。电导率、热传导系数、黏滞系数等，都是输运系数。宏观的平衡态，对应瞬息万变的微观运动方式，是微观运动的一种平均的表现。因此各种宏观参数总是在平均值附近起伏摆动。如果对系统中"微观大，宏观小"的部分做测量，则这种围绕平均值的涨落尤为清楚。

弛豫、输运、涨落是平衡态附近主要的非平衡过程，它们都是由趋向平衡这一总的倾向决定的，因而有深刻的内在联系。非平衡统计物理的重要成果，是证明了输运系数对称原理和涨落耗散定理。输运过程可以错综复杂地进行。例如，温度差不仅直接引起热流，还可以引起质量流（这就是用于同位素分离的热扩散）、电流（温差电效应）等，另一方面浓度差不仅造成扩散流，还能引起扩散热。如果适当选择物理量，则甲种力形成的乙种流，乙种力导致的甲种流，这两个交叉的输运过程，其输运系数是相等的。这就是输运系统对称原理。其实早在 1854 年汤姆孙（W. Thomson）用热力学方法分析热电效应时，就建立了第一个这种对称关系，但是这一原理的普遍证明则是 1931 年昂萨格给出的。涨落耗散定理说明，输运系数由相应物理量的涨落平均值决定。1928 年证明电路中热噪声形成的随机电动势的平均值与元件的电阻（这也是输运系数）成正比，这也就是涨落耗散定理的一种表达。1905 年爱因斯坦研究布朗运动时，把它与扩散系数联系起来，也是另一种意义上的涨落耗散定理。定理的一般证明，20 世纪 50 年代才臻于完备。

关于平衡与非平衡的描述，与物理世界时间层次的划分有密切关系。如果考察气体分子的碰撞过程，它持续约 $10^{-13}\sim10^{-12}$ 秒，这里只能使用微观的力学描述。碰撞过程的"力学"总是可逆的。相对于两次碰撞之间的自由飞行时间（$10^{-9}\sim10^{-8}$ 秒）而言，碰撞过程可以略而不计。输运系数对称原理就是在这一描述水平上证明的。这时可以看到，输运系数虽然出现在不可逆过程中，对称原理本身却恰恰是微观运动可逆性的表现。如果进一步忽略碰撞间隔，只关心宏观状态发生显著变化的时间尺度，例如流体各部分温度达到平衡的时间，我们就采用了与热力学类似的宏观描述。流体力学就是这样的体系，它只剩下五个量来代表每个"微观大、宏观小"范围内的运动自由度。从统计物理出发，我们不仅知道了流体力学方程中的黏滞系数等怎样与微观描述发生联系，还懂得如何改进这些方程本身，我们并不是说宏观不可逆性是随着描述层次变粗才出现的，而是强调要正确反映客观存在的不可逆性，我们必须采用较粗的描述方式。这个由细到粗、由微到宏的过程，正是统计物理的研究对象。

平衡态比较单纯，非平衡态丰富多彩。只考虑平衡附近的现象，只抓住趋向平衡这一种倾向，统计物理就是极不完全的理论。我们必须往远离平衡的方向前进。初看之下，这里有千奇百怪的自然现象，似乎很难建立统一理论。事实上直到现在还不清楚，能否把类似输运系数或涨落耗散定理这样的概念普遍地推广到离平衡较远的状态。

然而离平衡足够远时，出现了新的现象：有些宏观系统突然进入新的更有序更有组织的状态。出现这些状态的条件各不相同，但有一些共同的规律。第一，通常有某个参数达到一定阈值，新状态才突然出现。这是一种临界现象，很像普通平衡态下的相变。第二，新状态具有更丰富的时间和空间结构，例如呈现周期变化或宏观尺度上的花纹图案。第三，只有不断从外界提供能量，这些结构才能维持下去。第四，新结构一旦出现，就具有和平衡态类似的稳定性，不容易因外界条件的微小改变而消失。这类现象目前常称为"耗散结构"，在日常生活中也能遇到。质量欠佳的日光灯管，在一定条件下突然进入辉纹放电状态，出现黑白相间的条纹，有时这些条纹还沿着灯管运动，这就是一种耗散结构。这是非平衡统计物理中迅速发展的新的一章。生物体是不是更高级的耗散结构？也许这里会打开一条通向生命科学的道路。

现在我们有了比较完整的图像：平衡附近是以趋向平衡为主的各种过程，远离平衡时可能经过突变形成耗散结构。这两个在一定意义上相反的过程都是宏观系统所特有的。

## 对称与相似：自相似变换和重正化群的妙用

无论平衡态的相变，还是远离平衡的突变，有序和结构的出现，通常都伴随着对称的改变。其实，最对称的世界是没有任何秩序和结构的。那是在"盘古开天地"之前，天地混沌，无所谓上下、左右，没有任何特殊方向和特殊点，也无从区分过去和未来。一切"对称操作"都是允许的，有无穷多种"对称元素"。一旦可以看到"对称"，有一个立方或六角晶体摆在我们面前，已经是失去了不计其数的对称元素，只剩下寥寥数十个。首先明白这一点的，可能是老居里（P. Curie），他曾经有过"非对称创造了世界"的妙语。更复杂的物质结构形式，其实没有任何原来意义下的对称，但是又有着大量局部的、近似的对称性质。对称变换在统计物理中，如同在理论物理的其他分支中一样，起着重要的建设作用。我们结合这一点，介绍近几年统计物理学中一项重要突破——重正化群概念的引入。

先考虑一类具有自相似性的几何图案。请看图 3，其中每个方框内套有四个小方框，如此无限嵌套下去，每个黑点内部还有无穷多同样的结构，而图 3 本身只不过是更大的方框中的一个小框。整个图形往大小两个方向无限地重复下去，把它适当地放大或缩小若干倍，都可以和原有图形重合。连续放大两次的效果，也能用一次放大做到。我们说，这个图案有一个自相似变换群。如果加一条限制：只许不断缩小尺度，但不准放大，方框小到一定程度就把它抹黑，不再分辨其内部结构。这样就只剩下单方向的自相似变换，这是一个"半群"。这里的"抹黑"，很像统计物理学中的平均，带来了某种不可逆性的味道。

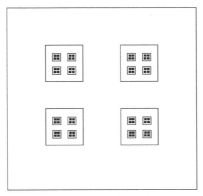

图 3　自相似图案

这种几何游戏式的考虑，在统计物理学中找到了重大应用。取一块相当大的磁铁（把它看成无穷大！），在温度远高于相变点时，其中磁矩的排列是完全混乱的，表现不出宏观的磁性。当温度下降，接近相变点时，每个磁矩的影响范围都逐渐扩大，要求其他磁矩采取与自己平行的取向。这个影响半径又称为关联长度。到了相变点，关联长度成为无穷长，于是整个晶体内的磁矩突然沿一个方向排列好（究竟沿哪个方向，倒是由偶然因素决定的）。设想在很接近相变点处用统计物理的方法研究这块磁铁，把单个磁矩间的相互作用能量写出来，然后计算配分函数。这很像前面介绍过的伊辛模型。原则上也可以把每四个磁矩看成一组，计入各组之间的相互作用能。只要适当改变一下相互作用强度和缩小空间尺度，这样得到的物理图像和算得的配分函数应当基本上与原来相同，在相变点上则完全相同。换句话说，配分函数在一个自相似的半群变换下具有不变性。正如反映线性变换本质的是变换中的一些不变量——变换矩阵的本征值，自相似变换的不变量决定物理量在相变点上的奇异行为。1972 年威耳孙（K. G. Wilson）引用量子场论中的重正化群技术，在相变理论中实现了一次突破，终于越出了统治多年的平均场理论。重正化群的数学相当复杂，但是物理图像就像上面介绍的那样简单。它在统计物理学中开辟了一条新的途径，不是去直接计算配分函数，而是研究配分函数在某些变换下的不变性质，由之得出深刻的结论。八年来的进展表明，重正化群技术已经成为统计物理学武库中的必备兵器。

## 有限与无限：无穷多自由度和无穷维数学

统计物理研究具有大量运动自由度的宏观系统。在每个具体情形下，这个"大量"都是有确定上限的数。然而它是如此之大，增加或减少几个粒子也没有影响。因此，认为粒子数无限多才更好地反映了客观世界。这就是上面所说的取"热力学极限"：令粒子数和系统的体积趋向无穷，但单位体积内的粒子数（粒子数密度）仍是有限的。事实上统计物理中的一些根本问题，只有在取了热力学极限之后才变得更明朗。

首先，统计物理的方法能否描述相变这类突变现象，人们曾经有过怀疑。因为统计平均使一切函数变得更为光滑，而相变是"连续性的中断"，是尖峰和跳跃。自从 20 世纪 40 年代初求得伊辛模型的数学严格解之后，懂得了无穷、尖峰等都是取热力学极限的结果。对于有限个粒子组成的系统，比热即使冒尖，也是有限的。后来实验也证实了这些看法。

其次，统计"平均"是什么意义下的平均？对于微观运动而言，物理测量是一种时间平均，这里还取了另一个极限：测量时间比微观运动的特征时间大无穷多倍，因此微观运动的初始状态等都不应当影响测量结果。实际上统计物理中不会去计算时间平均，而是把它换成了另一种平均：取同一个系统的无穷多个样本，它们的差别只在于初始条件不同，既然时间平均不依赖于初始条件，它就可以换成对同一时刻一切系统样本的平均。统计物理学把这叫作"系综平均"。

这两种平均究竟相同否？这就是著名的遍历（又称"各态历经"）问题，因为如果一个力学系统从一个初始状态出发，确实要经历一切可能的状态的话，就很容易证明时间平均等于系综平均。最近几年遍历理论中又得出一些具体结果。例如，证明了有限个非简谐振子是不遍历的，而有限个弹性刚球组成的系统反而是遍历的。这两个结论都有点与物理直观相违，因为非简谐振子是经常用来代表各种"实际"的物理模型的系统，它应能趋向平衡，用统计方法处理；而没有相互作用的简谐振子或弹性刚球组成的系统，根本不会趋近热平衡，出路何在呢？看来在于无穷多自由度。已经证明无穷多个简谐振子组成的系统是遍历的。统计物理学的基础要从无穷多自由度出发来建立。

无穷多自由度带来了一套无穷维的数学：无穷维的函数空间、无穷维的矩阵、对无穷多个函数变量的连续积分……一句话，进入了泛函分析的领域。还有另一类处理无穷多自由度系统的物理理论，那就是量子场论。从数学结构上看，统计物理与量子场论是彼此相通的。近20多年来，这两方面的发展经常互相促进，形成了一些强有力的方法，解决了一批难题。统计物理和量子场论也遇到完全相似的困难，例如发散问题，但是在统计物理中可以回避相对论不变性、规范不变性乃至算子的不对易性等复杂的原则和细节，使发散的出现和消除过程看得更清楚。

在结束本文之前，关于统计物理学与数学的关系，想再说几句。平衡统计与概率论、非平衡统计与随机过程理论的关系，顾名思义即显而易见。相变、耗散结构理论是托姆（R. Thom）的突变论，以及非线性方程分叉点理论的实例，特别是重正化群技术，在概念上可能稍稍超越托姆理论，因为后者相当于平均场理论。至于从平衡统计理论中发展起来的遍历问题，早就成为泛函分析的一支，当然物理学工作者仍关心其结论。统计物理学的对象，比较容易有感性的认识和类比，希望它也能引起数学工作者的关注。

本文原载于《自然杂志》，1980，3（9）：649–653

附录1：

## 致《自然杂志》编辑的信

编辑同志：

　　贵刊 1980 年第 9 期所载拙作《谈谈统计物理学的对象和方法》一文中，关于二维伊辛模型严格解是"后来授予昂萨格诺贝尔奖奖金的根据之一"，说法不对。最近杨振宁教授来信指出：授奖决定中并未明显提及伊辛模型。落笔之前，未曾核对出处，治学不严，应当引为教训。请赐一角发表此信，以谢读者。

　　又该文引居里"非对称创造了世界"一语，原文 crée le phénomène 还是译"创造现象"为妥。一并志此，并请
撰安

郝柏林

1981 年 1 月 27 日

本文原载于《自然杂志》，1981，4（4）

# 物理学和生物学

◆郝柏林

　　20世纪的物理学研究，从微观粒子的结构和相互作用、宏观物质的运动和性质，到宇宙的发生和演化，可谓博大精深。然而，进入新的世纪，微观和宇观世界的探索涉及愈益巨大的投资和设备，要求开展广泛的国际合作，却也只有很少数科学工作者有幸直接参与相关的研究。这两方面的研究成果，有着重大的认识论意义，在历史尺度上而不是计日程功地改变着人类的生产和生存方式。与此形成尖锐对比，宏观层次的自然科学研究集中了众多的人力和物力，也同人类的生产和生活息息相关。研究宏观物理世界的核心问题，是从基本的物质结构和相互作用出发，阐明种种复杂现象的由来和机理。人类所知的最复杂的物质存在和运动形式，莫过于地球上经过几十亿年进化而形成的生命现象。生物是物，生物有理。生命物质和生命现象必定是21世纪物理学研究的重要对象。

　　郝柏林：原中国科学院理论物理研究所研究员，复旦大学教授，中国科学院院士，发展中国家科学院院士。研究领域：统计物理、计算物理、非线性科学、理论生命科学和生物信息学。

## 历史回顾

物理学和生物学的互相促进，由来已久。1791 年，意大利的伽乐宛尼（L. Galvani）用他发明的原始的化学电池给青蛙腿通电，观察肌肉收缩。他同时成为电学和电生理学两门学科的开创者。在英文单词中，物理学者（physicist）和医师（physician）来自同一词根。

物理学不断提供研究生物的新工具。16 世纪末发明的光学显微镜，首先使人们看见了软木塞中的小泡，即众多死去了的细胞壁。cell（细胞）这个词在生物学中沿用至今。1683 年荷兰人列文虎克（A. van Leeuwenhock）用自制的显微镜第一次看见了活的细菌。不过，90 年以后才确认细菌是一类生物。我们不可能在这里解释不断翻新的显微观察手段，只列举一些名称：偏光显微镜、电子显微镜、扫描电镜、隧道显微镜、原子力显微镜等，它们都对深入认识生物细胞和亚细胞结构发挥着作用。

当今生物化学实验室中的日常工具，如超速离心机、液相色谱分析、凝胶电泳等，一般视为化学仪器，当然也都是基于物理原理。各种光谱分析和荧光标记，以及示踪原子、同位素标记与生物化学的结合，带来了对生物内部过程的丰富知识。

X 射线晶体衍射分析，对确定基本的遗传载体即脱氧核糖核酸（DNA）的双螺旋结构起了关键作用［沃森（J. D. Watson）和克里克（F. H. C. Crick），1953］。解出肌红蛋白和血红蛋白两种晶体结构，是生物学发展的重要里程碑。这项先后完成于 1957 年和 1959 年的卓越工作，使佩鲁兹（M. F. Perutz）和肯德鲁（J. C. Kendrew）师生二人分享了 1962 年的诺贝尔化学奖。核磁共振（简称 NMR）谱仪对于确定蛋白质，特别是溶液中的较小的蛋白质的结构以及一些动态过程，发挥着越来越大的作用。X 射线衍射分析和 NMR 目前是结构生物学的主要工具。到 2002 年年中，全世界每个月可以解出近 200 个蛋白质的三维结构，其中包括一些复杂的蛋白质与蛋白质及蛋白质与核酸的复合体的结构。同人类生活和健康密切相关的蛋白质约有 10 万种。把它们的结构和功能全部研究清楚，这样的宏伟任务已经提上工作日程。

最近十来年在物理实验室中发展起来的单分子操纵技术，例如流场分子梳、激光"镊子"、微管技术和原子力显微镜等，使得人们可以操纵单个生物大分子，直接观察它们的运动和相互作用。虽然这些手段目前基本上还是物理实验室里的新玩意儿，但不久以后就会成为生物学家的有力工具。

生物学为物理学启示了能量守恒定律。这是科学史上颇富教益的一段故事①。原来 1840 年随船医生迈耶（R. J. Mayer）在爪哇看病时，发现当地人的静脉血比德国人的鲜红得多。他曾从拉瓦锡处得知，人的体温靠血液氧化维持。热带人体散热少，血液氧化也少，因此动脉和静脉的血色差别不大。迈耶又从马拉车想到是食物氧化做功，通过摩擦使路面和轴承发热。热和功之间必然有联系。迈耶经过艰苦努力，计算出热功当量，证明机械功与热量可以互相转换。他不熟悉物理，因而没有受到当时流行的热素学说影响，直接达到正确结论。他送到物理学杂志的论文被拒绝发表，1842 年才在《化学和药物年刊》上发了一篇短文。这篇文章比物理学家焦耳（J. P. Joule）的著名论文早了一年。1847 年现役军医亥姆霍兹把能量守恒定律从机械运动推广到热、电、磁乃至生命过程。24 年后，亥姆霍兹才成为德国柏林大学物理学教授，在此之前他做了多年生理学副教授和教授。

到了 20 世纪，物理学也开始为生物学提供新的思想、理论和概念。这里特别应当提到量子力学创始人之一薛定谔（E. Schrödinger）1943 年在爱尔兰都柏林发表的题为《什么是生命》的著名演说。在这篇演说中他提出了生物由外界摄入"负熵"、遗传信息保存在

---

① 感谢刘寄星博士提供素材。

某种"非周期晶体"中等重要设想和猜测。翌年以这一演说为基础，出版了同名小书。此书被翻译成包括汉语在内的各种语言，多次再版，并被许多人视为现代生物物理学的开篇。50 年之后，在同一地点举行了纪念薛定谔演说的专门会议。多位诺贝尔奖获得者和著名学者的演说，以《什么是生命？下一个 50 年》为题，结集出版。这两本小册子，都值得一读。

DNA 双螺旋结构发表的第二年，物理学家伽莫夫（G. Gamow）就猜测遗传密码应当是基于 4 个字母的三联码，即蛋白质中的每种氨基酸应当由 DNA 序列中的 3 个核苷酸编码。伽莫夫所建议的一套密码表虽然不对，但颇富启发作用。三联码的设想是正确的，适用于绝大多数生物的通用遗传密码表在 20 世纪 60 年代初被完全破译。

近 30 年来在物理学和非线性科学中发展起来的标度、分维和分形的概念，临界现象、自组织现象和自组织临界现象的理论，随机背景下的相变和确定性演化过程等，都在生物学研究中发挥着越来越大的作用。

## 生物学引论

为了后面叙述方便，我们必须极其扼要地介绍一些生物学，特别是分子生物学的基本概念。有志于物理学和生物学交叉方向的学者，应当下工夫抓取专门知识。入门既不难，深造也是办得到的，但"找到感觉"，即培育生物学"直觉"是不容易的。

### 地球上的自然史

物理学者经常讨论不随时间改变，或者按某种周期规律变化的定常态，或者假定时间足够长时力学系统会经历相空间中等能面上的一切状态（"遍历假设"）等，这些都是与进化或演化（两者都对应英文 evolution 一词，我们在以后坚持用"演化"）对立的概念。

演化是生物学的基本概念。物理学者熟悉演化的最好办法，是回顾地球上的自然史。首先要说明，下面开列的具体数字都是估计值，它们会随着科学发展而不断修改。

我们观察所及的宇宙起源于大约 140 亿年前的一次"大爆炸"。大约 49 亿年前形成了太阳系和地球。直到 39 亿年前，地球上开始出现原始生命。27 亿年前出现了会进行光合作用的细菌，大气中开始积累氧气。17 亿年前开始出现多细胞生物。在寒武纪地质年代（5.5 亿年前），发生过一次物种大爆发：在约 1500 万年的相对短暂的时期内，出现了大量新物种。我国云南澄江和贵州瓮安地区发现的保存完好的寒武纪化石中，有些软组织都似乎依稀可见。4.3 亿年前的志留纪物种大爆发，与海洋生物大量登陆有关。那时大气中的氧气和臭氧，为生物在陆地上生存提供了重要条件。

陆生动物发展了几亿年，恐龙统治了地球。恐龙们在大约 6500 万年前突然灭绝，小型的脊椎动物和哺乳动物才得以繁衍。化石中古猿类和古人类的分离，是 600 万～700 万年前的事。50 万年前生活在周口店的北京人属于直立人，和我们不是同种。我们自己的生物学学名是智人（*Homo sapiens*）。两万多年前住在周口店的山顶洞人和我们同属智人。智人很可能诞生在古非洲大陆。从人类走出非洲以来，大致过了 3000 代。秦始皇在公元前 221 年统一中国，至今不过百代。人类的文明史真是极其短暂，却已发展到试图认识自然界和自身的阶段。

人类认识生物的第一步，是对周围的花草虫鱼命名和分类。由瑞典博物学家林奈（C. Linnaeus，1707—1788）建立的沿用至今的分类体系，基于生物个体形态特征的同异。他把一切生物分成界、门、纲、目、科、属、种七个层次。一个具体物种的学名由属名和种名两个拉丁字组成。例如，前面提到的 *Homo sapiens*，*Homo* 是人属，*sapiens* 是智人种。地球上现在生活着的不同肤色的人类，都是同一种智人。林奈的双名制和拉丁文命名系统，已经不适应信息技术的发展。新的数字化分类系统取而代之只是时间问题。

后来，对生物的形态观察延伸到显微镜下。人们进一步把所有的生物分成原核生物和真核生物。原核生物多为单细胞或聚居成丝状。它们的 DNA 没有用膜包裹起来形成细胞核，而是聚在称为拟核的区域里。它们没有微管蛋白、肌动蛋白和组蛋白，细胞里面也没有线粒体或叶绿体这类细胞器。这些特征使它们明确有别于真核生物。从单细胞的酵母到人都属于真核生物。真核生物的 DNA 借助组蛋白形成多个染色体，染色体包在由双层磷脂膜形成的细胞核里面。细胞核的膜上开有用蛋白质镶嵌好的孔洞。从 DNA 转录出来的信使 RNA，经过加工之后由核孔送到细胞质去。真核生物又区分成原生生物、真菌、植物、动物等"界"。

目前在地球上栖息的生物，尽管形态和生活方式千差万别，但遗传密码的统一性和基本生物化学过程的一致性，使人们相信它们都是由一个共同的祖先演化而来。根据生物形态学做出的分类，同时也给出了追溯演化过程的参考。辅以古生物化石的研究，可以粗线条地构建物种的亲缘关系或亲缘树。分子生物学的进展，特别是大量核酸和蛋白质数据的积累，使得人们能够从分子水平追溯亲缘关系，构建亲缘树或演化树。

生物"界"的划分，在 20 世纪 70 年代末发生了一次重大变化。沃斯（C. Woese）等人发现，原核生物事实上分成两大集团，即古细菌和真细菌。古细菌其实更"新"一些，真核生物很可能是从古细菌分化出来的。

多种多样的生物，不可能逐一研究。人们把注意力集中到少数与自己关系密切、生活周期较短、便于研究的"模式生物"。这包括噬菌体、病毒（噬菌体是细菌的病毒）、大肠杆菌、酵母、线虫、果蝇、拟南芥（一种与白菜、油菜同属十字花科的小草）、水稻、斑马鱼、小鼠等。当然，人类自己是最重要、研究得最多的模式生物。

## 生物的化学构成

模式生物的研究结果之所以能推广到其他生物乃至整个有生命的世界，是因为所有现存生物来自共同的祖先，具有相似的化学组成，依靠可以比拟的新陈代谢过程生活。

除了水分和无机离子，生物体主要由四类化合物构成。这就是糖类、脂肪酸、核苷酸和氨基酸，以及由它们聚合而成的生物大分子。

**糖类**　分为单糖、双糖、多糖。多糖可以形成分岔或线性的大分子，它们主要用作建筑材料（如植物纤维素、昆虫壳糖）或储能分子（如植物淀粉、动物糖原）。

**脂肪酸**　不形成大分子，它是脂肪、类固醇和磷脂的结构成分。一端亲水、一端疏水的磷脂分子们在水溶液中形成双分子层的膜泡，构成各种各样的生物膜，使生物细胞、组织和个体能够保持一定的形状。

**核酸**　是由 4 种"单体"核苷酸聚合而成的一维、有方向、不分岔的大分子。每个核苷酸有一个 5 碳糖、一个磷酸根和一个碱基。4 种不同的碱基导致 4 种核苷酸：腺苷酸、鸟苷酸、胞苷酸和胸苷酸，分别用 A、G、C、T 等 4 种字母代表。根据 5 碳糖上特定位置的羟基（OH）是否脱氧剩下一个氢（H），相应大分子称为核糖核酸（RNA）或脱氧核糖核酸（DNA）。RNA 中对应胸苷酸的字母 T 换成尿苷酸 U，还是 4 种字母。DNA 通常以双链形式存在，分处在两个链上的 C 和 G，以三个氢键相连，而两个链上的 A 和 T 以两个氢键相连，维系整个双链结构。两条链上字母的这种对应关系，称为沃森-克里克（Watson-Crick）配对。因此，就信息含量而言，两条链是等价的，知道其中一条，就可以推测出另一条。然而，就基因含量而言，两条链是不等价的，每条链编码的基因不同，基因的数目也可以不同。

RNA 通常以单链存在，但其局部碱基可以配对，形成各种二级结构，如内环、膨胀环、发卡等。DNA 是遗传信息的载体，RNA 则既可能传递信息，也可能形成结构或发挥催化作用。历史上可能有过只存在 RNA 的时期，后来才演化出 DNA 及其与蛋白质的精巧的编码关系，而 RNA 至今还在许多方面起着重要的中介作用。这种观点称为"RNA 世界"。

许多细菌只有一条 DNA，漂浮在细胞质中。少数细菌有多条 DNA 链。细菌往往还拥有许多 DNA 短圈或短段，称为质粒。许多生存必需的新获得的功能，例如抗药性，就编码在质粒中。野生菌株常常含有多种质粒，在实验室中培育多代之后，许多质粒会丢失。

真核生物的 DNA 在组蛋白的帮助下形成一定数目的染色体。染色体藏在细胞核中。需要合成蛋白质时，含有相应基因的 DNA 段落被转录成单链的 RNA（信使 RNA，简称 mRNA）。mRNA 要经过加工，剪去其中并不编码蛋白质的许多或长或短的序列（内含子），把剩下的编码部分（外显子）正确连接起来，通过细胞核孔送到细胞质中的核糖体去作为生产蛋白质的图纸。真核细胞中还有许多小小的"细胞器"，其中线粒体和（植物细胞中的）叶绿体是两种参与能量转换过程的重要细胞器，它们都含有自己的 DNA 片段，也同整个细胞一起复制。

单条 DNA、DNA 组成的染色体，质粒、线粒体 DNA 和叶绿体 DNA，都是遗传信息的携带者。

**蛋白质**　是由 20 种"单体"氨基酸聚合而成的一维、有方向、不分岔的大分子。氨基酸是比核苷酸略小的有机分子。20 种氨基酸分别以 A、C、W 等字母表示。蛋白质是生物功能的体现者。纤维蛋白质构成肌肉、皮肤、羽毛等"机械"元件的主要成分；嵌在各种生物膜上的膜蛋白负责在膜内外输送物质和信息；促进和控制各种生物化学反应的酶，是生命活动最重要的催化剂。

前面提到核酸和蛋白质大分子的方向。这方向不是人为外加的，而是由化学结构确定的内在的方向。DNA 单链的方向以 5 碳糖上参与聚合的碳原子编号标识，从 5′端看到 3′端。蛋白质链则以最后没有参与聚合的氨基酸上的氨基（NH₂）或羧基（COO）标识，称为 N 端或 C 端。许多生物过程如 DNA 的转录或复制、蛋白质的合成，都是按方向进行的。

## 分子生物学的"中心法则"

核酸和蛋白质的关系可以概括为分子生物学的"中心法则"（图 1）：DNA 是遗传信息的携带者，DNA 可以自我复制，DNA 中的信息可以"转录"到信使 mRNA；经过"剪接"的 mRNA 被送到蛋白质加工厂——核糖体中作为"翻译"蛋白质的蓝图；蛋白质经过修饰加工，并折叠成特定形状才会发挥生物功能。复制、转录、剪接、翻译、修饰这些生物过程都是在复杂的分子机器操纵下进行。这些分子机器本身又是由 RNA 和蛋白质组成的复合体，它们也都编码在 DNA 里面。

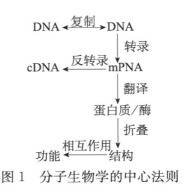

图 1　分子生物学的中心法则

## 基因工程技术简介

细胞中的不少生物过程被阐明之后，就被用来在实验室中加工、改造遗传物质，成为特殊的实验甚至生产手段。由于在阅读生物文献时会经常遇到这些方法，我们在这里做一点简单介绍。

**限制性内切酶**　20 世纪 60 年代末，在大肠杆菌中发现了一种酶，它会识别外来的 DNA 并在特定的位点把后者剪断。现在已经知道成千种内切酶和数百种剪切位点。为了保护自己的 DNA 不被误切，细菌们还生产特定的甲基化酶，把本身 DNA 特定位置上的氢原子换成甲基（$CH_3$），以防止内切酶接近。限制性内切酶和甲基化酶组成许多细菌的防御系统，也被科学家用来在试管中切割 DNA 序列。

限制性内切酶的识别位点，多是长度为 4～8 个字母的"回文"，即正读、反读（反读时须按沃森-克里克配对做字母置换）结果相同的字母串。例如，CCTAGG 就是在正链和反链上相同的一个回文，内切酶通常也由上下对称的两个亚基组成，便于在两个 DNA 链上双管齐下地进行切割。

一条很长的字母顺序未知的 DNA，用两种已知剪切位点的内切酶先后加工，成为大大小小的许多片段。用凝胶电泳等方法测出各个片段的质量，原则上可以恢复出两类剪切位点在原来 DNA 链上的出现顺序，这样就在未知序列中确定了一批已知的短字母串和它们的位置。这称为酶切图谱。酶切图谱是一类重要的物理图谱，在 DNA 测序等方面发挥作用。对其他类型物理图谱感兴趣的读者，请参阅有关文献。

**分子克隆**　克隆是一个极不成功但又约定俗成的译名，意思是用无性繁殖手段，再生产出生物分子、细胞，甚至个体。这里只讲分子克隆，即用生物方法而不是化学合成来大量增殖生物大分子。把含有要增殖片段的 DNA 用限制性内切酶切割好，选取恰当的质粒用同样的内切酶切开，把所需的 DNA 连接进去。再把质粒放回大肠杆菌里进行培养。在营养丰富的情况下，大肠杆菌每 30 分钟就可以繁殖一代。繁殖到一定数量后，用同样的内切酶把感兴趣的 DNA 片段切割出来，它们的总量已大为增加。这就是分子克隆。

所用载体还可以是人工制备的酵母染色体（YAC）或细菌染色体（BAC），这样就可以克隆更长的 DNA 片段。上面的叙述中省略了许多细节，例如相应载体必须含有复制起点和供分离时识别用的标记，如特定的抗药性基因。

**聚合酶连锁反应**　20 世纪 80 年代中期发明了一种可以在短时间内把少量 DNA 扩增百万倍以上的方法，即聚合酶连锁反应，简称 PCR。实现 PCR 所需要的条件是：微量待扩增的双链 DNA 片段，从噬热菌提取的耐热的 DNA 聚合酶，标记扩增段两端的已知的 DNA 短序列（引物），以及足量的核苷酸单体。把以上混合物加热保温，双链 DNA 解离成单链。降温并保温，引物结合到单链 DNA 的左右两端。再适当升温和保温，DNA 聚合酶从引物开始以单链为模板合成出双链 DNA。再重复以上热循环。在理想情形下，每一次热循环可以使 DNA 增值一倍。现在，全自动的 PCR 机器已是实验室中的标准设备。

**凝胶电泳和印迹法**　把混合在一起的生物大分子和细胞器等，按分子量大小分离开来，一向是生物化学实验室中的常规作业。人们使用高速离心机、质谱仪、凝胶电泳等各种手段来实现大小集团的分离。

超速离心机中大小分子集团的沉降速度不同，带来了一个并不准确但在生物学中已不能摆脱的计量单位，即沉降系数 S 或称 Svedberg 单位。质量为 $m$ 的分子集团受到的离心力是 $m(1-\alpha\rho)\omega^2 r$，这里 $\alpha$ 是分子集团的比体积，$\rho$ 是水溶液密度，$\omega$ 是旋转角速度，$r$ 是距旋转轴的距离。离心力与摩擦力 $kv$（$k$ 是摩擦系数）平衡时，沉降速度 $v$ 可以算出来。通常用沉降速度和角加速度的比值 $v/\omega^2 r$ 做量度，称为若干 S。S 的真正量纲是秒：$1S=10^{-13}$ s。如果所有分子集团的比体积 $\alpha$ 都一样，S 就正比于 $m$。但生物大分子和细胞器等恰恰不是这样。因此，23S rRNA 确实比 16S rRNA 分子量大，但并不成简单比例。

凝胶电泳的思想很简单。在铺平的凝胶表面上，梳出若干规整平行的小槽。小槽一头的"井"中放置需要分离的混合液体，其中一个"井"里是分子量分布已知的标准混合体。加上电场后，液体中的大小分子集团沿小槽向另一端扩散。各个集团的运动速度同它们的质量的对数成反比，轻者跑得快，重者走得慢，隔一定时间后就分离成许多条纹。把这些条纹与标准样品对比，就可以推知每个条纹对应的分子量。把小槽换成毛细管，可以避免小槽之间渗漏导致的误差。

把"跑"完的凝胶板上的 DNA 先变性成单链，再覆以硝化纤维素薄膜，上面盖上若干层试纸。水分往试纸扩散，把凝胶条纹转移到硝化纤维素薄膜上。再同用放射性磷$^{32}$P 标记的已知的互补 DNA 杂交，就可以把特定的 DNA 片段鉴定和分离出来。这套手续已经发展成强有力的实验方法，称为 DNA 印迹法，又称 Southern 印迹法，Southern 是发明此方法的人名。后来人们把 DNA 印迹法推广到不如 DNA 稳定的 RNA，称为 RNA 印迹法或 Northern 印迹法。以后又推广到蛋白质，称为蛋白质印迹法或 Western 印迹法。Northern 和 Western 都不是人名字。

**测序技术**　DNA 是由 4 种不同单体聚合而成的一维的生物大分子。要想测定大分子中单体的顺序，原则上有两种方法：一是令聚合反应停止在特定的单体字母上，二是把已经聚合到相当长度的 DNA 在特定单体处"咬断"。终止聚合过程的 Sanger 方法和基于化学降解的马克姆-吉尔伯特（Maxam-Gilbert）方法都是在 1977 年建议的。Sanger 方法同毛细管电泳技术结合，现在已经发展成为自动测序机器，在大规模测序中被广泛使用。1977 年以后的 18 年间，人们测定了一批噬菌体和病毒的小小的基因组。1995 年发表了两个独立生活的细菌的完全基因组，揭开了基因组时代的大幕。

真核生物完全基因组的测序，目前有两种策略。较为传统稳妥的办法，是从各条染色体的遗传图谱开始，经过各种物理图谱（我们只在前面介绍了酶切图谱）和基因标志的测量，最后对基本位置大体清楚的众多的小片段分别克隆增殖，进行测序和拼接。国际人类基因组计划和国际水稻（粳稻）基因组计划都是在此种策略指导下进行的。另一种日渐流行的测序策略是把各个染色体直接混合、随机地打碎、增殖和测序，然后借助专门算法和强大的计算机进行拼接。这种被称为"霰弹法"的测序策略，用于细菌基因组是很成功的。国际上前几年完成的果蝇基因组测序，一家私人公司在 2001 年发表的人类基因组草图，以及中国科学院基因组学研究所暨华大基因中心在 2002 年 4 月在美国《科学》周刊发表的籼稻全部 12 个染色体的基因组工作框架图，都是用霰弹法实现的。

## 生物问题的诸多层次

对生命现象的研究必须在众多层次上进行。最微观的层次包含分子和原子的相互作用，从小分子（糖、脂肪、核苷酸、氨基酸）、钙镁钾钠等金属离子、水分子，到生物大分子（DNA，RNA，蛋白质以及它们的复合体）的结构和相互作用，特别是中心法则所涉及的复制、转录、剪接、翻译，以及翻译之后的修饰、运输，还有各个阶段上的查错和修补。然后是各种基本构件所组成的途径和网络：调控网络、代谢网络、免疫网络、信号传导网络等。再往上是细胞、组织、器官乃至个体，从生物化学到生理学的研究。更上层次则是种群动力学、生物多样性、生态系统，以及最近颇为时髦的生物复杂性和系统生物学的研究。各个层次上的问题，其生物、物理和数学的"含量"有所不同。一般说来，底层上的物理更多，而顶层涉及较多的数学模型。瞄准一定层次进行研究，就是物理学中的粗粒化方法。适当的粗粒化可以揭示精确规律，而过分注重细节会掩盖事物的主流。正确的研究策略，是从问题出发，寻求和创造合适的工具。下面从不同的层次选几个例子做简要的讨论。

## 分子手性破缺

构成蛋白质的 20 种氨基酸，除了最小的甘氨酸以外，都有左手和右手两种异构体，因而都具有光学活性。手性分子互为镜像，它们不可能靠连续的位置变换重合到一起。偏振光穿过含手性分子的溶液时，偏振面会发生旋转。实验室中用化学方法合成的氨基酸都是左右手性各含一半，但生物体里的氨基酸绝大多数都是左旋的，天然蛋白质都由左旋氨基酸组成。然而，天然蛋白质和DNA分子却多数具有右手螺旋结构。这是从"大爆炸"后发生正反粒子对称破缺以来，在生命物质层次上表现出来的对称破缺。地球上所有生物具有一致的手性，大家才可能处于同一条食物链的不同位置。否则，餐厅也必须分"左""右"，"左派"不能消化和吸收右旋食品。

如果在陨石中发现某种单一手性的有机分子，就可能预示宇宙中还有生命存在。至今还没有这样的报道。然而，生物分子的手性破缺是怎样发生的？许多学者仍然在研究这个根本性的问题。例如，有人试图把它和弱相互作用中的宇称不守恒联系起来。然而，从非平衡相变和对称破缺的一般理论看，发生破缺的具体原因可能是次要的，而对破缺状态的放大机制则起着决定作用。我们不妨用另外一个层次的生物现象，说明这个观点。

蚂蚁是研究昆虫社会行为的良好对象。有人设计过如下的实验：在距离蚁巢同样远的两个完全对称的地点，置放等量食物。两条对称道路各自经过一座小桥，因此可以明确分开。实验开始不久，两处食物都被发现，两条路径上有数目大致相等的蚂蚁在搬运食物。然而，经过一段时间后，出现了对称破缺：大批蚂蚁集中到一条道路上。要阐明最初的破缺是怎样发生的，既不容易也无大必要。重要的是蚂蚁间交换两地信息的次数，一旦发生破缺就会继续放大。正如单轴磁性材料从顺磁到铁磁的相变，铁磁相的具体磁化方向其实是由通常略而不计的细微因素如地磁场或杂质决定的。

## 分子马达

车轮并不是人类独有的发明，大自然早就进化出精巧的蛋白质转动机器。细胞中的生物化学反应过程都需要消耗能量。这些能量储存在腺苷三磷酸（简称 ATP，即腺三磷）分子中。从外界摄入的营养，如葡萄糖，在降解过程中合成一定数目的 ATP 分子。腺三磷提供能量后成为腺二磷（ADP）。ADP 要重新"充电"成ATP，才能继续发挥作用。这充电过程是在称为 ATP 合成酶的蛋白质分子马达（图 2）里实现的。ATP 合成酶由 $F_0$ 和 $F_1$ 两个蛋白质复合体亚基组成。下面的 $F_0$ 亚基嵌在线粒体内膜里，而 $F_1$ 亚基像是一台直流电机的定子，由两种共 6 块蛋白质组成。在三度对称体的中心，有一条从 $F_0$ 亚基出来，贯穿 $F_1$ 亚基的蛋白质轴。正氢离子即质子穿膜移动造成的电位梯度，导致中轴旋转。中轴转到一定角度，$F_1$ 亚基的一块蛋白张开，纳入一个 ADP 分子，把它重新变成 ATP，并在另一个角度释放出去。在这个分子马达中，化学能和机械能的转化效率很高，因此现在仍是重要的研究对象。

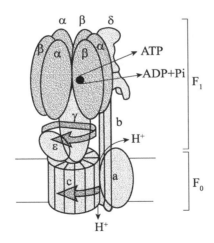

图 2　ATP 合成酶蛋白质分子马达示意图

图中希腊字母标示各个蛋白质块。下面的 $F_0$ 亚基嵌在膜中。本图改画自《生物能和生物膜杂志》（*J. Bioenergetics and Biomembranes*）2000 年第 32 卷 442 页三本木（Y. Sambongi）等的文章。

分子马达不仅是转动类型的。许多真核细胞里存在由蛋白质镶嵌成的细胞骨架。这些骨架不仅支撑起细胞腔体、协助实现细胞运动，而且还充当细胞内输送物质的轨道。原来有些特定的分子被包裹在小小的膜泡里，膜泡借助由蛋白质形成的"双脚"或"多足"，在细胞骨架上"行走"，把物质输送到目的地。

无论是定向的旋转或行走，都发生在随机变化的背景上。在随机噪声背景上产生定向的、看起来像是有目的性的运动，是发生在生物活动各种层次上的普遍现象。非平衡统计物理学中经典的朗之万方程，近些年发展的随机共振理论，都会对解释这类现象有所贡献。

细胞在液体中的运动，在更大尺度上提出"马达"问题。许多细菌在液体环境中有趋向食物和躲避毒物的行为，即"趋化性"（chemotaxis）。这通常是借助鞭毛和纤毛的运动实现的。鞭毛是一条长在细胞端部的尾巴，其穿膜部分由若干蛋白质组成的，具有一定的对称，像是一套装配精巧的"滚柱轴承"。这是规模更大、结构更复杂的一类分子马达。纤毛分布在细胞膜外，数目较多，它们的随机或协调摆动，使细菌在原地停留或往某一方向移动。须知单细胞的细菌，并没有什么神经系统来控制各部分的动作，看来有目的的运动是化学物质的浓度梯度所导致的一系列物理效应的后果。

## 蛋白质折叠

前面介绍"中心法则"时已经提到，在核糖体中合成的蛋白质，要折叠成特定的结构，才能发挥生物功能。特别是起催化作用的各种酶，往往折叠成接近球形的特定形状。形状不对，就不能发挥作用，甚至还会导致病变。疯牛病就是一种蛋白质折叠病。

细长的高分子链，由于侧支集团围绕化学键的旋转，可以形成各种空间构象。随着分子量增加，可能的构象数目迅速上升。构象数目通过熵 $S$ 影响热力学性质，出现在自由能的公式 $F=E-TS$ 中（这里 $E$ 是内能，$T$ 是温度）。要理解橡胶的弹性，就必须考虑构象数目的贡献。同一种高分子的集合，其个体长度可以不一样，而具有一定的分子量分布。达到一定浓度的高分子溶液，在温度变化时会发生溶胶凝胶相变。就单个大分子而言，它会处于延展和卷曲两种状态。同处于卷曲状态的两个高分子，其构象可能颇为不同。高分子的构象统计学和橡胶的弹性力学早就是发展成熟的学科。

相对于高分子构象，蛋白质折叠是完全不同的问题。一个特定的蛋白质由固定的氨基酸序列组成，它的长度和分子量都是确定的。这是蛋白质的一级结构。新合成的肽链的某些段落会以较快的速度形成局部的二级结构。常见的二级结构有 $\alpha$ 螺旋和平行或反平行的 $\beta$ 片，它们都是由隔一定距离的氨基酸之间的氢键维系着。这些含二级结构的肽链再以较慢的速度折叠成最终的三级结构。来自多个蛋白质的三级结构会再形成多个亚基的复合体，是为蛋白质的四级结构。

从蛋白质的一级结构即氨基酸的字母顺序，预测二级结构已经有一些较好的算法和程序。进一步预测三级结构，则仍然是颇具挑战性的难题。首先，已经测定的近 2 万个蛋白质的三维结构，只包含不超过一千种基本的折叠单元。为何基本折叠单元的种类这么少？这是一个物理学家们感兴趣的问题，现在已经有了部分答案。原来，稳定的折叠单元不仅要满足某种能量最低的条件，而且要具有唯一性，即同一条一级序列不允许折叠到两个以上能量同样低的结构。那些折叠结果不唯一的序列，已经在演化过程中被淘汰。

其次，生物学家更感兴趣的问题是特定的一级序列已知的蛋白质会折叠成什么样子，发挥何种生物功能。现在全世界每天可以从测序得到的 DNA 序列中翻译出上千条可能的蛋白质序列，而所有测定蛋白质结构的实验室目前每个月总共只能给出约 200 个结构。用实验方法确定所有重要蛋白质的结构，绝非短期内能做到的事情。用理论方法从蛋白质一级结构预测其二级和三级结构，是当前的紧迫课题。

决定蛋白质折叠的基本相互作用力，其物理本质是清楚的。然而从"第一原理"出发，直接计算折叠过程仍然超出现有的最大计算机的能力。美国 IBM 公司在 2000 年提出一个名为"蓝色基因"

的计划，要用 5 年时间，研制一台有一百万个处理器的大规模并行系统，以便用 3 天 CPU 时间，算出一个实际蛋白质的折叠过程。这一计划即使顺利实现，也只能表明人类对蛋白质折叠过程的认识水平，而不可能在近期内用于解决日常问题。在相当长的时期内，人们还必须依靠已经积累的实验数据，用各种粗粒化方法做推测。这就进入后面将要介绍的生物信息学领域。

## 生物膜的形状

生物细胞和细胞里的各种"细胞器"都包裹在由磷脂形成的双分子膜里。这些生物膜可能具有奇形怪状，例如带棱带角的膜泡、细长的波纹软管，或是复连通的、高"亏格"的表面，而不限于简单的球形。"亏格"是一个拓扑学概念，球和椭球的亏格为 0，环的亏格为 1 等。从理论上说明各种生物膜的形状，是远非平庸的课题。血红细胞的形状是一个实例。

人体中的血红细胞的形状，是一个上下两面都凹陷进去的旋转对称的圆饼。这种形状很不容易从理论上说明，因为任何借助表面张力和考虑膜内外压力差的理论都会导致向外膨胀的球形。历史上有过多种并不成功的尝试。然而，注意到磷脂膜本身既非液体亦非固体，而更接近液体晶体（液晶），生物膜的液晶模型获得很大成功。它不仅给出了血红细胞形状的解析表达式，而且说明了许多其他类型的生物膜形状。

生物膜的形状问题，是说明描述尺度和粗粒化方法的极好的实例。一提到生物膜，人们就会想到嵌在膜上或穿过膜的各种各样的蛋白质、孔洞和离子通道。然而研究膜的形状时，其实没有必要考虑这些细节，其原因在于它们是尺度相差甚远的两类对象。膜蛋白和蛋白质镶嵌而成的各种通道，是纳米（$10^{-9}$ 米）尺度的对象。研究离子通道时，可以在无穷大的平面上模拟，曲率其实没有影响。膜泡通常是微米（$10^{-6}$ 米）尺度的对象。研究膜泡时根本看不清嵌在膜上的纳米级对象，膜蛋白的种类或数量只是略微改变宏观描述中使用的一些物质参数。把几何尺度相差千倍的因素混淆在一起，不是提高描述精度，而是模糊研究重点，导致顾此失彼的后果。恰当的粗粒化描述可以得出精确结论。这是一条重要的方法论原则。

生物膜的液晶模型，是连续介质理论的成功应用。单个的生物大分子在适当的粗粒化处理中，可以当成连续对象。连续介质理论用于说明 DNA 和 RNA 分子的力学性质，近来也获得许多与实验符合的结果。二维生物膜和一维大分子的连续介质描述，都是活跃的研究领域。感兴趣的读者可以参阅本文参考文献中列出的一本小册子。

## 黏菌的自组织行为

盘基网柄菌（dictyostelium discoideum），俗称黏菌，是研究细胞发育、运动和信号传导的方便的模式生物。在生存环境良好时，它们作为单细胞而生活，靠细胞分裂增殖。当一个或多个黏菌发现环境恶化，不利于生存时，就向周围发送信号。这信号就是环腺苷酸小分子 cAMP。收到信号的黏菌，也向其周围发送同样的信号。在一片互相收发的信号背景中，自发形成一个聚集中心，大家都向中心靠拢。大量黏菌聚集后，长出一支像多细胞植物的菌株，菌株顶部的小球体破裂后，成熟的孢子随风飘向远处，其中到达有利的生活环境者，继续生长分裂。这样，靠"牺牲"约 80% 的个体，给其余个体提供远走高飞的机会，延续着黏菌物种。

从大量黏菌以自己为中心向四面发送 cAMP 信号，最初形成均匀的随机背景，后来突然自发产生一个聚集中心。这是一种以自发对称破缺为特征的非平衡相变，是自组织行为的典型事例。人们对此进行过许多实验和理论研究。

## 生物系统的标度性质

生命现象所涉及的对象，从生物大分子、细胞器、细胞、组织、器官、个体、种群到生态系统，其尺度跨越近 20 个数量级。生物系统的一些特征量如何随尺度变化，是一个值得注意的问题。

考察一个独立生活的单细胞生物。为了维持细胞膜内的生物化学反应，它必须通过细胞膜同外界交换物质。不难估计细胞膜所包容的体积和质量，也容易算出细胞膜的面积，从而得到维持单位体积或质量所必需的表面积。如果把这一比例关系简单地外推到像一个人或一棵树那么大的质量，维持生命活动所需的表面积是颇为巨大的。树木要生长出由粗到细的枝叶，高等动物要发育出从主动脉、支动脉到微血管的循环系统，从气管、支气管直到肺泡的呼吸系统等，其物理原因概在于此。体积比例于线度的 3 次方，面积比例于线度的平方。因此，如果某个特征量 $Q$ 随线度 $L$ 的变化规律是

$$Q \propto L^{n/3}$$

而其标度因子 $n/3$ 中的 $n$ 的值接近整数，这倒是不足为奇的。

然而，近几年的观察和统计表明，有许多特征量，例如一个生物系统的代谢速率 $R$，其标度因子却是 1/4 的倍数，即

$$R \propto L^{n/4}$$

虽然已经有一些解释这件事的理论模型，但争论目前仍在继续。

## 生物信息学和计算生物学

生物有形，人所共识。地球上自然之美，多数来自生物本身和它们的营造。生物有数，则经历了漫长的认识过程。1885 年恩格斯在比较各门自然科学使用数学的情况时，曾经写道："生物学中

的数学＝0。"[1] 如果不考虑当时在生物学界也还未引起注意的孟德尔遗传定律中的排列组合分析，这一观察大致是正确的。

## 生物数据

然而，生物不仅"有数"，而且是各种各样的大数。其实，仅仅生物多样性的宏观数据就是相当可观的。地球上现存多少物种？从几百万到几亿的估计都有。细菌是地球上最成功的物种，早在出现人类之前，它们就已经生活了三十多亿年，并且为其他物种的生存创造着环境；人类如果把环境破坏到自身无法继续生存，细菌们可能还会愉快地存活几十亿年。细菌究竟有多少种类和个体？我们只对其中与人类生活和疾病密切相关的种属略有所知。2002 年 11 月初，在核酸序列数据库中有 13.6 万种生物至少有一条序列被收存，其中只有 5 万种有某些分类学信息。目前地球上大约有 5000 种哺乳动物，它们是曾经生存过的 20 多万种哺乳动物中的胜出者。如果把研究范围延伸到古生物物种，那真是"不计其数"。

不过，现代生物学数据的主体是分子水平的核酸序列、蛋白质序列和结构数据。仅以中国科学院基因组学研究所，即代表我国承担了国际人类基因组计划 1‰测序主攻任务最近又完成了籼稻全基因组框架图和精细图的"华大基因"为例，其测序能力已经达到每天 3000 万碱基对，也就是每天产生 $3 \times 10^7$、每年 $10^{10}$ 个字母。全世界生物数据的产出量，目前已经达到每年 $10^{15}$ 字节，而且还在继续增长。国际上三大核酸序列数据库之一的 GenBank，在 2002 年 10 月 15 日发布的第 132 版包含 1980 万条序列，共计 265 亿个字母。几年之内，生物学就会成为人类科学活动中产生数据最多的领域。

核酸序列数据中最重要的、近几年增长最快的部分，是所谓完

---

① 恩格斯. 自然辩证法 [M]. 于光远，等，译. 北京：人民出版社，1983：172.

全基因组，即一个生物体的全部遗传密码。现在已经发表了近 100 种细菌和古细菌的完全基因组。真核生物基因组已经完成的有酵母、线虫、果蝇、拟南芥等。正在进行大规模测序或已完成了工作草图的物种有人、水稻、小鼠、按蚊、疟原虫等。一个人的基因组有 $3.2 \times 10^9$ 碱基对，编码 3 万多个基因。籼稻基因组有 $4.3 \times 10^8$ 碱基对，可是其基因数目可能比人多 1 倍。仅仅为了存放这些数据，就需要大量设备。英国的 Sanger 测序中心估计，今后 5 年中每年的硬盘增长量为 100 太字节（TB），即 $10^{14}$ 字节。

## 大数和计算机

我们已经列举了不少大数，需要对它们再多一点感觉。首先是计数单位，每 3 个数量级换一个名字和缩写：$10^3$ 称千（kilo，k）、$10^6$ 称兆（Mega，M）、$10^9$ 称吉（Giga，G）、$10^{12}$ 称太（Tera，T）、$10^{15}$ 称拍（Peta，P）、$10^{18}$ 称艾（Exa，E）。其次，这样的大数是怎样一个概念呢？从大爆炸产生我们所处的宇宙，大约已经过去 $4 \times 10^{17}$ 秒，即 0.4 个"艾秒"。有人估计地球上所有存活过和现存的智人所说过的话语，不超过 1 艾个字。可见，生物学所涉及的数字已经处在人类曾经设想过的大数的边缘。为了处理这些数据，从中提取知识，必须依靠人类自学会用火以来的又一项伟大发明——电子计算机。

把电子计算机与用火相提并论，并不过分。因为人类在一切活动领域里，都没有可以同计算能力增长速度相比拟的成绩。1944 年研制的 ENIAC 计算机，每秒可以完成 330 次乘法运算，能用短于炮弹飞行的时间把弹道计算出来。这在当时真是巨大的成绩。我国前几年研制的神威计算机，每秒可以执行 3840 亿次浮点运算，曙光 3000 计算机每秒可做 4000 亿次浮点运算。每秒 10 万亿，即 1 "太"次浮点运算的计算机也已问世。50 多年间，人类的运算能力提高了 10 亿倍。试问还有哪个领域有如此的飞跃？步行与乘坐喷气飞机，速度之差不过几百倍。

## 基因组信息学

生物的许多道理藏在数据中。直接从生物数据出发的研究领域现在称为生物信息学。由于我们已经出版过关于生物信息学的专书（见参考文献），这里不再详述，而只选列几件与基因组研究有关的事情。

大规模测定 DNA 序列，要先把总量大于基因组长度若干倍的原始材料，打碎成 500 个字母左右的短片，分别测序，最终再拼接成数百万字母乃至更长的染色质序列。基因组中的大量重复序列给拼接造成巨大困难。人们虽已做过不少工作，仍然需要发展更有效的数学理论和算法。

成功拼接出的 DNA 序列，是由 4 种字母组成的不分段落、没有标点符号的"天书"。要从这些天书中找出编码蛋白质的基因，不编码蛋白质但起着重要作用的各种 RNA，以及各种控制调节基因表达的信号。马尔可夫和隐马尔可夫模型、动态规划、神经网络、各种判别和聚类方法、语言学分析等，都已用于寻找基因。目前一切较好的这类程序都严重地依赖于"训练数据"，即已经积累的生物知识。随着大规模测序成为家常便饭，人们必须研制尽量少依赖训练数据的、能在寻找过程中自我完善的算法。

从基因注释得到的大批蛋白质序列，早已不可能只靠实验室工作来确定结构、发现功能。用计算机来预测蛋白质的结构和功能，已经是十分活跃的研究领域。这里包括蛋白质折叠问题。由于前面已经讲述过，此处从略。

基因芯片的发展，使人们可以同时研究大量基因的表达过程，比较它们在正常生理条件和病理条件下的表达差异。这里的许多算法还没有走出聚类分析，而人们期望从这些数据中才能提取各种网络的结构和参数。

随着完全基因组数据的增长，比较基因组学的课题也越来越多。由现存物种数据回溯演化过程的研究，也面临新的挑战。

在这一切研究的背后，是大量数据的采集、质量检验、数据库的建立和管理。只有发展出对用户友好的、跨越各种计算机平台的数据库和应用软件系统，才能使生物工作者充分享用数据、进行创造。这里，计算机科学有着广阔的用武之地。

## 计算生物学

生物信息学和计算生物学这些提法往往被交替使用，不过，它们之间是有一些差别的。一般说来，需要从已知方程或模型出发的研究，更接近计算生物学；建立在数据库搜索和比较基础上的工作，较多地属于生物信息学。科学研究不应从定义出发，重要的是提出和解决问题。对于一个细胞里全部生物化学反应的数值模拟，乃至对组织、器官和整个生物体的模拟，都已经提到研究日程上。对人体组织和器官的生理与病理状态的计算机模拟，最终会解放大量的实验动物。那时的生物学和医学就更离不开数理科学和计算机了。

虽然已经有过牛顿方程和麦克斯韦方程这样的伟大理论篇章，19世纪的物理学仍被物理学家们自认为是实验科学。20世纪上半叶，随着量子力学和相对论的建立，物理学成为理论和实验密切结合的科学。20世纪下半叶，电子计算机的迅猛发展为自然科学提供了认识世界的强大新工具。物理学既为计算技术的发展准备了材料、元件和理论，又是这一发展的最早受益者。于是，物理学终于成为鼎立在实验、理论和计算三足之上的成熟的科学。生物是物，生物学的发展也会从物理学的既往得到启发。

## 发展交叉科学、培养广谱人才

瞻望新世纪的自然科学发展，我们要特别强调培养"广谱"科学人才的必要性。大学中的学科设置和研究机构的分工，总是落后于科学的发展。时代需要培养一代新人，他们具有良好的数、理、化基础和丰富的生物学知识，熟悉计算机和网络技术。他们不把自己局限在某一学科领域，而是热心关注和解决自然界中人类尚未明白的问题。这里的目标越出了传统意义下的生物物理或理论生物物理，而指向广义的理论生命科学。在目前的教育体制下，从哪一门学科开始培养并不重要。关键是在思想上要兼容而不排他，还要有从事大科学的团队精神。我国学术界要特别提倡大家都努力做好自己的事情，同时尊重别人的工作。专业上相差较远的学者要努力吸收其他领域中可能有益的方法和概念，而不轻易地宣称对自己"没有用处"。近距离的同行更要互相支持而不彼此拆台。这样，交叉学科在我国才会更健康地发展。

## 思维方法取长补短

为了促进数理科学和生命科学的交叉研究，两大"阵营"的学者们还要注意彼此在思维方法上的差异，取长补短、理解对方。数理科学已经具有较完整的基本法则的体系，演绎推理在研究中起着较重要的作用；生命科学基于大量的事实，几乎任何规律都有例外，归纳和例证仍是主要方法。物理学者惯于进行简化，通过粗粒化来突显基本规律，生物学者注重具体事实和细节。物理学尊重因果论，经常从原因出发探索后果；生物学较多从事实和结果出发，回溯已经逝去的演化过程，甚至有时使用"目的论"（teleology）的语言。

其实，物理学在研究复杂现象时，也曾从"目的"出发来表述方程应满足的条件。描述布朗运动的郎之万方程是最早提出的随机微分方程。它有两个参数：摩擦系数和随机力的强度。这两个参数不能任意给定，而必须满足一个含有温度的比例关系，才能保证布朗粒子的速度最终与环境达到热平衡。这是著名的涨落耗散定理的早期实例，也是从"终值"而不是"初值"出发的发人深省的实例。

### 粗粒化和排列组合

我们在本章中多次提到粗粒化。其实我们对自然现象的研究，只能分层逐次地进行。"粗粒化"是不可避免的方法，而它往往导致符号和符号序列。符号和符号序列又自然地要求动用离散数学武库中的法宝。于是，语言学、图论和组合学等接踵而来。这里要特别讲一下排列组合问题。

19 世纪孟德尔豌豆杂交实验的重大贡献，就在于证明性状遗传是组合而不是混合。排列组合是利用有限种模块产生无穷多结果的手段，大自然在演化过程中不断利用了组合的威力。DNA 中的遗传编码就是字母组合。内含子和外显子的交替剪切，导致多种蛋白质序列的组合。许多不同的蛋白质包含大同小异的若干个结构域的选择排列。图 3 给出一个教科书中的经典例子。现在这类数据越来越多。

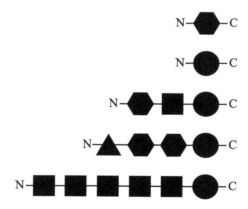

图 3　几种丝氨酸蛋白酶的结构域组合

各种几何形状代表不同的结构域。从上往下分别是表皮生长因子、胰凝乳蛋白酶、尿激酶、凝血因子IX和纤维蛋白溶酶原。字母 N 标明蛋白质链的氨基端，C 为羧基端。本图改画自阿尔贝茨（B. Alberts）等著《细胞的分子生物学》1994 年第 3 版第 123 页。

在更高的层次上，类似模块的重新组合屡见不鲜。多个蛋白质亚基组成更大的复合体，其中有些亚基是相同的。前面提过的细菌鞭毛的"轴承"部分，是由大量蛋白质复合体排列成9度对称的形状。真核生物细胞核孔是蛋白质镶嵌的具有8度对称的"八宝琉璃井"。

水稻的籼稻和粳稻两个栽培变种，已经隔离多年。东汉许慎所著《说文解字》一书中就对它们的形状差别做过描述。然而，两个变种中负责光合作用的叶绿体基因组却相差甚少。这说明它们的许多性状差别来自比基因更高的层次。人和家鼠的基因组大小和基因数目都很接近，两者差异只能源于更高层次的排列组合，包括基因在染色体上的排列顺序和它们表达过程中的时空顺序、基因的交替剪接，以及蛋白质复合体等更高层次上的排列组合。

然而，我们不能在现实世界中期待完整、纯粹、干净的数学结构。相反，人们处处遇到模糊和随机。统计方法已经在生物学中发挥着重要作用，超越纯粹统计的尝试仍然离不开统计的辅佐。统计物理学在研究复杂"死物"的100多年里，积累了丰富经验，它对认识生物必定还大有用武之地。

## 前辈学者的良好榜样

在物理学和生命科学的交叉方面，我国老一代学者已经为我们树立过良好榜样。我国前辈植物生理学家汤佩松（1903—2001）和统计物理学家王竹溪（1911—1983）都是1955年的首届中国科学院院士（学部委员）。他们早在抗日战争时期的昆明西南联大就合作建立了水分在植物中运动的热力学理论，论文发表在1941年的美国《物理化学杂志》上[1]。这一超越当时认识水平的重要成果，被忽略了约40年。20世纪80年代才重新在国际上引起注意。我国目前的研究队伍和设备条件，比起60多年前的旧中国，真是天壤之别。我们应当而且可以做得更好。希望寄托在青年学子身上。

---

①    Tang P S, Wang C S. J Chem Phys, 1941，45：443.

国家科技部"973"（批准号：G2000077308）、国家自然科学基金（批准号：30170232）资助项目。

## 参考文献

［1］郝柏林，张淑誉．漫谈物理学和计算机［M］．北京：科学出版社，1988，1992

［2］Schrödinger E. What is life？The physical aspect of the living cell［M］. London：Cambridge University Press，1944（1944 年初版，此后以多种语言在各国不断再版）

［3］欧阳钟灿，刘寄星．从肥皂泡到液晶生物膜［M］．长沙：湖南教育出版社，1994

［4］Murphy M P，O'neill L A J. What is life？The next fifty years［M］. London：Cambridge University Press，1995，1997

［5］郝柏林，刘寄星．理论物理与生命科学［M］．上海：上海科学技术出版社，1997，1999

［6］郝柏林，张淑誉．生物信息学手册［M］．上海：上海科学技术出版社，2000，2002

［7］郝柏林．生物信息学浅说［M］．上海：上海科技教育出版社，2003

本文原载于《物理》，2003，32（4）：213 - 218；2003，32（6）：353 - 359

# 世界是必然的还是偶然的
## ——混沌现象的启示

◆郝柏林

冥冥有手写天书，彩笔无情挥不已；

流尽人间泪几千，不能洗去半行字。

——奥玛珈音[1]

这里波斯大诗人奥玛珈音（Omar Khayyam，1048—1122）说的是历史前定，人类活动无能为力改变它的进程。处于另一极端的英雄史观，则强调自由意志的作用，从而赋予历史发展以依赖于个人特色的随机性。前定与随机，必然与偶然，向来是人文科学中长期争论不休的命题。另一方面，自然科学理论始终受实验和观测的检验，而它的每个重大发展又都会反馈到文化层次，对人的哲学和历史观有所启示。近20年来混沌运动的研究，正在改变着数理科学工作者对决定性和概率性描述的认识。本文拟将这方面的革命性

郝柏林：原中国科学院理论物理研究所研究员，复旦大学教授，中国科学院院士，发展中国家科学院院士。研究领域：统计物理、计算物理、非线性科学、理论生命科学和生物信息学。

发展做简短介绍，并就混沌研究的启示，略抒己见。

## 决定性和概率性描述

对于同一个自然界，物理科学中有决定性（deterministic）和概率性（probabilistic）两种描述。在牛顿创立古典力学之后 250 年间，直至 20 世纪 20 年代为止，决定论长期处主导地位，基于概率论的统计描述，原则上只能视为不得已情况下所采用的辅助手段而已。

牛顿在 1687 年初版的《自然哲学之数学原理》一书中，完整地表述了他的绝对时空观、运动三定律和万有引力定律，演绎推导出开普勒（J. Kepler）的行星运动三定律。《原理》第三篇讨论了"宇宙系统"（其实那只是到土星为止的太阳系）。后来，在 1799—1825 年出版的拉普拉斯五卷《天体力学》巨著中，运用牛顿力学于太阳系行星及其卫星的轨道计算，臻于极精微的程度。拉普拉斯甚至宣称，只要给定了起始条件，就可以预言太阳系的整个未来。

这就是所谓机械决定论（mechanistic determinism）的观点，即应用牛顿所发现的诸定律，可以精确计算天体的运动，所以，通过精确的物理定律，宇宙目前的状况原则上也就全部"决定"了它以后的发展。这种机械决定论观点，因为海王星的发现而登峰造极。

原来自 1781 年确认天王星之后，就发现它的实际轨道总是不规则地偏离计算结果。许多科学家想到，这可能是由于一颗更遥远的未知行星的扰动。法国天文学家勒威耶（U. Le Virrier）运用天体力学精确预言了新星的位置。1846 年 9 月 23 日夜，德国天文学家伽勒（J. G. Galle）就在预言的位置一举发现了这太阳系的第八颗行星。尽管英法两国为了它的优先发现权和命名而进行了一场颇动感情的争论，这个大发现使得决定论的成功似乎并无异议了。

然而，事情并非尽善尽美。19 世纪末叶已经知道，描述三个或更多天体运动的方程组不可积分，更不能解析地求解。太阳系能否永远地稳定运行，也是悬而未决的难题。换言之，理论上已准确决定了的事情，事实上还不一定能用已知的数学方法展示出来。"未知"还是现实的一部分。

就在机械决定论取得辉煌成就的同一时期，蒸汽机和内燃机的发展把对气体性质的研究提上了日程。人们使用压力、温度、体积这些宏观概念，寻求它们之间的经验规律，终于建立了热力学体系。基于大量实验事实的热力学诸定律，起着宏观世界根本大法的作用。流体力学的方程组，也是为类似的宏观变量建立的。然而，为了从大量原子分子运动和相互作用出发，推导气体的宏观性质或流体力学方程，那就必须引入这些粒子（实际上无从一一测定的）位置、速度分布的概率假设，并运用统计方法。所以，概率性观念就成为必需的了。

湍流（turbulent flow）是人类世世代代寻常惯见的现象。从1883 年雷诺引入无量纲的特征数（雷诺数）对圆管中液体流动进行定量研究开始，积累了各种物理和几何条件下平稳流动如何突然转变成湍流的观测资料。但流体力学的基本方程是基于光滑和连续概念的决定性偏微分方程组，它们怎么能描述似乎没有规则的湍流？湍流的发生机制和发达的湍流状态又是怎样的？

这样，在 19 世纪末的物理学里，除了那些后来导致相对论和量子力学的基本矛盾之外，还在不同层次上隐含着没有解决的、关于决定性和概率性取舍的重大问题：不可积分的牛顿方程以及相关的运动图像、统计物理学的基础、湍流的发生机制和描述。然而，20 世纪初相对论和量子力学的成功，接踵而至的令人眼花缭乱的技术发展，和两次世界大战对军事技术的要求，吸引了绝大多数物理学家的注意力。上述艰难的根本性问题，因此被留给数学家们去潜心研究。

## 牛顿力学的内秉随机性

在一切可能的力学系统之中，到底有多少是不可积分的，亦即是无从用已知的数学方式来表示它的运动形式的？20 世纪 40 年代数学家西格尔等人已经给出答案：不可积分的系统俯拾即是，多不胜数，而可积可解的力学问题，却如凤毛麟角。传统的大学力学教科书挂一漏万，并没有描绘出牛顿力学的真面目。

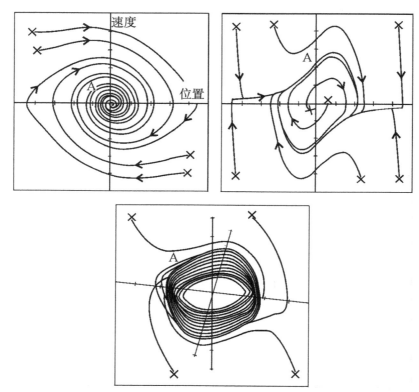

图 1　前此熟知的有规则、可预测的运动轨迹

左上图是有阻尼单摆在位置和速度所构成的相空间的运动轨迹，它的吸引子是定点 A，即无论起始状态（以×代表）如何，它最终都在中央静止；右上图是钟摆的轨迹，吸引子 A 是稳定的极限周圈；下图是复振动在三维空间的环形吸引子 A。

但不可积分的力学系统的典型运动图像究竟是什么样子的呢？这是极为困难的数学问题。直到 KAM 定理出现，这问题才算有了实质进展。粗略地表述，KAM 定理好像颇为平淡。它说：在一定条件下弱不可积系统的运动图像与可积系统差不多。可是这时物理学家手里已经有了新式武器——电子计算机，能够突破解析方法的局限，对 KAM 定理的条件大做反面文章了。结果完全出乎意料。原来，只要破坏定理所假设的任何一个条件，运动都会变得无序和混乱。当然，这时运动所遵循的，仍然是决定性的牛顿力学方程式。也就是说，只要精确地从同一点出发，得到的仍是同一条确定的轨道。然而，只要初始条件有无论多么微小的改变，其后的运动就会失之毫厘，差之千里，变得面目全非。还有几个经过严格数学证明的实例，说明某些牛顿力学刻画的运动，实际上可能同掷骰子所得的一样，是随机（random）和不可预测（unpredictable）的。

一个典型的不可积分的力学系统，通常兼有规则运动和随机运动的两种不同区域。随着某个参数（譬如代表作用力强度的参数）的变化，随机区域可能逐渐扩大，终至并吞掉规则运动的区域。我们甚至可以严格地定义在规则运动区域中等于零、而在随机运动区域中大于零的特征量（这称为科尔莫戈罗夫熵），来量化运动的随机程度。规则运动是"简单的"，随机运动是"复杂的"，现在可以定量地区分"简单"和"复杂"运动了。

因此，决定性的牛顿力学从计算和预测的观点来看，实际上具有内秉随机性（inherent randomness），这就是微观层次（即个别粒子，或所谓无内在自由度的个体的层次）上的混沌运动。

## 湍流和奇怪吸引子

现在我们回到宏观层次（即由许多粒子形成的群体的层次），看湍流问题。湍流现象普遍存在于行星和地球大气、海洋与江河、火箭尾流、锅炉燃烧室，乃至血液流动等自然现象之中。它的困难之处固然在于流体运动有无穷多个自由度，可如果事情只限于大、中、小、微各种尺寸的旋涡层层相套，运动能量错综复杂地由整化零，那么统计描述仍可能奏效。问题在于，湍流是经过一次或多次突然转变而形成的，而在紊乱无规则的背景上往往又会出现大尺度、颇为规则的结构和纹样，出现协调一致的运动。即使撇开湍流的空间结构不谈，决定性的流体力学方程怎么能允许貌似随机运动的紊乱的时间行为？

1963 年麻省理工学院的气象学家洛伦兹研究对天气至关重要的大气热对流问题。他大刀阔斧地把包含无穷多个自由度的偏微分方程砍成只剩三个变量的常微分方程组，放到电子计算机上去。他发现即使对这样一个经过极度简化的系统来说，大气状况起始值的细微变化，亦足以使非周期性的气象变化轨道全然改观。这一后来使洛伦兹成名的发现，当时却发表在鲜为人知的《大气科学杂志》[2] 上。洛伦兹本人当时却已经意识到，这种普遍存在的气象变化轨道的不稳定性，会使长期天气预报的希望幻灭。他曾以夸张的口吻，讲到"蝴蝶效应"：南美洲亚马孙河流域热带雨林中一只蝴蝶，偶然扇动了几次翅膀，所引起的微弱气流对地球大气的影响，随时间的增长可能并不减弱，而是两周后在美国得克萨斯州引起一场龙卷风。我们在后面再继续谈这个问题。

1975 年数学家吕埃勒和塔肯斯（F. Takens）建议了一种湍流发生机制，认为向湍流的转变由少数自由度决定，经过两三次突变，运动就到了维数不高的奇怪吸引子（strange attractor）上。这里所谓吸引子（attractor）是指运动轨迹经过长时间之后所采取的终极形态：它可能是稳定的平衡点，或周期性的轨道；但也可能是继续不断变化，没有明显规则或次序的许多回转曲线，这时它就称为奇怪吸引子。奇怪吸引子上的运动轨道，对轨道初始位置的细小变化极其敏感①，但吸引子的大轮廓却是相当稳定的。他们两位当

---

① 所谓"敏感"，是指初始位置稍有变化，所得的轨道就极为不相同。更精确地说，在奇怪吸引子上，相邻两条轨道之间的差异是随距离以指数形式增加的；否则，在普通情况下，它只是以幂数形式增加。

时并不知道奇怪吸引子的实例，是另一位数学家约克（J. A. Yorke）发掘出洛伦兹的论文，也是约克在玻尔兹曼之后 90 年把"混沌"（chaos）一词重新引进科学语汇。

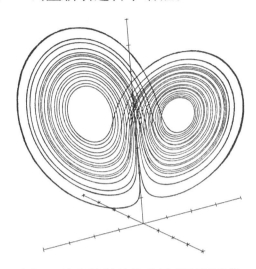

图 2　约克绘制的洛伦兹吸引子图像

这是一条在三度空间似乎无序地左右回转的连续光滑曲线。它并不自我相交（在此平面透视图中这一点不容易显示），并呈现极复杂的纹样。这是最著名的一个奇怪吸引子。

约克绘制的洛伦兹吸引子是一条连续而光滑的轨道，它以看来相当随机的方式，在左右两翼中转圈。如果稍稍改变一下轨道初值，左右跳动的顺序和次数就会完全不同。

对初值的敏感依赖性，是在奇怪吸引子上的运动轨道的主要特征。在各种决定性的宏观方程中，由于能量耗散而使有效的运动自由度减少，最终局限到低维的奇怪吸引子上。这就是宏观层次上的混沌运动。作者和北京师范大学胡岗发现的另一组微分方程中的奇怪吸引子，形状像是数字 88 的依稀相连的两片。由不同初值的 40 条轨道组成，如果只画一条轨道，计算时间延长 40 倍，也得到轮廓大致相同的吸引子，这就是所谓遍历性（ergodicity）。遍历性是奇怪吸引子的另一特征。

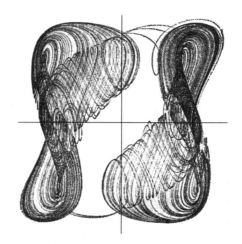

图 3　郝柏林和胡岗发现的另一个奇怪吸引子

它是极复杂的三度空间曲线，本图所示是它的平面投影。

其实，混沌运动可以发生在比微分方程更为简单的模型中。

## 来自简单模型的复杂行为

简单原因可能导致复杂后果，这是混沌研究所提供的一条重要信息。许多看起来杂乱无章、随机起伏的时间变化或空间图案，可能来自重复运用某种极简单而确定的基本作用或元（elementary）作用。我们看两个例子。

第一个例子是不同代的昆虫数目变化。假定成虫产卵后全部自然死亡，然后孵化出下一代，世代之间没有交叠。如果下一代虫口数简单比例于前一代虫口数，那么只要平均产卵数多于 1，过不了多少代整个地球就会虫满为患。这正是马尔萨斯（T. R. Malthus）虫口论：虫口按几何级数增长。然而虫口过多，食物有限，它们就要为争食而咬斗，传染病也会因接触增长而蔓延。咬斗和接触，都是同时涉及两只虫子的事件。这类事件的总数比例于虫口的平方，而它对虫口变化产生负作用。这样，就得到一个较为现实的虫口模型：

$$y_{n+1}=Ay_n-By_n^2$$

其中 $y_n$ 是第 $n$ 代虫口，$y_{n+1}$ 是第 $n+1$ 代虫口。意味深长的非线性项 $y_n^2$ 代表相互作用。其实，这种模型何止限于描述虫口变化。这是最简单但同时又考虑了有利和不利因素，包括鼓励和约束两种作用，能够反映过犹不及的自我调控模型。它实际上只有一个独立参数，可以写成标准形式

$$x_{n+1}=\lambda x_n\ (1-x_n)$$

或

$$x_{n+1}=1-\mu x_n^2$$

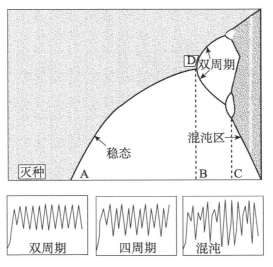

图 4　生物数目变化的分岔图

图中横轴是参数值 $\lambda$，纵轴是生物数目 $x_n$。$\lambda$ 小于 A 时，生物濒于绝灭；$\lambda$ 超过图中 A 点时，$x_n$ 趋于一逐渐增加的稳态值；$\lambda$ 超过 B 时，稳态值分岔为二，其后再分岔为多个值，$x_n$ 则摆动于几个稳态值之间；$\lambda$ 超过 C 时，$x_n$ 就常常不再有稳态，而做无序跳动，这就是混沌区。

　　现在我们可以开始很简单地计算一代又一代的虫口变化了：给定参数 $\lambda$（或 $\mu$）和初值 $x_0$，计算出 $x_1$，再用 $x_1$ 计算出 $x_2$……扔掉最初 100 个点（它们代表虫口尚未达到稳定态的过渡期），再把其后的 300 个 $x_n$ 画出来，就得到分岔图（bifurcation diagram）。图 4 中横坐标是参数 $\lambda$（或 $\mu$），纵坐标是 $x_n$。它反映出两大类不同的虫口变化方式。在某些参数区域，$x_n$ 只在几个点之间周而复始地跳

来跳去，特别在图的左侧，有一个 1，2，4，8，…点的倍周期序列。不管初值如何改变，周期点的数值始终不变。这是对初值不敏感的周期变化区域。

在另一些参数值，主要在图的右侧，$x_n$ 在一段或几段确定的 $\lambda$（或 $\mu$）区域内似乎随机地跳动。稍为改变初值，$x_n$ 所经历的具体数值就完全不同。这是对初值变化敏感的混沌区域。但即使在混沌区域之内，仍又包含有更小的周期变化区域，在其中 $x_n$ 是对初值不敏感的。所以，这分岔图虽是由极简单的方程式得来，但它的结构则是极度复杂的。

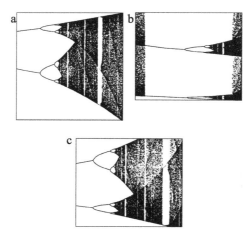

图 5　分岔图的细部放大

将图 4 右边混沌区部分放大（a 图），则发觉其中又包含有微小的稳态区（b 图，这是 a 图小区放大）和更复杂的混沌区（c 图，这是 b 图小区放大），以迄无穷。

我们的第二个例子是最简单的元胞自动机（cellular automaton）：取若干枚硬币排成一行。每枚硬币可能正面向上，也可能反面向上，这正反排列的次序，构成元胞自动机的一个状态。跟着，我们定下一条简单而确定的规则，令自动机改变状态。规则可以是：每枚硬币根据自己和左右两邻的正反而决定是否翻身。这类规则的变化花样并不多，它们会导致几大类不同的发展前途。

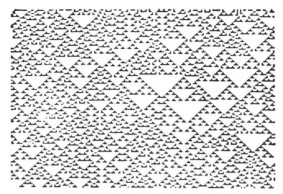

图 6　一维元胞自动机的时间序列产生的时空混沌图案

由上而下，是依次变化之后形成的状态；从左到右，是硬币的空间排列，黑白分别代表正和反。这样的时空混沌图案，你能说它是完全随机的斑点吗？显然不能，因为它明显含有结构。然而，你能就图论事，指出其中细节的出现规律吗？显然又不那么简单！

这两个例子，都不是茶余饭后的消遣游戏。许多高维的吸引子可以通过投影而形成类似的分岔图。其中奥妙至今还未完全研究透彻。而二维和三维的元胞自动机，也已经成功地用于模拟流体运动和湍流了。

这两个例子，都是重复使用简单而确定的规则，得出绝不平庸的时间演化或空间图案。反过来说，从貌似复杂的时间、空间或时空行为，也可能反溯到原始的简单的动力学规律。事实上，我们在这方面已经取得相当成绩。混沌研究的进展，不是把简单事物弄得更复杂，而恰恰是为寻求复杂现象的简单根源提出了新的观点和方法。

## 混沌的数学框架

混沌不是无序和紊乱。一提到有序，人们往往想到周期排列或对称形状。混沌更像是没有周期性的次序。在理想模型中，它可能包含着无穷的内在层次，层次之间存在着自相似性（self-similarity）或不尽相似。在观察手段的分辨率不高时，只能看到某一个层次的结构。提高分辨率之后，在原来不能识别之处又会出现更小尺度上的结构。《易乾凿度》说"气似质具而未相离，谓之混沌"，看来混沌二字比英文的 chaos 更能反映这种状态。

无独有偶，数学家芒德布罗多年来苦心宣传的分形几何学（fractal geometry）[3]不仅是更接近自然现象的几何学，而且也正是混沌现象的几何学。零维的点、一维的线、二维的面、三维的体和四维时空，是大家所熟悉的几何对象。它们的维数（dimension）是整数。但从 1919 年以来，数学中已经引入分数维数（简称分维）的概念。著名的实例是康托尔集：取一线段三等分之，移去中段之后再各三等分余下的两段，然后继续移去相应的中段，这样反复运作下去，以至无穷，就得到了康托尔集，它是无穷多个点的集合。它的维数介于两个整数之间，可以算出来是 0.630 923 75…。具有分维的几何形体称为分形（fractal，这是芒德布罗创造的新词）。洛伦兹吸引子正是一种分形，它的分维是 2.06。而其他与混沌运动有关的图像也都是分形：混沌运动的高度无序、混乱性也反映在分形的无穷复杂性上。

混沌也不是噪声（noise）：这里所谓噪声，不但是指大街上的喧嚣，而是泛指一切来自我们所着眼的物理系统以外的微小干扰，例如地基震动、气温变化、电压涨落等。噪声的特征在于它是真正随机，而绝对无从预测的。在现实世界中，混沌往往披着噪声的外衣出现。在我们还未曾懂得混沌现象之前，混沌不知有多少次被误为噪声而忽略了。噪声在任何实际系统中都是不可避免的，而它对混沌研究是有极重要影响的：噪声可以诱发混沌；噪声限制了我们对混沌现象的无穷内部层次的探测深度。对混沌的观察，必须满足于有限而非无穷的分辨能力。

有限分辨率带来了新挑战和新方法。假定我们无法分辨奇怪吸引子中轨道的具体走向，而只能判断它是在左半还是右半平面里转圈，那么我们对一条轨道所能判断的就成为左（L）右（R）两种

字母的交替，例如

$$RRRLRRLLR\cdots$$

这种描述丢失了无穷多的细节，但仍可能保留一些本质的信息，如周期性或混沌性。我们甚至还可以用这种办法来比较两条轨道哪一条更为混沌。这种做法的数学理论称为符号动力学（symbolic dynamics）。符号动力学是在有限精度下描述复杂动力过程的严格方法。

我们已经知道，重复使用简单确定的规则可能得出极其复杂的现象。这样做时可能先要经历一段过渡状态，然后那复杂行为就稳定下来，运动（或现象）的图案纹样（pattern）可能继续翻新，但基本性质不再变化。广义来说，这也是一种定态。重复使用某种规则或变化方式以达到定态，这就是在相变和临界现象理论中行之有效的重正化群方法。它对于分析混沌现象也发挥了重要作用。分形几何学、符号动力学和重正化群三位一体地构成混沌理论的数学框架。在目前，这还不是已经完成的学术定论，而是继续研究的纲领。这套适应离散、不连续、不稳定、不可微分、处处稀疏……的形象，事物的"有限"分析（finite analysis），迥异于传统的基于连续、光滑、稳定、可微分、处处稠密的牛顿"无穷小"分析（infinitesimal analysis）。它是更接近现实世界的数学。

## 预报能力的提高

洛伦兹的蝴蝶效应粉碎了本来并不能实现的长期天气预报幻梦，但人类的实际预报能力，反因混沌研究而提高。事实上，做长期预报时，我们所关心的并不是单个具体轨道的行为，而是它平均值的变化。以天气预报为例，我们关心下星期天的晴雨冷热，但就十年后的气候而言，更重要的是耕种季节的平均降水量和平均气温。混沌研究使以往根据统计原则所做的预报，上升为动力学预报，也就是应用了似是随机现象的内在规律，从而提高了预测单个轨道近期行为的精确度，并丰富了长期预报的办法。

原来传统的预报方法基本上是统计性的，它并不假定或应用观测量本身的内在变化规律。它的办法是从观测得到的数据序列计算各种平均值和高次矩，并且与近期平均值比较。如果近期值明显偏低，则前途看涨，否则看落。具体做法虽五花八门，说穿了其实不过如此。

但如果预报所涉及的复杂过程背后，存在着简单的动力学机制，则混沌研究近来已经提出一些方法，可以从观测数据回过头来"重建"动力学规则，把这些推断所得的规则用到预报上去，近期预报的质量就会显著提高，它同时还可以指示当前预报质量的高低[4]。

当然，实际上是否有"气候吸引子"或"经济吸引子"，那并不取决于我们的愿望，而得要从实际数据的研究来确定。

## 量子混沌问题

量子力学的建立是对机械决定论的严重挑战。坚持正统决定论的物理学家，如爱因斯坦，就始终不能接受量子力学的统计诠释，不相信上帝喜欢掷骰子。然而，量子力学的统计诠释主要涉及波函数与观测量的关系，量子力学的基本方程则是完全决定性的线性方程。那么，究竟有没有量子混沌那样的现象呢？

本文迄今所讲的混沌，都发生在经典的非线性力学系统中，在微观层次上它是不可积分的牛顿方程和统计物理的基础问题，在宏观层次上它是流体力学或类似方程的湍流问题。从数学上说，则多是初值问题的长时间行为，即给定初始时刻的状态，看时间趋于无穷长时系统是否达到混沌吸引子。在此，我们必须注意，有些混沌行为仅仅表现在过渡期间，最终它们会烟消云散，这种情况也很常见。

最直接的量子混沌问题，是取一个确切有混沌行为的经典力学系统，通过熟知的数学规则把它量子化，看后果如何。近十年来的研究表明，这类量子化了的系统中并没有混沌。即使看到一点反常现象，那也只不过是经典混沌的痕迹，并不具有量子本质。

混沌是经典系统的典型行为，量子系统的典型行为不是混沌。这一差别的深远意义，还有待进一步研究。对此，我们只提出值得思考的两点。

第一，德国物理学家玻恩（M. Born）在 1955 年指出，如果用各自的自然时间尺度去衡量，微观世界比宏观世界远为长寿[5]。地球绕太阳的周期可以作为宏观世界的时间单位，所以，太阳系至今存在了大约 $10^{10}$ 年，也就是 $10^{10}$ 单位。另一方面，电子绕原子"运动"，每秒钟可以有 $10^{16}$ 或更多次的振动或回旋。所以，混沌运动似乎主要存在于"短命"的宏观现象中。

第二，我们对直接包含时间的量子力学其实所知甚少。就笔者所知，在时间趋于无穷时量子力学和经典力学的对应问题，并未完全解决。如果有真正的量子混沌，它是否应当没有经典对应？这问题本身也还不清楚。

## 有限性原则

完全的决定论和纯粹的概率论，都隐含着承认某种"无穷"过程为前提。就决定论而言，它的准确轨道意味着可能以"无限"精度进行测量：有限的测量精度就不能排除轨道含有随机成分。对概率论而言，有限长的随机数序列只能以有限精度通过随机性检验，只有"无穷"长的随机数序列才可能是"真正"随机的。事实上，有限个随机数可能用决定论的过程来产生。所以，只要承认有限性，那么决定性和概率性描述之间的鸿沟就消失了，决定论的动力学可以产生随机性的演化过程。

实际上，对于世界我们只能进行有限的观测和描述。有限速度和有限"字长"的电子计算机，还有有限长的计算程序和有限的计算步骤，还有有限的计算时间，从另一方面限制了我们的描述和分析能力。而这些都和我们所能计算、描述的现象的性质发生关联。看来，我们需把有限性提升为一种原则，如何表述有限性原则，尚有待继续研究。

决定论还是概率论？两者的关系可能是非此非彼，亦此亦彼。更真实地反映宏观世界的观念应是基于有限性的混沌论[6]。

## 参考文献

[1] 奥马珈音. 鲁拜集第 71 首 [M]. 黄克孙，译. 台北：启明书局，1956

[2] Lorenz E N. J Atmosph Sci，1963（20）：130 – 141

[3] Mandelbrot B B. The fractal geometry of nature [M]. San Francisco：Freeman，1982

[4] Monastersky R. Forecasting into chaos：meteorologists seek to foresee unpredictability [J]. Science News，1990（137）：280

[5] Born M. Physics in my generation [M]. London：Pergamon Press，1956：165

[6] Gleick J. 混沌，开创新科学 [M]. 张淑誉，译. 上海：上海译文出版社，1990

本文原载香港中文大学中国文化研究所出版的《二十一世纪》1991年第 3 期；又载《科学》1991 年第 43 卷第 4 期。中国文化研究所所长陈方正博士对原稿做了许多改进，并同意《科学》转载，作者谨此致谢。

# 弦论编织的多重宇宙<sup>*</sup>

谨以此文纪念 Joseph Polchinski 教授 (1954.5.16—2018.2.2)

◆拉斐尔·布索 (Raphael Bousso)，
约瑟夫·波尔金斯基 (Joseph Polchinski)

何颂 译

　　根据爱因斯坦在 1915 年提出的广义相对论，**引力源于时间和空间（二者合并为四维的时空）的几何结构；任何有质量（或能量）的物体都会使时空弯曲**。比如，在地球质量作用下，苹果树顶端的苹果的时间，要比在树下工作的物理学家的时间流逝得更快一些。苹果从树上落地，其实只是对时空弯曲的反应。这种时空弯曲使地球在轨道上绕着太阳转动，也使遥远的星系进一步离我们远去。这一惊人而美妙的想法已经被很多精确的实验证实。

---

　　* 拉斐尔·布索和约瑟夫·波尔金斯基的这篇文章始于在圣巴巴拉召开的一次关于弦论对偶的研讨会。本文结合了布索在量子引力和暴胀宇宙学方面的知识和波尔金斯基在弦论方面的知识。布索当时是加利福尼亚大学伯克利分校的助理教授，他的研究方向主要是联系时空几何和信息的全息原理。波尔金斯基当时是加利福尼亚大学圣巴巴拉分校科维理论物理研究所的教授，他第一个发现了膜在弦论中的重要地位。

　　何颂：中国科学院理论物理研究所副研究员。研究领域：量子场论、弦论和量子引力中的基本问题。

用时空几何的弯曲来取代引力相互作用的理论取得了巨大的成功，科学家自然地想到，**能否找到一种几何化的理论来解释自然界其他基本相互作用，乃至基本粒子的种类**？对这个问题的追寻耗尽了爱因斯坦的后半生，而特别吸引他的是德国科学家西奥多·卡卢察（Theodor Kaluza）和瑞士科学家奥斯卡·克莱因（Oskar Klein）的工作。基于引力反映了四维时空的几何结构这个想法，他们进一步提出，电磁相互作用其实来自于一个额外的空间维度（即第五维）的几何结构，而这一维度因为太小目前无法被任何实验直接探测到。爱因斯坦对这个统一理论的追求以失败告终，因为当时的条件还不成熟。要想统一基本相互作用，首先要理解核力以及量子场论在基础物理中的关键作用，而物理学家直到 20 世纪 70 年代才弄明白这些。

时至今日，对统一理论的追寻已经成了理论物理的核心问题之一。而正如爱因斯坦预计的那样，几何概念在其中扮演了重要的角色。在弦论这个最有希望统一量子力学、相对论和粒子物理的理论框架中，卡卢察和克莱因的想法重新受到重视和推广，并成为弦理论的基本特征之一。在弦理论以及 Kaluza-Klein 猜想中，**我们看到的物理定律是由这些额外的微观空间维度的形状和大小决定的**。但又是什么决定了它们的形状呢？最近几年，理论和实验的一些进展提供了一个惊人而又充满争议的回答。如果正确，这一回答将极大地改变我们对宇宙的理解。

## Kaluza-Klein 理论和弦

在 20 世纪早期，卡卢察和克莱因提出第五维度的概念时，物理学家只知道自然界两种基本的力：电磁力和引力。这两种力都与相互作用距离的平方成反比，所以科学家自然地猜想，它们之间是不是有某种联系。卡卢察和克莱因注意到，**如果存在一个额外的空间维度（从而使时空成为五维），爱因斯坦把引力几何化的理论或**

许可以把它们联系起来。

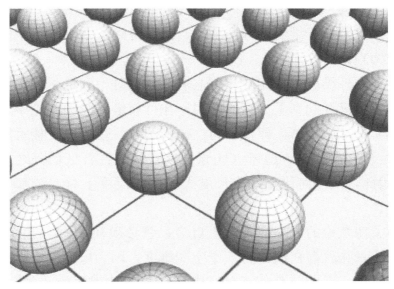

图片来源：http：//www.diffusion.ens.fr/vip/tableJ02.html

这样一个额外维的想法并没有看上去那么疯狂。因为如果额外空间维度蜷曲成一个足够小的圈，那么我们最好的"显微镜"——能量最高的粒子加速器也无法看到它。不仅如此，从广义相对论中我们已经知道，空间并不是绝对的，而是会扭曲和演化的。比如我们今天可以看到的三个空间维度一直在膨胀，在遥远的过去它们的尺度都很小，所以如果还有额外的维度没有膨胀，从而到今天都保持微观的尺度，似乎也可以理解。

**尽管我们无法直接观测到额外维，它仍然可能有重要的、非直接的效应可以被我们观测到。**如果有一个额外维，广义相对论可以直接描述整个五维时空的几何结构，这一结构可以分为三部分：大尺度四维时空的形状、小尺度额外维和四维时空之间的角度，以及额外维蜷曲的周长。四维时空由通常的四维广义相对论描述；其中每一点上，额外维的角度和周长都有特定取值，就像是两个在时空中每一点都有取值的场。令人惊讶的是，角度场模拟了四维时空中的电磁场，即该角度场满足的方程和电磁场满足的（麦克斯韦）方程组完全相同。另一方面，周长场决定了电磁力和引力之间的相对强度。因此，从五维引力理论出发，我们得到了四维时空中的引力和电磁力理论。

存在额外维度的可能性，在追求广义相对论和量子力学统一的过程中，也已经起到了关键的作用。在目前最领先的弦论中，基本粒子其实是一维物体，即很小的、振荡的弦。弦的尺度接近所谓的普朗克尺度，即 $10^{-33}$ 厘米（比原子核直径的一百亿亿分之一还要小）。因此，从任何比普朗克尺度大得多的尺度上看，弦都完全像一个点。

为了使弦论的方程在数学上自洽，弦必须在 10 维的时空中振动，这也意味着存在额外的 6 个空间维度，因为尺度太小还无法被探测到。和一维的弦类似，时空中还存在各种维度的"膜"。在原始的 Kaluza-Klein 理论中，普通粒子的波函数可以充满额外的维度，因此粒子本身必然扩散到所有额外维度。与之不同的是，弦可以被限制在某个膜上面；而且弦论中也可以有所谓的通量，即由"场线"表示的力场，正如经典电磁学中可由"场线"表示的电磁力一样。

总的来说，弦论中额外维的图景比 Kaluza-Klein 理论要复杂一些，但背后的数学结构更加统一和完备。Kaluza-Klein 理论的中心思想并没有变，即我们看到的物理定律取决于隐藏的额外维的几何结构。

## 太多的解？

关键问题是：什么决定了额外维的几何结构？广义相对论的答案是，时空几何必须满足爱因斯坦场方程——用普林斯顿大学的约翰·惠勒（John Wheeler）的话说，物质告诉时空如何弯曲，时空告诉物质如何运动。但爱因斯坦场方程的解不唯一，因此有大量可能的时空几何。五维的 Kaluza-Klein 理论提供了这种不唯一性的一个简单例子。蜷曲的额外维的周长原则上可取任意的值：**在没有物质的情况下，平坦四维时空，加上一个任意周长的圆圈，都是爱因斯坦方程的解**（在有物质的情况下，类似的场方程也存在多个解）。

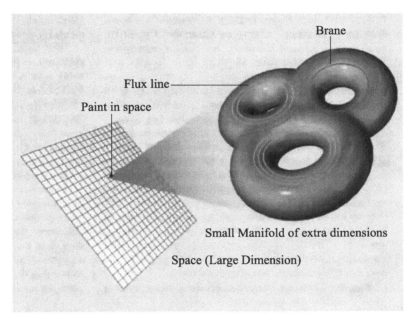

图 1　弦论方程的任何一个解都代表了时间和空间的一个位形，这个位形包括隐藏维度的排列方式，还有与之相关的膜和通量线（也称力线）。弦论预言我们的世界有六个额外的维度，所以在我们熟悉的三维空间中的每个点中都隐藏着一个六维的空间，或者说流形（manifold）。在三维空间看到的物理规律取决于这个六维流形的尺度和结构：有多少个多纳圈一样的把手、每个把手的长度和周长、膜的数量和位置，以及围绕每个多纳圈的通量线的数目。

图片来源：http://lesmerveillesdelaconnaissance.over-blog.com/article-dossier-la-mysterieuse-energie-noire-partie-1-73205896.html

在弦论中，我们有多个（6 个）额外维，从而有多得多的可调参数。一个额外维只能以圆圈的方式蜷曲起来；但当存在多个额外维度时，它们可以有各种不同的形状（更准确的说，有不同的"拓扑"），例如一个球面，一个多纳圈，两个粘在一起的多纳圈，等等。每个多纳圈（即一个"把手"）都有各自的长度和周长，从而为额外维搭配出大量不同的几何结构。除了这些"把手"还有其他参数，例如膜所在的位置以及绕着每个圈的"通量"数目等。

尽管如此，这些不同解的贡献有很大的差别：由于额外维中的通量、膜以及空间曲率都会贡献能量，每个解都有相应的势能。**我们把该能量称为真空能，因为这是在大尺度的四维时空中完全没有物质和场的情况下，时空本身的能量。**正如一个放在斜坡上的球会向着最低处滚动下去，额外维的几何结构也会向着真空能最低的方向演化。

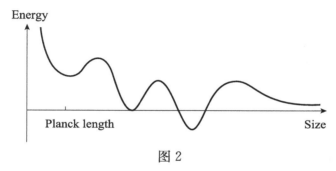

图 2

为了理解真空能最小化这一过程的后果，我们先考虑一个参量，即隐藏的额外维的总大小。我们可以画出真空能随着这一参数变化的曲线。上图显示了这样一个曲线的例子。在额外维很小的情况下，真空能很高，所以在图的左侧，曲线是从比较高的位置开始的。从左向右，真空能先后到达过三个山谷，每个都比前一个更低。最终，在图的右侧，曲线慢慢下降到一个常数。这里最左边的山谷的真空能数值是大于 0 的，中间那个山谷真空能恰为 0，而最右边那个山谷真空能小于 0。

隐藏的额外维的几何结构如何演化还取决于初始条件，即"球"一开始处于曲线的哪个位置。如果演化开始于最后一个顶峰的右侧，球会一直滚到无穷远，也就是说额外维的尺度会无限增加（因此将不再是隐藏的）。否则的话它会停止在某个山谷的最底部，隐藏的额外维尺度会调整到使能量最低的值。这三个局部的最低点分别对应真空能为正、为负和为零的情况。注意我们宇宙的额外维尺度没有随时间变化，否则的话我们会看到自然基本常数随时间变化。因此我们的宇宙肯定正处于某个山谷的底部，而且应该是处于一个真空能稍大于零的山谷。

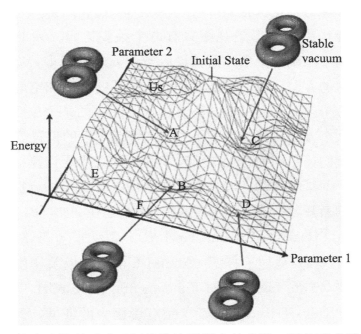

图3　真正的弦论景观反映了额外维流形所有的参数，因此形成了一个维度非常多的"地形图"。这个地形图只画出了依赖于两个变化参量的真空能。额外维流形依然会倾向于处在某个谷底（对应一个稳定的弦论解，或者说稳定的真空）。换句话说，一旦流形处于谷底了，它就倾向于长时间停留在那里。图中蓝色的部分表示小于零的真空能。但是，量子效应允许一个流形在某个时刻突然改变状态——即通过量子跃迁穿过中间的山脉，到附近一个更低的山谷。宇宙的不同区域会在景观中走随机的不同路线。这个结果就像是无数个探险者在整个景观中探索，从而经过了所有可能的山谷。

图片来源：http://lesmerveillesdelaconnaissance.over-blog.com/article-dossier-la-mysterieuse-energie-noire-partie-1-73205896.html

因为额外维的几何结构有多个参数，我们应该把刚才这个真空能曲线看成某个复杂的高维"山脉"的一个切面。斯坦福大学的伦纳德·萨斯坎德（Leonard Susskind）把这个"山脉"称为弦论的"景观"。**这个高维的"景观"的各个最小值——即球会最终停留的谷底，对应于时空几何的稳定位形（包括膜和通量的位形）；我们将这些位形称为稳定真空。**

一张现实中的地形景观图只有两个独立方向（南北和东西），我们只能画出二维的景象。而弦论的景观要复杂得多，有很多（数百个）独立的方向。我们不应该把弦论景观的维度和空间的维度混淆起来；每个独立方向量度的不是物理空间中的某个位置，而是时空几何的某个方面，比如"把手"的大小或者膜的位置等。

目前我们还不能完整地描绘整个弦论的景观。计算一个真空态的能量是个困难的问题，而且通常需要做某种适当的近似。近年来理论物理学家开始取得了一些进展，特别是在 2003 年，斯坦福大学的沙米特·卡奇鲁（Shamit Kachru）、雷纳塔·考洛什（Renata Kallosh）和安德烈·林德（Andrei Linde），以及印度塔塔基础科学研究院（Tata Institute of Fundamental Research）的萨迪普·特里维迪（Sadip Trivedi）发现了很有说服力的证据，证明弦论景观确实存在山谷，在这些山谷中我们宇宙的基本性质是稳定的。

我们还无法确定有多少稳定的真空——即有多少个点可以让"球"停住，但这个数字很有可能是无比巨大的。有研究表明，可以有带 500 个左右"把手"的解，把手数目不会比这个数字大太多。对每个把手，可以有一定数目的通量线绕着它；这个数目不会太大，否则它们会导致真空不稳定。如果我们假设每个把手可以有 0 到 9 条可能的通量线（10 种可能），那么总共 500 个把手对应 $10^{500}$ 种可能的位形。即使每个把手只有 0 或 1 条可能的通量线，也有大约 $2^{500}$（大约 $10^{150}$）种可能性。

除了影响真空的能量外，**这些解中的每一个，都会在我们四维**

**的宏观世界导致完全不同的现象**：定义我们世界有哪些种类的粒子和相互作用，以及它们有怎样的质量和强度。尽管弦论可能提供了唯一的基本定律，我们在宏观世界中看到的物理定律仍然会依赖于额外维的几何结构。

很多物理学家都希望，物理学最终可以解释为何宇宙要有这样一些特定的基本法则。但即使这个愿望成为现实，仍然有很多关于弦论景观的深刻问题需要回答。哪一个稳定的真空描述了我们的宇宙？为什么自然选择了这一个特定的真空而不是别的？其他稳定的解是否只是纯粹数学上的可能性，而永远不可能成为物理现实？如果弦论是正确的，似乎它无法实现最终的"民主"：尽管理论上有大量的可能的世界，最终在所有可能之中却只挑出了对应我们现实世界的那一个。

是否必须要在弦论景观中挑出一个特殊解呢？根据两个重要的想法，我们在 2000 年提出了一个完全不同的图景。第一个想法是，**我们的世界不必永远处于一个弦论解**（或者说额外维的位形），因为有罕见但可以发生的量子过程允许额外维从一种位形跳到另一种。第二个想法是，根据作为弦论一部分的爱因斯坦的广义相对论，**宇宙可以演化得足够快，从而允许多个不同位形共存于不同的"子宇宙"中，而这些子宇宙每个都足够大，以至于在其中无法观测到其他宇宙。**在这个图景里，为何真实存在的唯有我们世界对应的那个真空的谜团，就不存在了。不仅如此，我们进一步提出，这个想法还可以解决另一个重大的自然谜题。

## 景观中的一条路径

正如前面提到的，每个稳定的真空都可以由"把手"的个数、膜和通量的数目来描述。但现在我们要考虑到，这些要素都是可以被创造和毁灭的，因此在一段时间的稳定期之后，我们的世界可以跳到一个完全不同的位形。**在弦论景观里，一个通量线的消失（衰**

变），或者其他形式的拓扑改变是穿过"山脉"进入更低的一个山谷的量子跃迁。

这样的后果是，随着时间的演化，不同的真空都可以依次存在。假设一开始我们例子里的 500 个把手每个都有 9 个通量，一个接一个，这 4500 个通量会按照量子力学预言的某种顺序依次衰变，直至所有通量都用完。我们从景观中较高的山谷出发，经过一系列随机的跃迁，经过了 4500 个越来越低的山谷。我们在弦论景观中看到了一系列不同的风景，但对于 $10^{500}$ 种可能的真空来说，这一过程只经过了极小的一部分。似乎大多数真空连个露脸的机会都没有。

但其实我们忽略了这个故事中的一个关键部分：真空能对宇宙演化的重要效应。我们知道，通常物质（比如我们的恒星和星系）会让宇宙的膨胀减缓，甚至最终导致其重新塌缩。但正的真空能起到的效果则像是反引力一样：根据爱因斯坦场方程，它会导致我们的三维空间以越来越快的速度膨胀。当隐藏维通过量子效应跃迁到一个新位形时，这一加速膨胀会产生重要而令人意外的效果。

由于三维空间中的每个点都隐藏着一个六维空间，而这个六维空间对应着弦论景观中的一个点。当这个六维空间跃迁到一个新位形的时候，这个跃迁并不是在三维空间中的所有地方同时发生的。跃迁首先在三维宇宙中的某个点发生，而这个新的、能量更低的位形周围形成了一个泡泡，这个泡泡迅速膨胀。如果三维空间没有在膨胀的话，这个迅速膨胀的泡泡会最终占据宇宙中的每个点。但是，旧的区域也在膨胀，而且有可能比这个新的泡泡膨胀得更快。

大家都是赢家：旧的和新的区域都增大了，所以新的区域永远不会完全毁掉旧的区域。根据爱因斯坦的理论，时空几何结构是动态变化的，因此这样的情况完全可能出现。广义相对论不是一个零和游戏：**空间构造的扩张使得旧和新的真空都有更多空间被创造出来。** 类似的过程在新真空"变老"的时候也会发生。当新真空开始衰变的时候，它并不会彻底消失，而是在内部长出另一个真空能量更低的、不断膨胀的泡泡。

由于旧的区域也在增长，最终真空会在另一个地方发生衰变，而跃迁到弦论景观中另一个附近的山谷。这个过程会继续发生无数次，以所有可能的方式衰变，而相距足够远的区域会在不同的把手上失去通量。因此，宇宙不再只是经历了单个衰变的序列，而是经历了所有可能的序列，最终的结果是成为泡泡套着泡泡的多重宇宙。这个结果和麻省理工学院的艾伦·古思（Alan Guth），塔夫茨大学（Tufts University）的亚历山大·维连金（Alexander Vilen-kin）以及林德的永恒暴胀理论得到的结果很类似。

图 4

我们提出的这个图景可以比喻成，有无数个探险者去探索图景中每种可能的路径，经过了所有的山谷。每个探险者代表宇宙中的一个点，而它们互相远离。每条探索的路径代表了宇宙中这个点经历的一系列真空。只要该探险者在图景中开始的点足够高，实际上所有的山谷都会被探索到。事实上，每个山谷都会被来自更高处山谷的每条可能路径穿过无穷次。这个"瀑布"一般的下降过程只有到"海平面"才停止——即当真空能变为负的时候。负的真空能对应的时空几何结构不允许这种无穷膨胀和泡泡继续形成。与之相反，一个局部的"大塌缩"将会发生，就像黑洞内部的过程一样。

在每个泡泡里，一个在足够低的能量下做实验的观察者（正如我们一样）将会看到一个有自己特定物理规律的四维宇宙。观察者无法获取来自其泡泡之外的信息，因为泡泡之间的空间膨胀太快，以至于光速也无法跑赢它。观察者之所以只能看到自己这个真空对应的物理定律，是因为看得不够远。在我们这个图景里，我们宇宙的起源（即宇宙大爆炸的开始）不过是我们附近某个位置最近发生的一次真空跃迁，而如今这一泡泡已经膨胀到几百亿光年的大小了。遥远未来的某一天（遥远到我们应该不需要担心），宇宙的这个部分可能会经历又一次跃迁的过程。

## 真空能危机

我们刚刚描述的这个图景解释了弦论景观中不同的稳定真空是怎样在宇宙中的不同位置出现，从而形成了无数个"子宇宙"的。这一结果也许将解释理论物理中最重要也是最难解决的问题之一——真空能问题。对爱因斯坦来说，我们刚刚说的真空能其实只是广义相对论场方程中大小任意的一项，即所谓的"宇宙学常数"——为了与他所相信的宇宙静止这一观念一致，他曾经在方程里加了这一项。为了得到静止宇宙，爱因斯坦要求宇宙学常数是一个特定的正值，但当后来的观测证明宇宙在膨胀之后，他又抛弃了这一想法。

有了量子场论之后，曾经被认为是虚空的空间（即真空）变成了热闹的地方：这里充满不断产生和湮灭的虚粒子和场，而且每个粒子和场都带有正或负的能量。基于量子场论的一个很简单的计算表明，这些虚粒子的能量达到了一个极高的能量密度：大约每立方厘米 $10^{94}$ 克，也即每普朗克体积（即普朗克长度的 3 次方）有一个普朗克质量。我们把这个能量密度叫做 $\Lambda_P$。这一计算结果被称为物理学史上最著名的错误预言，因为**实验观测很早就告诉我们真空**

**能肯定不会超过 $10^{-120}\Lambda_P$。理论物理因此陷入了一个巨大的危机。**

为什么理论和实验之间会存在巨大分歧？过去几十年，搞清楚这个问题一直是理论物理的中心目标之一，但物理学家提出的无数个解决方案中没有一个得到广泛接受。很多方案都假设真空能是严格为零的——考虑到我们要得到一个小数点后面至少有 120 个零的数字，这显然是一个很合理的假设。因此我们的任务就是要解释物理学为何能得到一个严格为零的真空能。很多尝试都基于一个设想，即真空能可以将自己调整为零，但目前并没有令人信服的解释告诉我们这一调整如何发生，以及为何结果很接近零。

本文作者在 2000 年发表的一篇文章中提出了一个解释，我们利用了弦论大量的解和其宇宙学意义，并把它们与得克萨斯大学奥斯汀分校的史蒂文·温伯格（Steven Weinberg）在 1987 年提出的一个想法结合起来。

首先考虑弦论的大量解。真空能可以看成是这些解在弦论景观中对应的点的海拔。海拔的范围可以从最高点对应的 $\Lambda_P$ 一直到最低点对应的 $-\Lambda_P$。假设弦景观一共有 $10^{500}$ 处山谷，它们的海拔可以是这两个极端值之间的任意值。如果我们把这些解画出来，并用纵轴代表它们的海拔，那这些山谷在纵轴方向的平均间隔就该是 $10^{-500}\Lambda_P$。因此，我们会看到很多解的真空能是在 0 和 $10^{-120}\Lambda_P$ 之间的，尽管它们只占总量的很少一部分。这一结果解释了怎样能得到很接近零的真空能。

这个想法并不是全新的。早在 1984 年，已故的苏联物理学家安德烈·萨哈罗夫（Andrei Sakharov）就提出，额外维的复杂几何结构也许可以使真空能的取值处于实验观测范围内。另外一些研究者也提出过一些似乎不依赖于弦论的解释。

至此，我们就解释了宇宙演化是怎样实现弦景观中绝大部分稳定解的，其结果是一个很复杂的、有大量泡泡的宇宙，泡泡对应的真空能可以取遍所有可能的值（包括很接近零的那些）。但问题是，

图 5

图片来源：http://news.qudong.com/article/324383_2.shtml

我们的宇宙处在其中哪个泡泡里？为何我们宇宙的真空能如此接近于零？这里我们就需要借助温伯格的想法了。当然这里有概率的因素，但因为很多地方是完全不适宜生命存在的，所以我们没有"生活"在那些地方并不是一件奇怪的事情。这其实是一套我们很熟悉的逻辑了，就像一个人不太可能出生在南极或者马里亚纳海沟或者没有空气的月球上。与之相反，我们发现我们生活在太阳系中这一极小的、适合生命生存的部分。同样的道理，只有很小的一部分稳定真空是适于生命存在的。宇宙中那些有比较大的、正的真空能的区域会发生极其剧烈的膨胀，与之相比，超新星爆发简直可以用平静一词来形容。而有较大的、负的真空能的区域会以很快的速度消失在一次宇宙塌缩中。如果我们所在的泡泡的真空能大于 $10^{-118}\Lambda_P$ 或者小于 $-10^{-120}\Lambda_P$，我们将不可能存在，正如我们不会存在于温度太高的金星或者重力太大的木星上一样。这种逻辑通常被称为**人择（anthropic）**原理。

弦论景观中有大量的山谷是处在适宜范围内的（海平面向上或

向下不超过一根头发丝直径的范围）。因为我们这样的生命存在，我们所在的泡泡的真空能很小并不奇怪。但我们同样也没有任何理由期待它刚好是零。大概有 $10^{380}$ 种真空是在适宜范围内的，但只有极小一部分的真空能会严格为零。如果真空的分布是完全随机的，那么 90％ 的真空分布于能量在 $0.1 \times 10^{-118}$ 到 $1 \times 10^{-118} \Lambda_P$ 这一范围内。所以如果弦论景观这个图景是正确的，我们应该会观测到非零的真空能，而且其数值很可能不比 $10^{-118} \Lambda_P$ 小太多。

对遥远的超新星的观测表明，可观测到的宇宙正在加速膨胀——这是实验物理历史上最令人震惊的发现之一，也是我们的宇宙具有正的真空能的重要证据。从宇宙加速膨胀的速率可以推出，真空能的数值大约就是 $10^{-120} \Lambda_P$——这一数值足够小，以至于其他实验无法探测到；但又足够大，可以符合人择原理的解释。

因此，弦论的图景似乎解决了物理学的真空能危机，但这一解释也有一些令人不安的后果。爱因斯坦曾经问过，**上帝在创造宇宙的时候是否有选择的余地，还是说宇宙的定律已经完全由一些最基本的原理确定了**。作为物理学家，我们也许期待的是后一种情况。尽管我们还没有完全理解弦论背后的基本原理，但似乎这些原理是完全确定且不可避免的——因为其背后的数学不允许我们有任何选择。但是，我们所能看到的这个世界的物理定律并不是基本原理，而是取决于有无数种选择的额外维几何结构。我们所看到的一切并不是必然存在的，它只是依赖于我们居住在某一特定泡泡里这样一个事实。

除了可以自然地给出很小但非零的真空能之外，弦论景观能否给出其他预言呢？要回答这个问题，我们需要对真空的能量分布有更深的理解，而这也是一个涉及多个研究前沿的很热门的领域。不仅如此，**目前我们还没能找到一个特定的稳定真空，它的物理定律和我们这个四维时空里的完全一致**。总的来说，弦论景观基本上还是个没怎么被探索的领域。在这个问题上，物理实验可能会给我们提供帮助。也许某天，我们能够直接在加速器上看到弦、黑洞或者 Kaluza-Klein 理论里的新粒子，从而直接看到高维的物理定律。又或许我们可以直接通过天文观测，看到宇宙学尺度上的弦，这些弦有可能在宇宙大爆炸开始时就被创造出来，一直随宇宙膨胀而变大。

我们给出的这整个图景其实是很不确定的。目前我们还没有一个可以与广义相对论媲美的、精确而完整的弦论体系。广义相对论拥有建立在已经得到充分理解的物理原理之上的精确方程；而对于弦论，目前我们还不清楚它的精确方程，还有可能尚未发现某些重要的物理概念。如果搞清楚了这些，我们这里讲的弦论景观，包括形成泡泡的机制，可能会完全改变，甚至被推翻。在实验方面，从宇宙学观测的结果来看，非零的真空能几乎是一个确定的结论了，但我们也知道，宇宙学的数据是"善变"的，所以也许还会有令人惊奇的新发现。当然，也许其他理论也能解释一个非零而又极小的真空能，现在就停止寻找，显然为时过早。但同样，我们也不能完全排除弦景观图景——也许我们真的身处一个丰富多变的宇宙中的一个宜居角落。

Joseph Polchinski 教授于 2010 年参加中科院卡弗里理论物理研究所举行的 "AdS/CFT and Novel Approaches to Hadron and Heavy Ion Physics" 项目时，接受理论物理所蔡荣根研究员和美国麻省理工学院刘洪教授采访

# 向前辈学者和各位学者学习科学研究方法 *

◆何祚庥

如果有年青学者问起，"你是怎样从事科学研究工作的？"那么，我一定会用一句话来回答："重要是要向前辈学者学习研究方法、思想方法。"还在年轻的时候，我和黄祖洽、于敏等"师兄"共同学习做科学研究。我发现于敏在学术讨论会上，或者在实际工作中，常常有"过人"的想法和能力，而我却自愧不如！于是我向于敏请教，你的科学研究的本领是怎样锻炼出来的？他回答我说："我常常注意观察前辈科学家，如彭桓武，朱洪元等几位前辈们的思想方法。"——这是一句使我终身难忘的重要的话，可能他自己忘记了这句话了，而这确使我学到了活的方法论。

今天，欢迎在座各位"从年青直到老年"的一起工作的伙伴，到理论物理所共同探讨"何祚庥先生从事科学工作 70 年的学术思想的研讨会"，那么，在听了各位的高论以后，我能对各位说些什

＊ 本文源自作者在"何祚庥先生从事物理学研究七十周年学术思想研讨会"上的发言。

何祚庥：中国科学院理论物理研究所研究员，中国科学院院士。研究领域：粒子理论、原子弹和氢弹理论，是氢弹理论的开拓者之一。

么？这也就是我在这里列出的标题："**向前辈学者和各位学者学习科学研究方法**"。这里既包括师长、同学，也还要"上交古人"。

我曾经写过一篇文章，《"德、识、才、学"——中国学者"治学之道"的一个小结》，现在抄几段。

中国是有治学传统的国家。在历史上有许多学者讨论过"治学之道"。王梓坤教授写过一本《科学发现纵横谈》，把"治学之道"概括为"德、识、才、学"。我觉得这是很有见地的见解。现在也来讨论一下有关"德、识、才、学"的治学经验方面的一些问题。

在中国古代有许多学者把"治学之道"划分为"才、学、识"这三个方面，也就是研究学问不能仅仅归结为"才"。这是中国古代学者在"治学之道"上一个重要创造。例如唐朝著名的历史学家刘知几说："史有三长：才、学、识，世罕兼之，故史者少。夫有学无才，犹愚贾操金，不能殖货；有才无学，犹巧匠无楩柟斧斤，弗能成室。"这就是说，有学无才的"学"是"死学"，"死读书"而不能创造；有才无学的"才"是"朽才"，虽然有探索学问的积极性，而"朽木不可雕也"，因而也就"弗能成室"。但是，刘知几并没有能很好地讨论什么是"识"。然而在中国的"治学之道"里，才、学和识的划分是很重要的。清朝的袁枚曾说："学如弓弩，才如箭镞，识以领之，方能中鹄。"这里所说的"识以领之"，就是说"识"的作用在于指出方向。所谓做学问，贵有"真知卓识"。也就是不仅要看到眼下的、细小的一些问题，还要有统观全局、驾驭全局的能力和见解。可以说，"才"所回答的是战术的问题，"识"所探讨的是战略的问题。

宋人苏轼写了一篇《贾谊论》，批评贾谊不懂得分析形势，利用形势。苏轼说，"呜呼！贾生志大而量小，才有余而识不足也！"我觉得在中国的治学的理论里，"才"和"识"的这种区分，是中国的"治学之道"的一种重要的见解。而现时一些很有才华的科学工作者都是"学有根底"的学人，但却常常做不出有成效的科学成结果，原因也就是缺少了这个"识"字。所以也只好仿效苏东坡，也批评他们一句："惜乎！×生眼高而手低，才有余而识不足也！"

然而在"德、识、才、学"这四个字中，更容易被人们忽视的是"德"。当然这不是说中国历史上的学者没有讨论"德"的问题，相反，在这方面也有很多的论述。例如刘知几在讲到"史识"时，说曾指出一个史学家，必须"秉心正直，善恶必书，使骄主贼臣，知所畏惧"。与其说这是刘知几在讨论"史识"，不如更恰当地说是在讨论"史德"的问题。刘知几在《史道》里还讨论过一个优秀的史学工作者，应该（1）不畏强暴；（2）分清邪正是非；（3）不为浮词妄饰；（4）善于鉴别史料真伪。这也可以说是"德、识、才、学"吧！但是，明确地把"德、识、才、学"四个字归纳在一起，并按照它们的重要性的"序列"加以排列的，恐怕就是王梓坤的贡献了。

在中国历史上有许多关于"史德"的论述，首先就是所谓"直笔"的问题。《史道》说："夫所谓直笔者，不掩恶，不虚美，书之有益于褒贬，不书无损于劝诫。"这就是说，历史的记载要做到"实事求是"，是非常重要的问题。在中国历史上，在史学家那里，有的是这种"直笔"的传统。晋国董狐直截了当地记载了"赵盾弑其君"。虽然历史上真实的事情，是赵盾的弟弟赵穿杀了赵灵公，可是赵盾"归不讨贼"，可见是他主使的。孔子评论道："董狐古之良史"。齐国的太史记载了当时齐国的大臣崔杼杀了齐庄公的事情，说"崔杼弑其君"。结果这些太史都被崔杼杀害了！而南史听说好几位太史都死了，又"执简以往"。文天祥在正气歌里说，**"在齐太史简，在晋董狐笔"**，说的就是史学家秉笔直书的故事。孔子作《春秋》，据说有以下一些原则："不虚饰，不隐恶，不溢美，不为贤者讳。"这也就是说，对于那些忠臣义士的缺点，孔子也主张秉笔直书的。当然也有人说《春秋》"责备贤者从严"。但是，总的来说，在史学里是把"直笔"做为史学的基本的准则的。

更重要的，是中国历史上也还有一些不为高官厚禄所引诱，坚持真理的故事。南北朝时期有一位无神论者，哲学家范缜，他写了一篇《神灭论》，和当时的佛教徒展开了激烈的辩论。他"辩摧众口，日服千人"。许多佛教徒都在辩论中失败了。于是南齐的竟陵王萧子良就派了王融去对他说："如果你放弃了神灭论，以你的才华，何愁做不了中书郎这样的大官。"范缜听了大笑道："如果我肯卖论求官，早就当上尚书令和仆射了，何止一个中书郎！"这表现了中国古代朴素唯物主义者在坚持真理的问题上的崇高气节。

在科学工作里，这一"卖论求官"的问题，是很值得引以为训的。回忆"四人帮"时期，确有一些人忽而极"左"，忽而极"右"。一会儿要打倒相对论，说那是唯心主义的产物，一会儿又鼓吹起物质可以"无中生有"，说这符合唯物辩证法。其实这并不是由于这些人缺乏唯物辩证法的基本常识，而是在于忘记了"吾岂卖论以求官焉矣哉"！

"识、才、学"必然地也必须与"德"的修养或素养相结合。否则本来是"才学兼备"的"有识之士"，就可能变为"无识之士"。其原因不在于"识见不高"，而是由于"缺德"。

当然"德"是有阶级性的。在封建社会里，以是否忠于皇上为"德"的最高标准。在今天的社会里，所谓"德"，就是要献身于人民，献身于科学。在当前条件下，就是要"弘扬为国分忧的主人翁精神，为新中国实现社会主义四个现代化而奋斗"。

马克思主义认为认识离不开实践。所谓"德、识、才、学"的锻炼和提高，也是在实践中不断弘扬的。古文运动的创造人韩愈在当国子监博士的时候，曾经召集他的学生们，说了两句很重要的话："业精于勤荒于嬉，行成于思毁于随。"这是这位伟大的学问家治学一生的心得。所谓"勤"，所谓"思"，就是要"多实践、多思考"，而且要独立思考，不要随大流。

这使我们恍然认识到，原来大科学家、大学问家的研究心得，最重要的就是"勤"和"思"。勤才能有结果，思才能出智慧！当然，一千多年前的韩愈在强调勤和思的时候，没有能认识到社会认识的主体是人民群众，而不仅仅是个人。所以，所谓勤和思，还有赖于某个组织起来的集体的勤和思。科学的发展，有赖于有一个良好的风气的科学的集体，用杨先生的话来说，就是要建立一个良好的科学的传统。在世界科学迅速发展的今天，仅仅凭借个人的力量，个人的聪明才智，是无法适应时代的竞争的！

还在 1949 年的解放初期，前清华大学校长蒋南翔，那时他任青年团中央的书记，到清华大学来蹲点。1949 年，我是清华大学团委会的负责人之一，团委会分配我接待蒋南翔。我们两人就都住在明斋的团委会办公室。整整一夜的时间，南翔同志详细询问了清华的地下团委以及新中国成立后初建团时的各种情况。我除了向他汇报工作，又向他提了一些问题。他问我，新中国成立后，你想做什么？我说，我想做科学研究，只是不知从何下手！他于是向我讲起了一个"猴子吃果子"的故事：

"一群猴子。看到大树上长满了又红又甜的果子。只是树干太粗了，猴子们爬不上去。于是，猴子们就组织起来。'叠罗汉'。最后是小猴子在大猴子中猴子群支持下，爬到树上，把果子扔到树下。"

南翔同志说，这是科学落后国家，如何迅速赶上世界先进水平的有效方法。现在也转告各位！

然而，在中国研究学术的历史上，**还有治学这道之二**。也就是学者们除了大力关注如何治学的科学研究方法之外，还有一个容易令人忽略的因素，那就是学者和学者之间，还有相互借鉴，相互批评。

前面说过，苏东坡曾批评贾谊惜乎贾生，"才有余而识不足也！"苏东坡也高度评价过韩愈的大贡献。他在"潮州韩文公墓碑"上说，"独韩文公起布衣，……文起八代之衰，而道济（有可能济公和尚的法号是从这里来的）天下之溺。"苏东坡也高度评价韩愈的"德"。说韩文公"忠犯人主之怒，而勇夺三军之帅。"（注：这里指韩愈曾上书宪宗皇帝，反对"佞佛"，写了一篇"谏迎佛骨表"，结果，他就被贬到潮州。）

然而，对于韩愈来说，更值得后人学习的，是他的"自我批评"。他在"进学解"里说，"昔者孟轲好辩，孔道以明。……荀卿守正，大论是宏。"这是他对先贤的评论。而对于他的一生贡献，却在"进学解"里做**自我批评**说："今先生**学虽勤而不由其统，言虽多而不要其中，文虽奇而不济于用，行虽修而不显于众。**"这也就是说，韩愈自我认为，虽然他辛辛苦苦地做了不少的"事情"，但并没有能做出重要的事情，也就是言多而不中肯，文章写得漂亮，但没有什么用处。

为什么我在这里大段地抄了韩愈的"自我批评"？很有趣。韩愈的这些"自我批评"，其实正好就是何某人从事科学工作一生的描绘。

所以，今天，在听了各位高论以后，我也学一下韩愈和苏轼，也写一段"自我批评"。惜乎何生！虽志大而才识均疏！虽有志于探索"真知卓识"的研究，而何生之识才与学尤"不足"也！

谢谢各位！

2017 年 7 月 12 日

# 宇宙如何起源？

◆黄庆国　朴云松

　　二十世纪初提出的狭义和广义相对论以及量子理论成为现代物理的基石。架构在"宇宙是均匀且各向同性的"这一基本原理上的宇宙论标志着现代宇宙学的诞生。自从哈勃发现哈勃定律后，宇宙是在不断膨胀的事实被广泛接受和承认。由于宇宙不是固定不动的，而是在不断膨胀演化的，由此人们不禁发问："宇宙是如何起源的？"

　　关于宇宙起源第一个基于现代物理学的成功理论是"热大爆炸理论"，其成功地解释了观测到的宇宙各向同性的膨胀、微波背景辐射以及轻元素的丰度等。然而，热大爆炸理论自身依然存在一些无法克服的疑难问题。基于广义相对论，均匀且各向同性的宇宙空间几何存在一个完整的分类，即开空间、闭空间和平坦空间。其中平坦空间尤为特殊，它要求宇宙总的能量密度恰好等于临界密度。在热大爆炸理论中，如果宇宙一开始的能量密度略微偏离临界密

　　黄庆国：中国科学院理论物理研究所研究员。研究领域：引力波、宇宙学以及相关量子引力理论。
　　朴云松：原中国科学院理论物理研究所博士研究生，现中国科学院大学教授。研究领域：引力理论和宇宙学。

度，那么这种偏离会随着宇宙的膨胀变得越来越大。然而现有的宇宙学观测强烈支持宇宙空间是平坦的（$|\Omega-1|<0.005$，这里$|\Omega-1|$定量描述宇宙空间几何偏离平坦空间的程度）[1]，这就意味着在早期宇宙的能量密度需要被非常精确地调节为临界密度。这种精细的调节是非常不自然的，因此如何自然地解释宇宙空间为什么是平坦的成为一个重要的科学问题，即平坦性问题。宇宙学观测证实从各个不同方向来的微波背景辐射几乎具有完全相同的温度。基于相对论，信息传递的速度不能超过光速，那么在一个不断膨胀的宇宙中每个观测者都只能和一个有限区域以内的地方有因果关联。这个因果区域的边界被称为视界。然而，从热大爆炸理论出发经过理论计算发现微波背景辐射事实上来自被分割为数万个在宇宙早期不存在因果联系的区域。既然这些区域之间无法彼此交换信息，那么就缺乏一个合理的物理机制来自然地产生一个整体均匀的宇宙。这个疑难被称为视界疑难。

二十世纪七十年代末八十年代初，有关宇宙起源的研究开始出现转机。当时一种被称作"大统一理论"的粒子物理理论得到迅速发展。这一理论认为在某个超高能标（约$10^{16}$ GeV），自然界除引力以外的其他三种基本相互作用——电磁、强、弱相互作用——会得到统一。由于这一能量标度远远超出人类在粒子对撞机上所能达到的能量，人们也寄希望于在高温高密的早期宇宙中，检验这一理论。不幸的是，大统一理论却给热大爆炸宇宙学带来一个新的困难，即宇宙在大统一理论的相变过程中会产生过多的磁单极子，但是人类却从未探测到这些磁单极子。这个问题也被称为磁单极子问题。

为了解决这些问题，古斯（Guth）于1981年1月在《物理评论》上发表了一篇划时代的文章[2]，提出暴胀宇宙学模型。暴胀是发生在宇宙最初约$10^{-32}$秒甚至更早的一段宇宙尺度因子近指数膨胀过程（$a(t)\sim e^{Ht}$），其中哈勃参数$H$在暴胀期间大致是一个常数。在这么短的时间里，宇宙至少膨胀了$10^{26}$倍。正因如此，这个过程被称为暴胀！

假定宇宙空间在刚开始的时候不是平坦的，但是暴胀期间 $|\Omega-1|\sim e^{-2Ht}$，即随着暴胀时期宇宙的指数膨胀宇宙空间几何被指数拉平。只要暴胀持续足够长的时间（确保宇宙至少膨胀 $10^{26}$ 倍），宇宙空间几何就被拉伸得十分平坦了。事实上，一个空间平坦的宇宙反而是暴胀宇宙学的一个重要预言，并且这一预言已经得到了观测的强力支持！类似地，如果在宇宙极早期在大统一理论的相变过程中产生大量的磁单极子，那么这些磁单极子的密度按照 $e^{-3Ht}$ 的规律指数衰减，因此这些磁单极子即便存在也必然被稀释得极为稀薄了，从而很自然的解释为什么从未探测到它们。进一步地，视界疑难在暴胀宇宙学中也很容易得到解释。由于在暴胀期间宇宙膨胀了至少 $10^{26}$ 倍，现在观测到的如此巨大的宇宙（约数百亿光年）其实是从一个十分微小的区域膨胀而来的。而一个很小的区域是很容易产生因果关联，从而可以通过相互作用达至均匀各向同性的。

通过宇宙暴胀来解决这些热大爆炸理论的疑难问题这一想法一经提出，便迅速获得了大量关注和肯定。那么是什么驱动了宇宙的暴胀呢？古斯首先提出宇宙在早期处于一个亚稳的假真空中，并由这个亚稳的假真空的真空能来推动宇宙的暴胀。宇宙观测表明宇宙历史上必然历经了辐射为主和物质为主时期，因此暴胀必然在宇宙早期某个时候结束。在古斯的图像中，宇宙可以通过量子隧穿衰变到一个真真空，而且这个真真空的真空能几乎为零，并且衰变之后原来假真空的真空能衰变为辐射和物质。然而，古斯等人很快意识到他的这个图像存在严重的问题。为了解决平坦性，视界等疑难，假真空推动的暴胀必须持续足够长的时间，确保期间宇宙膨胀了足够的倍数。这意味着量子隧穿产生的真真空泡必然很稀少，从而导致宇宙中的物质分布变得十分的不均匀，这明显与观测到的结果不相符。这个由古斯最早提出的图像现在被称为老暴胀模型。新的慢滚暴胀模型[3,4,5]成为现在主流的暴胀模型，为大家广泛接收和采用。在慢滚暴胀模型中宇宙的暴胀是由一个标量场的势能 $V(\phi)$ 提供的有效真空能所推动的，其中标量场 $\phi$ 被称为暴胀子。为了确保暴胀期间宇宙膨胀足够的倍数，暴胀场的势能需要足够平缓，从而暴胀子很缓慢地沿着它的势向下滚动。这也是这个模型被称为慢滚暴胀的原因。$V(\phi)$ 平缓与否通常用一些慢滚参数来表征：

$$\varepsilon = \frac{M_p^2}{2}\left(\frac{V'}{V}\right)^2, \eta = M_p^2 \frac{V''}{V}$$

其中 $M_p = \sqrt{1/8\pi G}$ 为普朗克能标，撇代表对 $\phi$ 的导数。慢滚条件要求 $\varepsilon \ll 1$ 和 $|\eta| \ll 1$。

在慢滚暴胀模型中暴胀的退出机制完全不同于古斯提出的老暴胀模型。当暴胀子滚动到它的势能很陡峭的地方的时候，慢滚条件就被自然破坏掉，暴胀子开启在定域极小点附近的往复振荡，同时暴胀子原有的势能转化它的动能主导，暴胀也就自然地结束了。同时暴胀子通过和别的物质场耦合产生辐射和物质，宇宙也就变得热起来。暴胀结束后宇宙变得十分炙热，开启了传统意义上的热大爆炸历史。

尽管暴胀可以很自然地解释热大爆炸理论的诸多疑难问题，但是由于它发生在宇宙创生阶段，人们无法回到那个时候去直接观测暴胀的物理过程。那么如何才能检验暴胀模型？此外，由于暴胀时期宇宙的急剧膨胀几乎把所有的不均匀性都完全抹匀了，那么今天观测到的宇宙结构又是如何起源的呢？量子理论在回答这两个关键问题上起到至关重要的作用。暴胀子在暴胀时期的量子涨落提供原初的密度涨落，这些原初的密度涨落在引力作用下随时间演化，并最终导致微波背景辐射细微的各向异性（$\Delta T/T \sim 10^{-5}$），以及今天所观测到的宇宙大尺度结构的形成。反过来，人们也正是通过精确的测量微波背景辐射的各向异性和大尺度结构来了解和检验暴胀宇宙学。原初密度涨落的功率谱如下

$$P_s(k) = A_s(k/k_*)^{n_s-1}$$

其中 $A_s$ 是原初密度涨落在 $k = k_*$ 处的幅度，$n_s$ 称为密度涨落的谱

指数。如果 $n_s-1=0$，那么原初密度涨落的大小就是一个常数，与扰动的尺度无关。这一特性被称为标度不变性。由于暴胀是由真空能主导，因而哈勃参数在暴胀时期近似为一个常数，即哈勃视界的半径近似为一个常数。量子涨落的大小与系统的尺度成反比，即与哈勃参数成正比。由于暴胀时期哈勃参数近似为一个常数，一个简单的推论是暴胀产生的原初密度涨落的幅度近似为一个常数。因此一个近标度不变的原初密度涨落是暴胀宇宙学的一个重要预言，即

$$n_s-1=-6\varepsilon+2\eta$$

普朗克卫星提供了迄今为止对微波背景辐射各向异性最精细的测量[6]，它测定的结果是

$$A_s = 2 \times 10^{-9}$$

$$n_s - 1 = 0.032 \pm 0.006 (68\% \text{ 置信度})$$

可见导致宇宙结构形成和微波背景辐射各向异性的原初密度涨落确实是近标度不变的，与暴胀宇宙学的预言相吻合！此外，$(n_s-1)$ 在超过 5 倍标准偏差水平上偏离严格的标度不变谱表明暴胀必然是动力学的。

暴胀不仅自然地解释热大爆炸理论的诸多疑难，而且暴胀所预言的宇宙空间平坦和近标度不变的原初密度涨落都已经得到观测的有力支持。现在仅剩最后一项暴胀的预言——原初引力波尚未被观测到。爱因斯坦广义相对论预言存在引力波。2016 年 LIGO 宣布发现双黑洞并合产生的引力波[7]，此项发现荣获 2017 年诺贝尔物理学奖。原初引力波的产生机制与 LIGO 发现的引力波截然不同，原初引力波是在引力波自由度在暴胀期间通过量子涨落产生并最终残留下来的引力波。这些残留下来的原初引力波会搅动微波背景辐射各向异性天图中留下特殊的"指纹"，即 B-模偏振。由于引力的普适性，原初引力波功率谱的幅度正比与暴胀时期总的能量密度，而不取决于暴胀的动力学过程。因为原初引力波功率谱的幅度很小，人们引入一个新的物理量，即张标比 $r$，来表征原初引力波功率谱

的大小。类似于原初密度涨落，原初引力波涨落的功率谱也可以写成

$$P_t(k) = A_t(k/k_*)^{n_t}$$

其中 $A_t$ 为原初引力波涨落在 $k = k_*$ 处的幅度，$n_t$ 称为原初引力波功率谱的谱指数。在最简单的正则单场慢滚暴胀中，

$$r = A_t/A_s = 16\varepsilon, n_t = -2\varepsilon$$

一般的，由于 $\varepsilon \ll 1$，因此 $|n_t| \ll 1$，即暴胀产生的原初引力波功率谱也是近标度不变的。慢滚参数 $\varepsilon$ 与具体的暴胀模型有关，由暴胀势的导数决定。但是 $r$ 和 $n_t$ 之间存在一个与模型无关的自洽性关系：

$$n_t = -r/8$$

检验这个自洽性关系具有十分重要的意义，可以用来验证或者排除此类最简单的暴胀模型。

2014 年 3 月，BICEP2 测量到大角度微波背景辐射 B－模偏振，并声称找到了原初引力波存在的证据[8]：$r = 0.20^{+0.07}_{-0.05}$。这个结果和普朗克卫星对原初密度涨落功率谱谱指数的测量结果有力地支持了 $m^2\phi^2/2$ 暴胀模型[9]，这个模型也一度成为诺贝尔奖的热门候选者。然而，同年 5 月，有两个美国的研究小组分别独立指出 BICEP2 可能低估了前景污染对数据的影响[10,11]，但是这两个研究小组并不确定 BICEP2 测量到的信号是否一定不是原初引力波。要回答这个问题需要更多的观测。2014 年 9 月，普朗克卫星发布了热尘埃对微波背景辐射 B-模前景污染的天图[12]，本文作者之一在减除了污染之后发现 BICEP2 观测到的信号源自前景污染，而不是原初引力波[13]，并且定量给出张标比的上限约为 0.08，因而在很高置信度上排除 $m^2\phi^2/2$ 暴胀模型。迄今对张标比最严格的限制约为 $r < 0.0685$[14]。尽管原初引力波尚未被探测到，但是对其大小的严格限制仍然可以告诉我们一些早期宇宙暴胀的信息，比如由于慢滚参数 $\varepsilon = r/16$，很小的 $\varepsilon$ 也就意味着主导暴胀的是等效的宇宙学常数。

早期宇宙物理的一个核心问题是揭示其物理过程。对暴胀而言，就是要了解其动力学过程。从观测的角度看，目前仅观测到非常有限的与之相关的物理量，即原初密度涨落的幅度 $A_s$ 及其谱指数 $n_s$，以及原初引力波涨落功率谱的上限。一类最简单的暴胀模型，即单项式混沌暴胀模型（势函数为 $V(\phi) \sim \phi^n$）基本被排除在 95％置信区域外[14]。可能的暴胀势为 $V(\phi) \sim \Lambda_* \left[ 1 - \left( \dfrac{\phi}{\mu} \right)^n \right]$，其中 $\left( \dfrac{\phi}{\mu} \right)^n \ll 1$，$\Lambda_*$ 决定原初引力波涨落的大小，$n$ 决定暴胀的动力学过程，主要由原初密度涨落功率谱的谱指数决定。

由于目前尚未观测到原初引力波涨落，因此寻找和精确测量原初引力波成为当前早期宇宙学观测的重要研究前沿。一个重要的理论问题是暴胀预言的原初引力波涨落功率谱的幅度到底有多大？由于缺乏一个基本原理来决定标量场自相互作用的形式，因此目前还没有办法从第一性原理给出暴胀子的势能函数，从而也就无从给出暴胀对原初引力波大小的准确预言。一般认为，暴胀发生的能标可以高至粒子物理大统一能标（约为 $10^{16}$ GeV），低至电弱能标（约为 246GeV），对应的张标比可以从约 $10^{-1}$ 到 $10^{-55}$！可见暴胀模型可能产生大到足以在未来几年观测到的原初引力波涨落，但是也有可能产生小到几乎不可能探测到的原初引力波涨落。暴胀期间引力和量子效应都发挥着重要的作用，因此暴胀有可能成为探索量子引力理论的天然"实验室"。普朗克能标是量子引力的一个基本能标。尽管还不能证明，但是很多研究都暗示暴胀子在暴胀期间滚动的距离不能超过普朗克能标，否则这个标量场理论将不再是有效的。有趣的是论文[15]发现暴胀模型预言的张标比和暴胀子在暴胀期间滚动的距离存在一个简单的积分关系。如果简单地把张标比看成一个常数，那么暴胀子在暴胀期间滚动的距离恰好为普朗克标度能标时，张标比大约为 0.002。然而，现有的观测结果显示原初密度涨落功率谱的谱指数在超过 5 个标准偏差水平上偏离 1，这意味着暴胀是一个动力学过程，因此 $r$ 应当并不恰好是一个常数。在考虑了暴胀的动力学之后，本文的作者之一发现暴胀子在暴胀期间滚动的距离恰好为普朗克能标对应的张标比约为 0.0007[16]。一般地，如果要求暴胀子在暴胀期间滚动的距离不能大于普朗克能标，那么张标比应当小于 0.0007。如果探测到张标比大于 0.0007，那将可能挑战现有对量子引力理论（包括弦理论）的理解和认识。因此，无论在张标比为 0.0007 水平上是否测量到原初引力波涨落都将是十分重要的。一般认为地面观测很难把原初引力波的探测精度提高到 0.0007 的水平，而是需要通过卫星观测来实现[17,18,19]。

一旦观测到原初引力波，那么下一个重要的科学目标将是精确测量原初引力波涨落功率谱的谱指数 $n_t$。单场慢滚暴胀模型预言 $n_t$ 应当非常接近于 0。基于比较乐观的分析，地面实验的测量误差数量级大约为 1，而计划中的一些卫星实验有可能把误差缩小到 0.1[18]。进一步地，由于原初引力波涨落主要体现在大角度 B-模偏振，而大角度存在不可避免的宇宙方差，这使得通过微波背景辐射的观测对 $n_t$ 的测量精度存在一个极限，约为 0.01[19]。想要在更高精度上测量 $n_t$，需要结合一些别的观测才有可能实现。

尽管正则单场慢滚暴胀可以简单合理地解释现有的观测数据，然而理论上暴胀仍然存在别的可能的实现方法。比如所谓的 $k$-精质模型[20]，其中被称作 $k$-精质的标量场，具有一些非平庸的动能项，其往往是通常的标准正则动能项的高次幂或者更一般的函数。在其演化过程中，宇宙的能量密度被 $k$-精质的动能所主导，且变化缓慢。这时 $k$-精质的动能项扮演了宇宙学常数的角色，推动了宇宙的暴胀。也因为此，这类暴胀模型也被称作 $k$-暴胀，亦即动能项推动的暴胀。在 $k$-精质被提出之后的近十年间，文献中 $k$-暴胀一直被用来指代最一般的单标量场暴胀模型。实际上，当时 $k$-精质所代表的动能项为标准正则动能项一般函数的标量场理论被认为是最一般的标量-张量理论——亦即除了广义相对论的两个引力波张量自由度之外还传播一个标量自由度的广义协变理论。

然而 $k$-精质远不是事情的全部。$k$-精质被提出一年后，德瓦里（Dvali）、噶巴达泽（Gabadadze）和泊拉提（Porrati）在研究膜世界理论时发现，当考虑一个嵌在 5 维没有引力存在的平坦时空中中的 4 维超曲面时，4 维超曲面上可以自然产生牛顿引力。与此同时，4 维超曲面上还具有一个额外的标量自由度，其动能项包含了标量场的二阶导数。这一理论在后来的文献中被称作"DGP 模型"[21]。DGP 模型中由于标量场二阶导数的存在，带来了一种全新的标量场与引力的耦合方式，其不仅改变了标量场自身的动力学，也改变了引力的传播方式。这是在 $k$-精质之外，标量场的高阶导数得以安全进入理论的第一个例子。

DGP 模型虽然也可以实现宇宙的加速膨胀，但是却存在不稳定性。这使得很多人对 DGP 模型逐渐失去了兴趣。然而 DGP 模型却带来另一个有趣的问题。在 $k$-精质中，引入了标准正则动能项——标量场的一阶导数——的非线性幂次。而在 DGP 模型中，标量场的二阶导数是线性地进入理论的。于是一个自然的问题是——是否可以在理论中引入标量场二阶导数的非线性项？以及，这些非线性项会带来什么新的效应？一个明显的困难来自一百多年前数学家奥斯特格拉斯基（Ostrogradsky）的研究[22]。当一个理论包含更高阶的导数时，往往需要更多的初始条件来确定系统的演化，亦即理论含有更多的自由度。同时，这种理论的哈密顿量通常没有最低值。于是当考虑量子化时，理论没有能量最低态，于是是不稳定的。这一不稳定性也被称作奥斯特格拉斯基不稳定性。之后很长一段时间内，人们认为 DGP 模型可能是在理论中引入引入标量场二阶导数的唯一方式，亦即不可能在理论中引入标量场二阶导数的非线性项，而不带来额外的自由度和不稳定性。

事情的转机出现在 2008 年，尼考利斯（Nicolis）、拉塔奇

（Rattazzi）和特林切里尼（Trincherini）研究了平坦时空背景上DGP模型的推广[23]，发现当标量场的二阶导数项以一种特殊的组合进入理论时，理论的运动方程仍然维持在二阶，这就意味着并没有出现多余的自由度以及随之而来的不稳定性。同时，由于这时标量场的一阶导数亦即速度具有平移不变性。这个理论中的标量场被称作所谓伽利略子。借鉴这一进展，平坦时空背景上最一般的伽利略子理论，亦即最一般的理论中含有标量场二阶导数，但是运动方程仍然维持在二阶的洛伦兹协变的标量场理论被提出来[24]。然后，再通过所谓的协变化方法，得到了含有引力的一般时空背景上的最一般的单个标量场与引力耦合的二阶导数标量-张量理论。实际上，在更早的对以斯塔洛宾斯基模型为代表的高阶曲率引力的研究中，人们也已经发现高阶曲率项往往会带来不稳定性。幸运的是，拉乌洛克（Lovelock）发现[25]，只有当高阶曲率项具有某种特殊的组合时，虽然理论仍然含有高阶导数，却得以避免产生更多不稳定的自由度。人们很快就注意到同为高阶导数理论的拉乌洛克理论和广义伽利略子之间的相似性，实际上可以认为后者是前者在标量场上的对应。

广义伽利略子理论成为暴胀模型构造的新的出发点，其也将此前的各类暴胀模型纳入到一个统一的研究框架中。基于广义伽利略子的暴胀模型具有很多全新的特性。如前所述，在只包含标量场一阶导数的 $k$-精质模型中，虽然标量场的动力学例如传播速度会被修改，但是引力自身的动力学和广义相对论却没有什么不同。由于广义伽利略子中二阶导数的引入，广义伽利略子与引力以一种全新的方式相互作用，这时引力子自身的行为也不同于广义相对论。例如，广义伽利略子暴胀模型中的引力子可以以不同于光速的速度传播。

时至今日，对微波背景辐射各向异性的观测已经证实了最简单的慢滚暴胀模型的预言。比如，暴胀时期的量子涨落是近标度不变的，且近似满足高斯统计分布。而随着宇宙学观测精度的提高，人们期望通过对大尺度结构和微波背景辐射各向异性对高斯统计分布的偏离——即所谓"非高斯性"的分析，来验证并限制各类暴胀模型的细节。非高斯性起源于宇宙暴胀时期暴胀子自身以及与引力的相互作用，从而提供了宇宙在创生时刻的丰富信息。从 2002 年马尔德西纳（Maldecena）首次用量子场论方法严格计算暴胀期间量子扰动的非高斯性开始[26]，对原初曲率扰动非高斯性的研究取得了非常深入的发展。事实上，由于引力相互作用的非线性性质决定原初引力波扰动也具有非高斯性。2011 年，引力子在爱因斯坦引力和广义伽利略子理论中的三点自相互作用被完整的计算出来[27,28]，并且广义伽利略子理论中除了一个与广义相对论中相同的三点相互作用之外，还出现了一个独一无二的引力子三点自相互作用。此外，广义相对论中引力子的四点关联函数也已经被计算出来[29]。这些都为在宇宙学尺度上检验引力理论对广义相对论的偏离提供了一个独特的检验途径。

尽管暴胀取得了巨大的成功，但是理论上仍然不甚完备。二十世纪六七十年代，彭罗斯（Penrose）和霍金（Hawking）证明了若宇宙由广义相对论描述，且满足零能量条件的话，时空奇点是不可避免的。自热大爆炸宇宙模型诞生起，奇点问题就一直存在。在奇点处，描述宇宙演化的物理量发散，因此一个自洽的宇宙不可能从奇点处演化而来。一个早期宇宙思想的提出，人们自然期望其可以避免奇点，或提供一个看待奇点的新方式，但是暴胀并没有完全做到这一点。在一些人倡导的永恒（eternal）暴胀图景中，零能量条件在一些时空区域是违反的，因此暴胀理论是否有奇点问题还一直存在争议，直到 2001 年布德（Borde）、古斯、维伦琴（Vilen-kin）证明暴胀和永恒暴胀图景都是测地不完备的[30]，即暴胀宇宙与热大爆炸宇宙模型一样沿着时间往回追溯都会有奇点。或许有人认为奇点远在暴胀之前，研究其存在与否是否有意义？然而，理解宇宙学奇点是一个物理学基本理论，例如弦理论，展现其价值之所在，因此相关的研究是探索和检验基本理论的一个重要途径。抛开理论动机不谈，就原初扰动与观测而言，奇点问题的解决是一个自洽原初扰动理论的必然要求。众所周知，暴胀模型预言了与观测一致的原初密度扰动功率谱。在计算这个功率谱时，人们取所谓的 Bunch-Davis 真空作为扰动的初始态。如果暴胀宇宙源于一个奇点的话，那么相应的扰动模式初始态的波长将远小于普朗克尺度，从而无法从物理上设定该初始态。任意设置扰动的初始态将得不到与观测一致的功率谱。尽管现在已有很多工作研究了原初扰动初始态相关的问题，但若不涉及奇点问题的话，其讨论不关乎本质。

暴胀理论有奇点问题并不意味着其需要被取代，就像人们不会因为大爆炸宇宙模型有视界问题而要抛弃它一样。众所周知正是视界问题的解决激发了"大爆炸"之前还有一段暴胀的思想。奇点问题表明暴胀理论并不是极早期宇宙最终的故事，并且奇点问题的解决是与宇宙暴胀之前（pre-inflation）的物理紧密相关的。2003 年，本文的作者之一提出了反弹暴胀的思想[31]。永恒暴胀图景有奇点问题是因为零能量条件违反前后宇宙都是处在暴胀相。而在反弹暴胀中，初始宇宙是处在一个收缩相，在反弹（零能量条件违反）后宇宙暴胀，因此在这个图景中时空是非奇异的。扰动模式初始态由过去无穷远的闵可夫斯基真空态决定。图 1 是在当时基于该思想估算的宇宙微波背景温度扰动谱，其有可能解释观测数据在大尺度上的压低迹象。不过对谱的完备计算还需有待反弹理论的发展。

然而，宇宙反弹往往会伴随着宇宙学各类扰动的不稳定性，因此反弹理论的发展史就是一个与各种不稳定性做斗争，砥砺前行的历史。反弹的最初发展是从解决奇点问题，并尝试替代暴胀宇宙学的想法开始的。20 世纪 90 年代初，维尼兹亚诺（Veneziano）和伽斯佩里尼（Gasperini）提出了前大爆炸（Pre-big bang）模型[32]，其利用弦理论在低能下给出的高阶曲率项实现了宇宙从一个收缩到膨胀的反弹。不过当高阶曲率项主导时，扰动是极不稳定的（指数增长），这将破坏宇宙背景的均匀性，因此前大爆炸模型在经历了

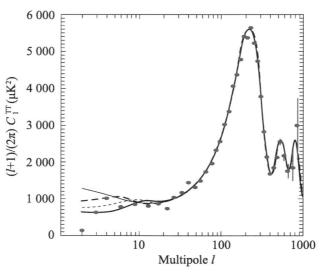

图 1　反弹暴胀图景预言的宇宙微波背景温度扰动谱（估算），
图中的点是 WMAP 2003 年数据

十多年的研究后，逐渐沉寂。

2001 年，火劫（ekpyrotic）模型被提出来[33]。在该模型中，我们生活在一个 3 维膜上，膜在额外维中运动，当两个膜碰撞时，膜上的宇宙将经历一个反弹。在火劫模型中，反弹前的收缩相是一个物态参数大于 1 的场主导的阶段，这解决了困扰反弹宇宙思想几十年的里夫史兹（Lifshitz）等人证明的所谓的 BKL 不稳定性问题。该不稳定性是指在收缩时期，宇宙各向异性的幅度会随时间增长，若物态参数小于 1 的话，则其增长会比背景还快。正因如此，火劫模型被看作是反弹理论发展史上的一个里程碑，而物态参数大于 1 的收缩相一般被称为火劫相。现在普遍认为火劫相是一个自洽的反弹模型所必需的。

火劫模型是基于弦理论的模型。但是由于其反弹机制非常复杂，人们难以搞清扰动是怎样穿越反弹演化的，这是困扰反弹理论发展的核心问题。2007 年，为研究扰动穿越反弹的演化，违反零能量条件的标量场反弹模型开始兴起，例如精灵（quintom）反弹模型[34]。不过违反零能量条件会导致标量扰动的不稳定性。二阶标量扰动作用量如下：

$$S_\zeta^{(2)} = \int a^3 Q_s \left( \dot{\zeta}^2 - c_s^2 \frac{(\partial \zeta)^2}{a^2} \right) \mathrm{d}^4 x$$

其中，若 $Q_s < 0$，真空将不稳定，若 $c_s^2 < 0$，扰动将指数增长，二者都是必须避免的。之后近十年的时间里，人们尝试了各种可能性来消除这些不稳定性，例如使用标量场的高阶导数[35]，但总有以上提及的两种不稳定之一存在[36,37]。这意味着对于标量场模型而言，一个自洽的反弹有效理论需要修改引力。不过前大爆炸模型的失败带来的一个教训是：不是任意的修改引力都是可行的。

2016 年，本文的作者之一建立了非奇异宇宙学的有效场论[38]。这是一个具有修改引力算子的标量张量有效场论。该类算子与反弹的稳定性紧密相关，这使得人们可以稳定地操控反弹，并研究扰动穿越反弹的演化。反弹有效场论只是稳定的反弹理论的一个低能有效描述，其应该有一个基本理论起源。然而，事实上将一个自洽的反弹模型嵌入基本理论将是一个严峻的挑战。过去的二十年中，反弹从弦理论模型到有效场论的发展极大地深化了人们对反弹的自洽性和基本理论起源的理解。目前，相关研究还在进展中。

与 2003 年反弹暴胀思想的提出时不同，近年来在非奇异宇宙学有效场论上的突破使我们得以数值和解析地计算扰动穿越反弹暴胀的演化。完备的标量扰动功率谱如下[39]：

$$P_\zeta = F(k, H_{B+}, A_d, \omega_d) \cdot P_\zeta^{\mathrm{inf}}$$

其中，$P_\zeta^{\mathrm{inf}} = A_{\mathrm{inf}} (k/k_*)^{n_{\mathrm{inf}}-1}$ 是慢滚动暴胀的功率谱，

$$F(k, H_{B+}, A_d, \omega_d) = \left\{ 1 + \mathrm{e}^{-(\frac{k}{H_{B+}})^2} \left(\frac{k}{H_{B+}}\right)^2 + \mathrm{e}^{-(\frac{k}{H_{B+}})^2} - \frac{\sin\left(\frac{2k}{H_{B+}}\right)}{\frac{k}{H_{B+}}} \right\} \cdot$$

$[1 - A_d \cdot \mathrm{e}^{-\omega_d (\frac{k}{H_{B+}} - \pi)^2}]$ 是一个由暴胀前的反弹导致的对大尺度上暴胀功率谱的修正因子，三个表征反弹的参数 $H_{B+}, A_d, \omega_d$ 分别由反

弹的时刻，强度和持续时间决定。图 2 是由反弹暴涨功率谱给出的宇宙微波背景温度扰动谱，该结果与最新观测数据在多极矩 $l < 10$ 和 $l = 20$ 处的压低（大尺度反常）很好地一致起来。同时，该功率谱还可以解释温度扰动南北半球的功率不对称[40]。目前，对反弹暴涨的原初引力波谱的研究正在进展中，由于在反弹时相关物理量的急剧变化，引力波谱有可能在大尺度上呈现较强的手征违反。

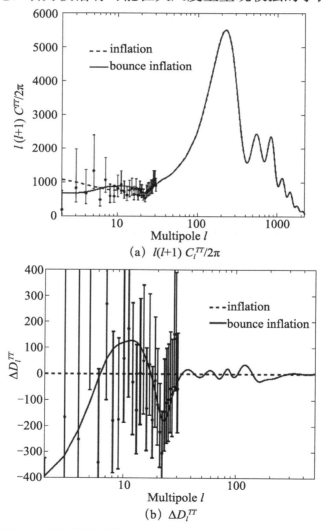

(a) $l(l+1)\, C_l^{TT}/2\pi$

(b) $\Delta D_l^{TT}$

图 2　反弹暴涨图景预言的宇宙微波背景温度扰动谱

　　总之，暴胀宇宙学很好地解决了热大爆炸宇宙中的诸多疑难问题，而且暴胀所预言的宇宙空间平坦性和近标度不变的原初密度涨落都已经得到大量观测的强有力支持。但是，暴胀或许并非宇宙起源的全部故事，暴胀之前宇宙是创生于一个时空奇点，抑或是来自一个测地完备的反弹依然是未解之谜。希望未来理论和观测的进展将会告诉我们最终的答案。

## 参考文献

［1］ Planck collaboration，Planck 2015 results. XIII. Cosmological parameters，Astronomy & Astrophysics 594（2015）A13

［2］ A. Guth，The inflationary Universe：A possible solution to the horizon and flatness problems，Phys. Rev. D 23（1981）347－356

［3］ A. Linde，A new inflationary universe scenario：A possible solution of the horizon，flatness，homogeneity，isotropy and primordial monopole problems，Phys. Lett. B 108（1982）389－393

［4］ A. Albrecht，P. Steinhardt，Cosmology for grand unified theories with radiatively induced symmetry breaking，Phys. Rev. Lett. 48（1982）1220－1223

［5］ A. Starobinsky，A new type of isotropic cosmological models without singularity，Phys. Lett. B 91（1980）99－102

［6］ Planck Collaboration，Planck 2015 results. XX. Constraints on inflation，Astronomy & Astrophysics 594（2016）A20

［7］ LIGO Scientific Collaboration and Virgo Collaboration，Observation of gravitational waves from a binary black hole merger，Phys. Rev. Lett. 116（2016）061102

［8］ BICEP2 Collaboration，BICEP2 I：Detection of B-mode polarization at degree angular scales，Phys. Rev. Lett。112（2014）241101

［9］ A. Linde，Chaotic inflation，Phys. Lett. B 129（1983）177

［10］ M. Mortonson and U. Seljak，A joint analysis of Planck and BICEP2 B modes including dust polarization uncertainty，JCAP 10 （2014） 035

［11］ R. Flauger，J. Hill and D. Spergel，Toward an understanding of fore-ground emission in the BICEP2 region，JCAP 08 （2014） 039

［12］ Planck Collaboration，Planck intermediate retuls. XXX. The angular power spectrum of polarized dust emission at intermediate and high ga-lactic latitudes，Astronomy & Astrophysics 586 （2016） A133

［13］ C. Cheng，Q.-G. Huang and S. Wang，Constraint on the primordial gravitational waves from the joint analysis of BICEP2 and Planck HFI 353 GHz dust polarization data，JCAP 12 （2014） 044

［14］ Q.-G. Huang，K. Wang and S. Wang，Inflation model constraints from data released in 2015，Phys. Rev. D 93 （2016） 103516

［15］ D. Lyth，What would we learn by detecting a gravitational wave signal in the cosmic microwave background anisotropy，Phys. Rev. Lett. 78 （1997） 1861—1863

［16］ Q.-G. Huang，Lyth bound revisited，Phys. Rev. D 91 （2015） 123532

［17］ P. Creminelli，D. Nacir，M. Simonovic，G. Trevisan，M. Zaldarriaga，Detecting primordial B-modes after Planck，JCAP 11 （2015） 031

［18］ Q.-G. Huang and S. Wang，Forecasting sensitivity on tilt of power spectrum of primordial gravitational waves after Planck satellite，JCAP 10 （2015） 035

［19］ Q.-G. Huang and S. Wang，Optimistic estimation on probing primordial gravitational waves with CMB B-mode polarization，arXiv：1701. 06115

［20］ C. Armendariz-Picon，T. Damour，V. Mukhanov，k-inflation，Phys. Lett. B 458 （1999） 209 – 218

［21］ G. Dvali，G. Gabadadze，M. Porrati，4D gravity on a brane in 5-D Minkowski space，Phys. Lett. B485 （2000） 208 – 214

［22］ M. Ostrogradsky，Mem. Ac. St. Petersbourg VI 4 （1850） 385

［23］ A. Nicolis，R. Rattazzi，E. Trincherini，The galileon as a local modifi-cation of gravity，Phys. Rev. D79 （2009） 064036

［24］ C. Deffayet，Xian Gao，D. A. Steer，and G. Zahariade，From k-essence to generalized Galileons，Phys. Rev. D 84（2011）064039

[25] D. Lovelock，The Einstein tensor and its generalizations，J. Math. Phys. 12 (1971) 498 – 501

[26] J. Maldacena，Non-Gaussian features of primordial fluctuations in single field inflationary models，JHEP 0305（2003）013

[27] J. Maldacena，On graviton non-Gaussianities during inflation，JHEP 09（2011）045

[28] X. Gao，T. Kobayashi，M. Yamaguchi，J. Yokoyama，Primordial non-Gaussianities of gravitational waves in the most general single-field inflation model，Phys. Rev. Lett. 107（2011）211301

[29] T. F. Fu，Q. -G. Huang，The four-point correlation function of graviton during inflation，JHEP 07（2015）132

[30] A. Borde，A. Guth，A. Vilenkin，Inflationary spacetimes are not past-complete，Phys. Rev. Lett. 90（2003）151301

[31] Y. S. Piao，B. Feng and X. m. Zhang，Suppressing the CMB quadrupole with a bounce from the contracting phase to inflation，Phys. Rev. D69，103520（2004）

[32] M. Gasperini and G. Veneziano，Pre-big bang in string cosmology，Astropart. Phys. 1317（1993）

[33] J. Khoury，B. A. Ovrut，P. J. Steinhardt and N. Turok，Ekpyrotic universe：Colliding branes and the origin of the hot big bang，Phys. Rev. D64，123522（2001）

[34] Y. F. Cai，T. Qiu，Y. S. Piao，M. Li and X. m. Zhang，Bouncing universe with Quintom matter，JHEP 0710，071（2007）

[35] T. Qiu，J. Evslin，Y. F. Cai，M. Li and X. m. Zhang，Bouncing Galileon Cosmologies，JCAP 1110，036（2011）

[36] M. Libanov，S. Mironov and V. Rubakov，Generalized Galileons：instabilities of bouncing and Genesis cosmologies and modified Ganesis，JCAP 1608，08，037（2016）

[37] A. Ijjas and P. J. Steinhardt，Classically stable nonsingular cosmological

bounces，Phys. Rev. Lett. 117，12，121304 (2016)

[38] Y. Cai，Y. Wan，H. G. Li，T. Qiu and Y. S. Piao，The effective field theory of non-singular cosmology，JHEP 1701，090 (2017)

[39] Y. Cai，Y. T. Wang，J. Y. Zhao and Y. S. Piao，Primordial perturbations with pre-inflationary bounce，arXiv：1709. 07464

[40] Z. G. Liu，Z. K. Guo and Y. S. Piao，Obtaining the CMB anomalies with a bounce from the contracting phase to inflation，Phys. Rev. D88，063539 (2013)

本文原载于《科学通报》，2018 年 7 月预出版

# 理性的胜利——从上帝粒子到引力波

◆李　淼

　　我和编辑说好，这期写引力波探测。没有想到，6月22号，网上开始流传消息，欧洲核子中心（CERN）将于7月4号在日内瓦的总部举行两个物理学报告和新闻发布会，据说和希格斯粒子即上帝粒子有关。果然，到了7月4号，我们从两位代表两个不同的实验组的报告人那里得到确凿无疑的信息，大型强子对撞机经过去年和今年的搜索，发现了一个很像上帝粒子的新粒子。这个消息也打乱了我原来的写作计划，本来我想在这一期介绍几个引力波探测实验，现在，我干脆从希格斯粒子谈到引力波。

　　由于大型强子对撞机的两个实验组 CMS 和 ATLAS 都获得了五个标准差的置信度，可以说他们发现了一个新粒子。这个粒子产生于质子和质子的剧烈碰撞中，然后因不稳定而衰变成两个光子，或衰变成两个带电的中间玻色子 W，或衰变成两个中性的中间玻色子 Z，或衰变成夸克或 τ 轻子，物理学家就是靠探测这些衰变后的

李淼：原中国科学院理论物理研究所研究员，现中山大学教授。研究领域：引力理论和宇宙学。

产物（有些产物自己也不稳定衰变成其他粒子，如 Z 衰变成轻子）发现这个粒子的。现在看，虽然我们不能完全肯定它就是希格斯粒子，但它的衰变方式几乎和希格斯粒子一样，也许我们可以说我们已经看到了希格斯粒子。

为什么物理学家们甚至公众对这个发现特别感兴趣，有的物理学家在听 CERN 的报告时甚至流泪了？我想至少有两个原因。第一个原因，希格斯等人 1964 年就提出了希格斯机制，在这个机制中，传递相互作用的粒子如中间玻色子"吃掉"几个希格斯粒子后变重了，此前中间玻色子的前身是没有质量的。剩下的希格斯粒子自己也变重了。从希格斯机制的提出到今年，48 年过去了。1967年，温伯格利用希格斯机制建立了弱电统一模型，在这个模型中，不仅中间玻色子和希格斯粒子有质量了，其他物质粒子通过与希格斯场的相互作用也获得了质量。弱电模型是如今粒子标准模型的一个部分，它的建立到今年也有 45 年了。45 年过去了，标准模型的预言被实验物理学家在不同的高能粒子加速器上一一验证，唯独没有发现这个最重要的希格斯粒子。今天，我们终于看到了（严格意义上还需要检验几个理论预言才能百分百肯定），谁能不激动呢？我们激动的第二个原因是，从标准模型预言的中间玻色子被发现到今天，粒子物理学虽然也有一些发现，都不是能够改变我们认识的发现，粒子物理学家实在也等急了。而发现中间玻色的年份是 1983年，到今年几乎 30 年了。所以，可以肯定地说，希格斯粒子的发现是粒子物理学过去 30 年最重要的发现。如果考虑到希格斯粒子在基础物理中扮演的角色，这个发现甚至可以说是过去一段时间最重要的发现之一，如果不比宇宙加速膨胀的发现更重要的话。

希格斯粒子的发现——我再重复一下，这是我个人的看法，因为实验物理学家会说这是很像希格斯粒子的一个粒子——也是人类理性的胜利。数理科学家们特别相信理性在自然界中扮演的角色，有个故事说，爱因斯坦在得知某项实验与他的狭义相对论不吻合时淡定地说，太可惜了上帝没有按照狭义相对论办事。事后证明，那个实验做错了。物理学家们有时对自己的漂亮理论就这么自信。在某种意义上，利用希格斯机制的标准模型确实是解释这个世界物质结构的最简单的理论，如果希格斯粒子不存在，那么我们也会说一句，太可惜了。

说到爱因斯坦，这就说到引力波。爱因斯坦在 1915 年建立的引力理论，即广义相对论，预言了一种新的波，即引力波。引力波也是爱因斯坦第一个在他的方程中发现的，当物体运动时，由于能量分布随时间改变，会产生以光速运动的引力波，例如两个中子星系统。由于万有引力十分微弱，引力波也就十分微弱。目前我们只能间接地推测引力波的存在，例如，1974 年，R. A. Hulse 和 J. H. Taylor 发现了一个由两个中子星组成的双星系统，每 7.75 小时这对中子星绕共同的重心转一次。根据爱因斯坦的理论，这对中子星辐射引力波，其功率大约是我们太阳辐射光的功率的百分之二，因为能量损失，双星的的距离会越来越小，周期会越来越短。确实，Hulse 和 Taylor 发现这个双星系统的周期每年会减少 76.5 微秒，与广义相对论的预言吻合。因这个发现，Hulse 和 Taylor 获得 1993 年的诺贝尔物理学奖。看起来，中子星双星系统的引力波辐射功率很大，但这个强度到达地球后已经非常微弱了。

直接探测引力波是韦伯的想法，1960 年他就开始用较大的金属棒探测引力波。这个探测原理是，当引力波到达地球时，会引起物体的变形。引力波和光波一样，有两种形态，我们叫做极化。这两种形态可以利用物体的变形方式来区分。其中一个形态可以这样来描述，当一个圆形物体遇到这种引力波时，圆形会变成椭圆形的，但椭圆会变化，长短轴会在两个垂直的方向换来换去。第二个形态也类似，只是物体的椭圆长短轴转了 45 度。韦伯棒在遇到引力波时产生的形变会产生压电电压，可惜这种实验一直没有测量到引力波。

从 2002 年开始，物理学家建成了激光干涉仪来探测引力波，激光干涉仪的探测原理同样是利用引力波造成的物体形变，这里的形变其实就是干涉仪臂长的变化，这种变化造成激光干涉条纹的变化。2002 年建成的 LIGO 干涉仪可以探测到的微小变化是 $3\times10^{22}$ 分之一，但物理学家没有探测到引力波。从 2008 年开始，LIGO 以及类似的仪器开始升级，要到 2014 年才能用于探测。如果运气好的话，2015 年我们就会得到探测到引力波的消息，这将是广义相对论建立的一百周年。

本文原载于《新发现》2012 年第 8 期

# 从液晶显示到液晶生物膜理论：软凝聚态物理在交叉学科发展中的创新机遇*

◆ 欧阳钟灿

    在 20 世纪行将结束的时候，有些人似乎认为物理学正从科学的顶峰退下来。因为冷战后物理大科学中那些可以联系核武器发展的项目由于经费受阻纷纷下马，有些国家相互参照，正在缩减对物理学若干最基础的研究方向的投入，物理系排名下降，毕业生找工作难，招生数字压缩等等，人们为这些现象而感到挫折，似有一种"物理学的危机"感。物理学的发展前景"成不了人们普遍关心的问题"，应该说不是物理学有没有发展前景，而是人们如何发展物理学的新前景问题。

    其实，从 80 年代起，杨振宁先生就一再告诫年轻的中国物理研究生要注意新发展的东西，多注意最初的现象，要选择有发展前途的工作。杨先生所指出的"新发展的东西"就是当前讨论得很多

   * 本文根据作者在第 92 次香山科学会议《凝聚态物质研究前沿》的发言改编而成。

  欧阳钟灿：中国科学院理论物理研究所研究员，中国科学院院士，发展中国家科学院院士。研究领域：理论生物物理及其交叉学科。

的有创新前景的领域。英国剑桥大学牛顿讲席教授霍金在 80 年代初期也曾呼吁物理学家应正视那些仍然无法从理论上解释，与人们日常生活密切相关的天气预报、生命起源、湍流等问题。这些领域就是日趋繁荣物理学的复杂系统以及与别的学科相互渗透的交叉科学。总而言之，在世纪之交，物理学的大小科学领域都面临着"适者生存"与"物竞天择"的进化与选择。广大的物理工作者，面对有些人的暂时的挫折感，不同意"物理即将没落"的结论。实际上，物理正面临着世纪之交的转型。物理过去的荣耀不仅在传统物理学的各层次中，如原子物理、固体物理中复现出有划时代意义的演进与突破，同时跨学科领域将像雨后春笋般争相吐艳地展现出物理学的新光辉。以凝聚态物理为例，在传统的固体物理以外，最近几年诞生了一门新学科——软物质（soft matter）物理。这门学科在美国被称为复杂流体（complex fluid），是 *Phys. Review* 在 90 年代后期新分出的 E 分册的主要刊登学科。从 E 分册的快速增容（仅次于传统的凝聚态物理 B 分册）即可见该学科发展神速。1998 年 1 月起，欧洲两大物理杂志，法国的 *J. de. Physique* 与德国的 *Zeitschrift für Physik* 进行合并，定名为 *Euro. Phys. J*，其中 B 分册专登凝聚态物理，软凝聚态已正式亮相，所列的学科依次为液晶、聚合物、双亲分子与生物膜，等等。本文主要是从液晶——软物质的主要研究对象的近年发展来介绍作为交叉学科的软凝聚态（soft condensed matter）物理的创新机遇。

## 1 软凝聚态物理素描

P. G. de Gennes 是公认的软凝聚态物理的倡导者。1991 年，P. G. de Gennes 就是以《软物质》作为他的诺贝尔物理奖演讲标题。英国剑桥大学 St John's 狄拉克学院为纪念 1984 年逝世的 20 世纪物理学巨匠狄拉克，每年都举行狄拉克讲座。特别荣耀的 1994 年讲座请的就是 de Gennes，该讲座的题目是《软界面》（Soft Interface)，并已出了书（Cambridge，1997）。1995 年在厦门大学举行的国际统计物理大会上获得玻尔兹曼奖章的 S. Edwards 爵士为 de Gennes 的讲座作的介绍，实质上是对软凝聚态物理产生的历史背景作了很好的说明，他指出"本世纪即将走到尽头，物理学家历来总是把研究兴趣移到仍然存在着大问题的方向上去。我想，只要回顾一下物理迄今取得的进展，我们不难看到，在 20 世纪 40 年代，物理学家把精力集中在很小的东西——原子与小分子。而在 50 年代至 60 年代，人们认识到物理学的方法已可应用到我们日常生活面对的区域，即比原子的尺度大但仍然小于流体动力学现象的标度，这就是物理思维方法可以工作并取得进展的介观物理。P. G. de Gennes 是工作在本领域的领导人物之一，近几十年来，他建立了大量可以直接应用于实验检验的理论，并真正率领着我们对这一领域进行研究。"

作为交叉学科的软凝聚态的研究对象与内容还可从欧洲物理学会另一刊物 *Physica A* 1998 年 6 月 1 日这一期正式采用软凝聚态（soft condend matter）作为分类标题，并启用新的刊物副标题名称《统计力学及其应用》代替原本的《统计与理论物理》，从编辑部声明可略窥一斑：统计力学技术的有趣应用正在日益增加，并大大超过曾经是应用核心的固体、液体、气体物理体系及其过程。新的应用已渗透到化学与生物系统，诸如高分子聚合物、胶体（colloids）、生物膜（membranes）、膜泡（vesicles）、界面、生物大分子（如 DNA）等。"其中的生物膜与膜泡，我们将在第 3 节中详细介绍。上面提到的胶体原是物理化学的传统研究领域，按照彭桓武先生的说法是物理化学中最难的一章，由于融入软凝聚态物理的研究，胶体的理论近年来有了长足的进展。东西德合并不久，德国马普研究委员会在原东柏林旁边建立的新研究所就叫做 Max Plank Institute of Colloids and Interfaces，其中的理论部即是从民主德国 Julich 马普固体所软凝聚态（生物膜）研究组的人员合并过来。属于化学的

Colloid 协会则把 1993 年的 Wolfgang-Ostwald 奖授予生物膜理论创立者、液晶物理学家 Helfrich。下面我们还会详细地介绍 Helfrich 的故事。这里要说明的是，胶体作为软凝聚态的对象，揭示了软凝聚态物理是与化学科学的实质上的交叉。液晶是软凝聚态最主要的对象，从复杂流体在 *Phys. Rev. E* 作为分类专栏起，便被包括其中，但是到了 1995 年 7 月号，它特别被分出而独立门户，足以证明液晶的研究是大大超过了其他软凝聚态物质。有趣的是，国内外同时还各存在着两种专门刊登液晶研究论文的专业杂志。

传统的，即所谓"硬"凝聚态物理研究是始于本世纪 20 年代关于固体量子理论研究，即用于说明固体的金属、半导体、绝缘体的电子能带论。后来发展的超导电性与量子霍尔效应等展示了它作为现代物理最为活跃的学科。在这种被称为"硬"凝聚态物理中，多体电子的库仑相互作用以及与晶格声子的相互作用只有量子力学才能处理，所以普朗克常数 $h \neq 0$ 便被视为"硬"凝聚态物理的特征。虽然研究工作仍在进展中，这方面的传统理论已有十分成熟的教科书及物理教学体系。

到了本世纪后半叶，在凝聚态物理中，标度律、临界现象、重整化群、对称破缺、有序参数等一系列新概念与新定律被用来描述液晶、氦超流、高分子聚合物等，这就诞生了统一的新的凝聚态理论。其所适用的物质，以液晶为例，已远不是简单的液体，所以美国学者把它们统称为复杂流体。但同样以液晶为例"流体"一词已不适于概括它们的相变状态。按热致液晶的分类：向列相（nematics）、近晶相（smectics）和柱状相（columns）实际分别对应着三维各向异性液体、二维液体加一维固体和一维液体加二维固体。所以欧洲人用软物质来概括它们似乎更科学，因此软凝聚态物理应运而生。其理论一般可用经典理论（即 $h = 0$）来描述。虽然软凝聚态一词已频繁出现于杂志、会议（见 *Physica A* 1998 年 2 月 1 日号），但作为教科书还很少见。由 P. M. Chaikin 与 T. C. Lubensky 合

编的 *Principles of Condensed Matter Physics*（Cambridge，1995）似是第一次把"软"与"硬"凝聚态-理论融为一炉的教科书，并在 Princeton 与 Pennsylvania 两大学二年级的研究生试教多次，据说效果不错。当然，这与作为液晶专家与生物膜专家的 Lubensky 的研究经验有很大关系。

软硬凝聚态的区分还可从自由能（等于内能加熵）的特点来说明。在内能≫熵时，自由能（即内能）代表着原子之间真正的力的相互作用（主要是电子的相互作用），可视为哈密顿量，因而可以量子化处理，这就是"硬"凝聚态 $h \neq 0$ 的原因。相反，如果体系熵≫内能，则自由能引导的"力"不是真正的原子之间的相互作用力，而是系统的统计平均位形，如液晶分子平均排列的方向（称为指向矢场），两相界面等离开平衡态变化的梯度，因此系统自由能（实则是熵）不是哈密顿量，因而不能量子化，即 $h = 0$ 便成为该体系理论——软凝聚态物理的特征。显然，温度对软凝聚态自由能的影响极大，这也是软凝聚态相变现象极为复杂与丰富的原因。

以上说明只是对软凝聚态的一般特征进行素描。为了揭示软凝聚态更深刻的内含，即物理与技术科学、化学，及生物科学的交叉性，下面将对液晶及其在显示技术与生命科学中的应用作更详细的评介。

# 2　液晶与液晶显示

## 2.1　液晶

液晶的发现一开始便带有明显的交叉学科特点。1888 年，奥地利植物学家 F. Reinitzer 在研究胆甾醇对植物作用时，发现这种有机材料竟然有两个熔点：在 145.5℃，胆甾醇酯先熔化成一种混浊的液体；继续加热到 178.5℃，液体才成为全透明。为了弄清"两个熔点"的难题，他把这种神奇的材料寄给德国卡斯鲁尔大学物理教授 O. Lehman。在对这种材料充分研究后，O. Lehman 认识到，混浊态，即介于"两个熔点"之间的胆甾醇酯是一种物质存在的新态——液晶。液晶这一术语代表着复杂流体或者软物质中很广的一大类材料。从所含的成分是单一或者多组分而分为热致液晶（thermotropic liquid crystal）与溶致液晶（lytropic liquid crystal）。

热致液晶按照分子组织和排列宏观对称性的有序程度分为下列3种（G. Friedel，1922）：

（1）向列相（nematic）：组成的分子中心像普通流体呈无序分布，但分子的长轴（对棒状分子而言）或盘面（指盘状分子）趋于平行，表现取向的长程序。这些相的流动像普通流体，但光学、电学与磁学则是表现出与晶体联系在一起的各向异性，因此，被称为三维各向异性流体。向列相有时也叫丝状相，来源于希腊字nematic的原意。

（2）胆甾相（cholesteric）：如果组成分子具有手征性，则分子取向在空间会形成扭转螺旋结构。因此其光学特性具有强烈的圆二色性与其他光活性。胆甾相也叫螺旋相。

（3）近晶相（smectic）：组成的分子中心在一个方向具有周期序（即层状相），因而接近于晶体特性。但在每层内，分子除取向有序外，仍保留液体位置的无序，因此，被称为一维固体加二维流体。近晶相也叫层状相。

在3大类内又分为若干亚类，这是液晶作为相变理论研究领域其内容极具丰富多采的一个根源。举个例子，在1888年，Reinitzer就发现胆甾醇在液晶相范围内随温度变化呈现着色彩的变化，这个现象直到80年代才被确认为是胆甾相中的几种亚相——蓝相（blue）。近晶相到目前为止已提出了A，B，C，C*，D，E，F，G，H，H*，I，I*，J，K等14种亚相，其中打*号的相是组成分子具有手征性。液晶发现100年来，物理学家与化学家对其物理兴趣不变的原因就在于液晶不是某些特殊物质才有的物质相，而是很多物质（从分子量为10数量级的小分子到高分子聚合物）都呈现相同的液晶相。这就激励人们寻求能说明各种差别很大的系统行为相似性的统一原理，以及说明它们分子有序化与分子相互作用联系的基本相变理论。这也是液晶物理学家 P. G. de Gennes 1991 年获诺贝尔奖的成果的精髓，他证明从超导电性、液晶有序、与高分子聚合物的相变存在着统一的理论，这就是他倡导的软凝聚态理论。

以上所说的 3 大类并未包含热致液晶的全部相行为。80 年代，印度学者发现盘状有机分子在叠成柱状后，可构成新的液晶相——柱状相（column），这些分子柱可以沿柱向像液体一样相互滑动（一维流体），但在垂直于柱向的平面有六角形的点阵结构（二维固体）。发现者的代表人物、孟买液晶中心的 S. Chandrasekhar，在巴黎举行的 20 世纪物理进展兼纪念玻尔研讨会上，获得 UNESCO 尼·玻尔金质奖章。其他 3 位获奖者是圣巴巴拉加州大学的 W. Kohn，俄罗斯列别捷夫物理研究所的 V. L. 金兹堡，以及普林斯顿大学的 A. Polyakov（也是原俄罗斯理论物理学家），均是当代凝聚态与理论物理的杰出科学家。

应该指出，液晶相变理论仍然是一个没有完全理解的研究领域。其中很多属于连续相变类型，因涨落效应而呈现复杂的临界现象。尤其是在层状相存在上述已揭示的丰富相变类型，对整个凝聚态（包括固体）的二维熔化和缺陷有序变化领域出现许多独特的挑战性问题，提供了检验理论思想的沃土与激发新概念的机遇。例如，不存在稳定的二维晶格的经典理论最近正在经受近晶相液晶从 C 相到六角 H 相相变实验检验，而液晶从各向同性相冷却到近晶相产生的球、管及环状结构（液晶的焦锥织构，G. Rriedel，F. Grandjean，1910）也表现出与近年发现的笼状碳分子（$C_{60}$）、纳米碳管与碳环有极大的相似性。因此，近晶相液晶的"结晶"理论对理解碳管与碳螺管的成因有极大的帮助。这难怪 P. G. de Gennes 把笼状碳管、碳洋葱也归为液晶相同类的软材料（soft matter）。迄今为止，几乎所有的液晶都是由有机分子组成的。90 年代以及下一世纪的挑战性课题是寻找无机液晶。

## 2.2　液晶平板显示

自 1888 年以来，虽然人们早就知道液晶，但液晶研究的第一个高峰期（1933 年法拉第液晶研讨会为标志）只持续很短的时间。液晶研究在第二次世界大战结束时几近消失。只是到了 70 年代起，人们才对其物理学性质产生极大兴趣，其导火线是美国 RCA 公司的 G. Heilmeier 对液晶在电场作用下的流动不稳定性用于显示技术的发现，在 *IEEE Trans. Electron Devices* 1976 年 ED-23 卷第 7 期（美国独立 200 周年纪念号）第 780 页上，Heilmeir 曾以论文"液晶显示：一次交叉学科研究实验的结果"，回忆与评述了他认为"可写成一本小说"的液晶显示技术的发现与后来被生产部门窒息的"悲壮"历程。这个发现虽然未得到 RCA 生产部门的重视，但却影响了当时在 Heilmeier 小组从事理论研究的德国物理学家 W. Helfrich 对液晶显示的研究热情。液晶显示的工业化正是在 Helfrich 回欧洲不久与 Schadt 于 1971 年提出液晶扭曲场效应（TN）模式后迅速实现。1996 年夏天，Helfrich 曾对笔者说过，他在 RCA 曾经向 Heilmeier 建议过 TN 模式，但未得到采纳，这件事大概是美国与液晶显示工业技术失之交臂的原因之一，世界上首屈一指的液晶显示厂家——日本夏普公司有关液晶史的研究人员特地到柏林去向 Helfrich 询问过此事。液晶分子在弱电场（1 伏特量级）控制下改变其取向从而改变薄仅几微米液晶层的光学特性，从而实现有史以来最省电的平板显示技术，显示出与运算半导体集成电路在功率与电压上直接匹配的现代仪表、计算机的最佳搭挡。没有液晶显示，就不可能有当今信息时代涌现出的笔记本电脑、移动电脑终端、汽车雷达卫星定位系统和多种平板飞机航空仪表。液晶平板显示市场已经与阴极射线管相匹敌，达到几百亿美元的市场。

在改进液晶显示的视角特性、响应速度以及与有源半导体驱动短阵（TFT）的匹配进程中，凝聚态物理学家有许多挑战性的课题可以研究，这也是 *Phys. Rev. E* 从 1995 年 7 月起把液晶从复杂流体栏目单列出来的原因。在物理学的许多传统专业处于萎缩或不景气，毕业生找工作难时，液晶物理则是日益被看好的专业。美国《今日物理》增刊《工业物理》1995 年 7 月号的首目就是《平板显示器的职业展望》。该文指出，有源笔记本电脑的液晶显示器市场在 1994 年达到 40 亿美元，而到 2000 年将达到 200 亿美元。因此，液晶显示技术从研究到生产将对物理专业的学生提供可观的就业机会。

但可惜的是，除 1978—1985 年，我国少数几个大学的物理系有过液晶专业外，到 80 年代后期，几乎没有一个物理系有液晶专业（中国科学院长春光学精密机械与物理研究所似是唯一有液晶物理的研究生专业）。近年来，我国各地自建与引进三十几条液晶生产线，但水平都是工艺较落后的无源 TN 与 STN 的分段式数字显示屏，产值在日、韩之下，吉林省最近正在为引进 TFT 液晶显示技术而努力，但要在 2000 年前生产中国自己的 TFT 液晶屏仍然有许多困难，最困难的不是缺乏资金，而是缺少液晶物理人才。不过，以清华大学化学系开发与培育出来的液晶材料则有很强的国际竞争力，英国最大的液晶材料公司（BDH）最近在关门声明中指出，它们的停产是由于受到东南亚与中国同行竞争的压力。

液晶显示是液晶科学交叉学科性的又一个例证。合成适用于室温的液晶材料是 70 年代物理学家与化学家密切合作的产物。室温液晶被认为是本世纪技术进步的重大发现之一，因此，发明者英国化学家 W. Gray 于 1995 年获得京都技术进步奖（五千万日元）。日本电子工业界能透过欧美液晶学界的原理发现而垄断液晶显示技术是发挥了企业科技研究中理论与工程技术相结合的特长。日本之所以能在多项技术上与欧美抗衡，完全取决于日本产学研的紧密配合与求实轻名的工作作风。日本有几百人在研究液晶显示技术，但并不急于组织什么学会，作为日本学术振兴会信息科学有机材料一个小委员会领导下的学科组织，液晶工作者只是在日本应用物理年会中有机材料的分会中交流报告，直至受国际液晶学会委托筹备 2000 年世界液晶大会，日本于前年才有液晶学会一说。在国际上，液晶显示技术的研究正在带动着新的物理与化学专业。液晶盒表面处理、多畴液晶器件（为改善视角特性的措施）的光学设计、用铁电液晶无源矩阵代替有源的 TFT 等是当前液晶显示技术原理研究的热门课题，需要探讨复杂流体的光学、电学、弹性和黏滞性质。而这些正是软凝聚态物理的范畴。所以与其他国家相反，日本正在增加物理的研究经费，新任文部相也选了东京大学的一位物理学家担任。许多过去以硅半导体为命根子的电子学系，这几年都更名为电子学与物理学系（如东京工业大学与大阪府立大学等）。尽管日本于 1997 年已推出无源矩阵的铁电液晶彩色显示的笔记本电脑，但完整的铁电液晶连续流体弹性理论仍然是凝聚态物理学家有趣的追索目标。

## 3　生物膜液晶模型

生物结构与液晶联系可追溯到 19 世纪中叶。对细胞学说创立有重要贡献的 Virchow 早在 1854 年就发现神经细胞髓磷脂溶液具有偏光性（即液晶特性）。Lehman 在发现液晶后不久，即撰文叙述液晶在生命科学中的重要前景。许多生物学家在液晶研究早期都对此发表过评论。在 1933 年的法拉第液晶讨论会上，生物结构的液晶特性便正式提出来讨论，而研究液晶的科学家本身就是著名生物学家也不少见。如发现近晶相液晶焦锥结构的 F. Grandjean 就是一位著名的发育生物学家。胚胎学家李约瑟就曾把哺乳动物发育过程中肢节轴索的诞生与液晶相变产生的几何拓扑结构联系在一起。50 年代，生物学家便出版专著论述肌肉组织与细胞结构所显示的液晶各相相似的分子堆积结构。因此，在 1965 年召开的第一届国际液晶会议上，生物结构的液晶性质便正式成为独立议题。1974 年第 5 届国际液晶会议上，人们特别把生物膜与溶致液晶联系起来，随后出版了《溶致液晶与生物膜》与《液晶与生物结构》两部专著（有中译本）。以后，3 年一届的国际生物物理大会与 2 年一届的国际液晶大会常在同一城市联袂召开。液晶学家愈益关心涉及生命科学在近 20 年来已是一个时尚。在这一领域里，物理学与化学，甚至与生物学之间的传统界线已经变得模糊，其中最典型的是表现在液晶生物膜模型研究上。

生物学家公认的生物膜流体镶嵌模型（Singer，Nicolson，1972）认为膜糖蛋白是浸在二维脂类双亲分子液体膜中，如果把双亲脂类分子膜当成普通流体，则蛋白分子都能在不到 1min 时间内扩散跨越细胞膜，但荧光漂白实验显示，蛋白质在膜上扩散的本领比自由扩散所预期的少许多个数量级。把生物膜当成普通液体膜的另一个困难是无法解释为什么人的红细胞是双凹碟形而不是其他几何形状。从拉普拉斯液体膜泡定律出发，几何学家 Alexandrov 在 50 年代证明，平衡的液体膜泡只有一种形状——正球形。因此从高尔基体到细胞膜泡所显现出来的生物膜泡结构的奇形怪状确实证明生物膜不是普通流体，而是液晶。

发明液晶显示 TN 技术的 W. Helfrich 是生物液晶模型定量理论的创立者（1973 年），这在 de Gennes 1991 年诺贝尔物奖演讲"软物质"一文中特别指出过。事实上，美国 90 年代大学分子生物学教科书中关于红血球形状的论述中已有采用 Helfrich 的液晶膜曲率弹性理论（R. J. Nossal，Molecular and Cell Biophysics；Addison-Wesley，1991）。根据这个理论导出的膜泡普遍方程（1987）也被称为流体膜的广义拉普拉斯方程，并解析地给出红血球双凹碟形解（1993），尤其是 1990 年该方程预言了半径比为 $\sqrt{2}$ 的生物膜环形结构，并迅速得到不同实验室的证实，环形结构实际上是近晶相液晶焦锥结构的体现。

根据生物膜是液晶的线索，生命科学中许多困难的问题，如细胞膜的融合，蛋白质在膜上的奇异扩散及定域成帽现象，以及细胞分泌的胞吐与内吞现象正在一一得到理性的研究。尤其是以胆甾相液晶相似所建立的手征分子生物膜理论（1990）对 1984 年以来实现的生物手性分子的自组装螺旋结构给出符合实验的解释，并被物理学家与病理学家联合应用去研究胆结石的螺旋结构［见 S. Komura and Ou-Yang Z. C. Phys. Rev. Lett.，81（1998），473］。

液晶相的拓扑缺陷和相变都与膜融合的机理有关。液晶显示技术原理——电场引起分子重排与堆积变化——在基因和药物用生物膜泡包裹传递中将异常重要。外加电场（由蛋白质或药物分子带来）诱发膜融合，并推动蛋白质的移动，这些都是液晶生物膜动力学理论大有可为的挑战性课题。由美国国家研究委员会组织的大型调查报告《90 年代物理学：学科交叉和技术应用》分册中，特别在生物物理学一章中指出："层状液晶提供了可以研究膜相互作用、局部缺陷和相变的有用的膜模型系统。它们类似于一叠完整的膜，中间被薄层的水分隔开。这里可以应用相变的现代物理学理论。膜上分子的迁移率也会由像液晶里那样的相变而发生深刻的改变。在现在公认的膜融合、克分子渗透压浓度控制和酶调节等过程的机制中，都涉及到与带电磷脂有相变相联系的膜缺陷。"

国际生物学界正在日益接受物理学家对生物膜的研究观点与结果，例如，欧洲（North-Holland 出版社）学术界正在组织编写一套计划有 12 分册的《生物物理手册》，其第一分册《生物膜结构与动力学》是由研究膜的物理学家 R. Lipowsky 与生化学家 E. Sackmann 共同主编的，并已在 1995 年出版，其中第八章 "Morphology of Vesicles" 全面介绍了 Helfrich 液晶生物膜理论的研究结果，其中包括我国理论物理学家的若干结果。我们特别推荐阅读该手册总编在前言中所阐述的生物物理的交叉学科的含义，即生物物理是生物与物理两个学科共同兴趣的领域。在上述美国《九十年代物理学：学科交叉和技术应用》一书中的生物物理一章中的结论和建议"也指出："由于复杂合作系统的基础物理研究所达到的高度复杂性，已到了能把生物学系统作为物理学中的基本问题开展讨论的程度，纯物理学已经成为这类中心（指生物物理交叉学科中心）的重要组成部分。"事实上，现在 *Nature* 与 *Science* 关于生物技术与生命科学的许多文章都是跨学科研究的产物。在 1998 年 7 月 3 日 *Science*（Vol. 281，p. 78）发表一篇关于由离子化磷酯- DNA 复合体反六角相组成 DNA 跨膜传输的论文是由出自同一大学 3 个系（材料、物理与生物化学）的作者共同完成的，全文只有一个数学公式——Helfrich 生物膜弹性能公式。从 1971 年发明 TN 液晶显示，1973 年提出生物膜理论，1976 年第一个获得欧洲物理学会凝聚态物理学最高奖——惠普奖，1993—1996 年获得亚琛-幕尼黑技术与应用科学奖、法国国际技术科学创新大奖（M. Hennessy-L. Vuitton）、胶体化学会奖和德国物理学会奖（Robert-Wichard-Poh1），人们不难看到，液晶或者说软凝聚态物理给于 Helfrich 的机遇有多大！我相信 Helfrich 于 1973 年提出生物膜理论时，并没有去向生物学家求认同，从 1973 年迄今，他一直挂靠在柏林自由大学的凝聚态物理所，他的专业——生物物理也直至最近上 Internet 网页时才加上。但靠他的交叉与创新意识，他在信息、化学与生物科学都做出了实质性的贡献。开头我们提到的 *Physica A* 所列的软凝聚态物理内容——液晶、生物膜、膜泡正是 Helfrich 这 30 多年来的工作线索。因此，当我们怀着"临渊羡鱼"的态度看着老一辈物理"结论和建议"也指出："由于复杂合作系统的基学家的成就时，我们应该想一想"退而结网"的础物理研究所达到的高度复杂性，已到了能把生物学系统作为物理学中的基本问题开展讨论的程度，纯物理学已经成为这类中心（指生物物理交叉学科中心）的重要组成部分。"事实上，现在 *Nature* 与 *Science* 关于生物技术与生命科学的许多文章都是跨学科研究的产物。在 1998 年 7 月 3

日 *Science* （Vol. 281，p. 78）发表一篇关于由离子化磷酯- DNA 复合体反六角相组成 DNA 跨膜传输的论文是由出自同一大学 3 行动。在下一世纪到来之前，想一想如何在物理、化学、生命科学的交叉领域中做别人不能做的工作。本世纪我们在基础研究的方方面面与欧美相比是落后的，但我们应该抱有在下世纪赶上他们的雄心壮志，这也是古人所说的"东隅已逝，桑榆非晚"。

**致　谢**　本文得到韩汝珊老师的帮助，特表感谢。

本文原载于《物理》，1999，28（1）：15

# DNA 单分子弹性理论

◆欧阳钟灿

## 1 引言

20 世纪 90 年代以前，对细胞内生物大分子的物理、化学性质的研究，都是根据集群（ensemble）测量得出的，这只是反映大量（bulk）分子的平均行为。最近十年，这种"试管生物物理"有了革命性的进展，由 20 世纪 80 年代物理学家发明的单分子操纵技术，如由隧道扫描显微镜（STM）开发出来的原子力显微镜（atomic force microscope，AFM）、光镊（optical tweezers）、流场拖曳（hydrodynamic drag）、磁钳（magnetic tweezers）等，人们已经可以对单个生物大分子施以力或力矩（如磁钳），并测量它们的物理性质（如 DNA 弹性、蛋白质的力学变性等）及力学生化反应（如分子马达）。分子马达是那些能够利用化学能来做功的生物

欧阳钟灿：中国科学院理论物理研究所研究员，中国科学院院士，发展中国家科学院院士。研究领域：理论生物物理及其交叉学科。

大分子的统称，它们包括肌球蛋（myosin）、驱动蛋白（kinesin）、RNA 聚合酶（RNA-polymerase）和拓扑异构酶（topoisomerases）等。1993—1994 年期间，三个小组（Block S，Spudich J 和 Yanagida T）首次测量肌球与驱动蛋白的单分子马达力信号。1997 年，Kinosita K 领导的小组看到了单个 ATP 酶（$F_1$-ATPase）分子中的 γ-亚单元在"生物燃料分子"三磷酸腺苷（ATP）供应下的"步进电机"式转动，即 360°是由三次 120°完成，而 120°转动是由 90°加 30°两个档级进行的。这些单分子实验克服以往"试管试验"的两个根本性弱点，静态不整（static disorder）与动态不整（dynamic disorder），而给出分子实时行为与性质的分布，避免了对集群测量苛刻的同步（synchronization）要求。利用单分子技术研究酶的催化反应已可以把底物结合、水解或其他催化步骤区分开来。酶促变量（如催化速率等）作为时间的分布函数的积分同时也 给出了集群的性质。虽然大多数集群性质可由其单分子数据平均得到，但反之不成立。如 DNA 的解链（unzipping）、蛋白质的折叠（folding）是不可能由集群性质得到。除了单分子操纵，单分子实时视见（visualizing in real time）也是近几年单分子生物学的发展热点。在细胞活体（in vivo）研究中，荧光蛋白（GFP 和 DsRed）的发现开辟了荧光单分子检测（fluorescence singlemolecule detection）的新领域，并涉及物理光学的最新技术，如近场扫描光学显微镜（near-field scanning optical microscope）和广野显微镜（wide-field microscope）等。

## 2　皮牛顿力学

生物大分子（如分子马达）运动或转动主要靠 ATP 水解获得能量。一个 ATP 分子水解能约 $20k_BT$，这里 $k_B$ 是玻尔兹曼常数，$T$ 是温度，$k_BT = 4 \times 10^{-12}$J，分子马达移动尺度约 10nm（1nm $= 10^{-9}$m），因此一个 ATP 驱动的力约为 5pN（皮牛顿，1pN $= 10^{-12}$ N）。在

DNA 解链实验中,需要打开互补碱基对的氢键(hydrogen bonding);在蛋白质变性(去折叠)实验中,涉及氨基酸残基间"非共价"的键,以及疏水(hydrophobic)作用;它们所需的力约在 100pN 范围。蛋白质分解、DNA 和 RNA 酶切涉及断开共价键,所需的力是最强的单分子力,约 1000pN。但这对于无生命的固态物理实验,只相当于在 0.1nm 晶格做 1eV 功所需的力。因此说,单分子生物物理所需的力是非常微弱的力,其检测实现要晚于固态物理是可以想见的。

在对 DNA,RNA 拉伸时,这些生物高分子的一端固定在固体表面,另一端联结在一种力敏感单元(force sensor),它们可由 AFM 或光镊直接施力操纵,它们可能是微米大小的颗粒或悬臂(cantilever),测量其位移便可确定生物大分子所受的力。AFM 的悬臂可测量到 1 毫秒时间内 0.1nm 的位移及大于 10pN 的力。一般的 AFM 玻璃微丝在体积上大于悬臂,因此时空分辨率不如后者,但其测力精度可达到皮牛顿或 0.1pN。光镊可测到亚秒时间内的 pN 力与 nm 的位移。由巴黎高等师范学院统计物理实验室发明的磁镊技术的力敏单元是一种磁性颗粒,因此垂直移动磁场或旋转磁场可同时对生物大分子施加力与力矩。DNA 单分子的力学实验表明,在分子尺度上理解生物大分子的生化过程,力与能量是同等重要的结构与功能参数[1]。例如,在基因调控与表达时,酶对 DNA 要施加皮牛顿的力才能完成其生物功能[2]。因此理解 DNA 单分子在外力作用下的弹性应变成为理论生物物理的一个挑战性的课题。

## 3 DNA 单分子弹性理论

对双链 DNA(dsDNA)、单链 DNA(ssDNA)以及 RNA 二级结构的单分子力学实验的理论解释已带来高分子物理的一场革命,生物高分子不同于传统高分子,具体表现在:序列的非均匀性、序列之间相互作用的特异性、以及序列高级结构引起的序列之间的"远程作用"。这里的"远程"不是空间意义上的远距离作用，而是由于高分子链随机弯曲而使沿链相隔甚远的序列在空间变成近邻的相互作用。这种复杂相互作用，使得生物大分子的单分子力学（无论是平衡还是远离平衡）都带来一些基本的统计物理新问题。但不管怎么说，一条高分子链 的自由能（$F=U-TS$）是由内能 $U$ 与熵能（$-TS$）组成的，这里 $T$ 是温度，$S=k_{B}\ln\omega$ 是构形熵，$\omega$ 是构形数。如果单分子力还不能引起共价键的破坏，则其影响的仅是熵能的改变。显然，如果链的首尾端距很小，这时的链有无数的构形（$S$ 大，其自由能低）；如果首尾端距增大，则构形数必定减少（在极端的直链情况下构形只有一种），即自由能升高。因此用单分子力拉伸生物高分子的过程会像拉弹簧一样增加链的自由能，因此$-TS$ 也叫熵弹性能。由于生物大分子的序列有关的复杂性，这种熵弹性已经不是诺贝尔奖得主 Flory 发展起来的传统高分子理论，如高斯链（Gaussian chain）、自由连接链（free jointed chain）及虫链（worm-like chain）等模型所能描述。例如，dsDNA 单分子拉伸实验曲线在 70pN 左右出现一个上述理论无法解释的阶跃伸长平台，其伸长量达到 1.7 倍 DNA B 形式的长度，被称之为超伸展形式，即 S 形式[3]。DNA 的 B 形式即沃森与克里克于 1953 年发现的 DNA 双螺旋标准形式。软物质倡导者、诺贝尔物理学奖得主 de Gennes 在对朱棣文的 DNA 单分子流场拉曳实验结果评论时，特别以"分子的个人主义（molecular individulism）"刻画了这种不可捉摸的弹性行为[4]。

为描述双链 DNA 外力作用下的 B→S 结构相变，我们于 1999 年提出 dsDNA 的梯子模型[5]：DNA 是由许多碱基对（梯子的横杆）连接两条聚核苷酸虫链（梯子的两侧）形成的高分子；DNA 的双螺旋结构是由于碱基对的堆积作用（吸引势）形成的。由于单个 DNA 分子从宽度上看是纳米尺度的微观客体，但从其长度（从微米到米）看是宏观客体（如人体细胞核的染色体在 B 形式约 2m 长，而百合花染色体则达到 20m），因此一个分子就是一个统计系综。其力/拉伸曲线就是对 DNA 无数构形的统计平均。如果把 DNA 每个构形当成运动粒子的空间轨迹，把高分子的弧长与时间对应起来，则 DNA 高分子在外力 拉伸过程中可以用粒子在力场作用下量子力学的路 径积分加以描述，其格林函数满足一个有趣的薛定谔方程（时间变量换为弧长变量，普朗克常数与 $k_B T$ 对应），求出方程的基态波函数，并对"伸长算符"进行波函数积分，我们算出了符合实验的拉伸曲线（图 1），得到国外同行的重视[6]。DNA 的结构相变可以由"量子力学"波函数来描述是一个有深远意义的启示：许多不可思议的基因复制过程或许可以对应着"量子激发态"的跃迁，例如右旋 DNA 到左旋（$z$-DNA）的跃迁[7]。

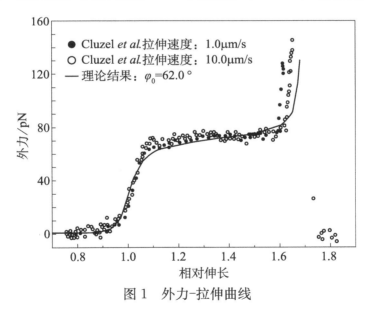

图 1　外力-拉伸曲线

在双链模型进展的基础上，我们从 2000 年起转入更困难的力作用下的 DNA 单链-发夹结构相变研究，这更涉及到 DNA 在基因复制与调控的结构相变过程。这时的链是非均匀的（有单链和双链混合，见图 2），即 DNA 的每对碱基都可以处在未分离（发夹态）或打开（单链）两种状态之一，即 DNA 可视为 2 种单元组成的杂化高分子链，因此不能用处理双链的连续的路径积分格林函数方法描述，我们转而用描述分立的杂化高分子链统计理论的母函数方法[8]来计算非均匀结构的单链 DNA 弹性行为，得出与实验符合的外力引起的解链相变结果（图 3）[9]。

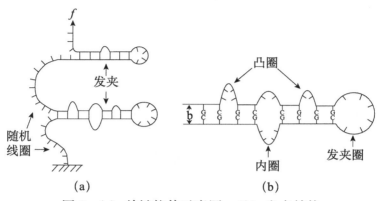

图 2 （a）单链拉伸示意图；（b）发夹结构

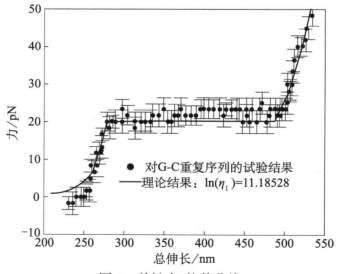

图 3 单链力-拉伸曲线

为更接近于生物实验，我们进一步把溶液离子浓度德拜-休客尔（Debye-Hükel）静电势引入 DNA 弹性自由能，利用蒙特卡罗方法模拟获得 DNA 分子的熔解（双链分离）相变依赖离子浓度的定量模型[10]。这个模型已为法、美实验工作者应用于分析他们的实验[11]。

## 4 肿瘤抑制蛋白 p53 识别序列 DNA 微环弹性

DNA 单分子弹性力学研究不仅仅是单纯描述这类系统的复杂熵弹性行为，而且要深入探讨其在生物功能中的作用，主要是 DNA 与蛋白质的相互作用。一个典型的例子是 1993 年发表在 *Science* 的年度分子抑癌蛋白质 p53 对细胞生命周期的调控。当生物体的细胞受到可破坏其 DNA 分子的病毒入侵时，p53 蛋白就被激活，被激活的 p53 蛋白能识别超过几十种不同 DNA 反应单元并捆扎到它们上面，使这些反应单元出现局域的大的形变，导致受损染色体的再 分裂过程终止，以确保病毒改变了的信息不会被传递和放大。实验表明，p53 和 DNA 结合的亲和度，特别是其结合专一性主要由相应 DNA 序列的可形变性而不是序列本身决定；把 p53 捆扎到 DNA 序列上去要在这些反应单元上产生很大的弯曲形变，所以这些特定的反应单元必须是非常柔软的。深入了解这种识别与捆扎的物理化学机理，一直是一个具有挑战性的问题。美国亚里桑那州立大学实验工作者把这些有关序列用 T4 DNA 连接酶催化链接，反应形成形状各异、长度为几百个碱基对（bp）的微环，然后用原子力显微镜（AFM）观测其构形。1997 年他们发现有一类序列（A-trac）的微环呈平面多边形（kink）变化（Nature，1997，386，563），本文作者的研究组在国际上首次用单分子弹性解析这种现象[12]，引起对方重视，随后对方通过 Internet 寄来 125 个另一类序列（WAfl）构成 168bp 长的微环的构形实验测量数据包，要求我们作理论分析。这些构形呈现复杂的非平面弯翘变化。我们的理论工作分为两部分：第一，算出这 125 微环在几何上可分为两类，其平均扭曲数分别为 0.109±0.01 和 −0.098±0.011；第二，从单分子两项弹性能（弯曲与缠绕）出发计算出的平衡翘曲构形的平均扭曲数与上述观察数据符合很好，而且发现 Wafl 的弹性模量只是通常随机序列的 1/3，这种由序列变异引起的柔软性是 p53 可以识别并绑上变异位点而阻止致癌染色体分裂的物理机制，结果得到美方的高度赞许，合作论文以中国科学院理论物理研究所作为第一单位，对方物理系（Lindsay S M 小组）与生物系（Harrington R E 小组）为第二、三单位在重要的 JMB 杂志发表[13]。

## 参考文献

[1] Allemand J F et al. Proc. Natl. Acad. Sci. USA，1998，95：1415；Beyer M et al. Science，1999，283：1727

[2] Henger M，Smith S B，Bustamante C. Proc. Natl. Acad. Sci. USA，1999，96：10109；Léger J F et al. Proc. Natl. Acad. Sci. USA，1998，95：12295；Wang M D et al. Science，1998，282：902；Yin H et al. Science，1995，270：1653

[3] Cluzel P et al. Science，1996，271：792；Smith S B，Cui Y，Bustamanta C. Science，1996，271：796

[4] De Gennes P G. Science，1997，276：1999

[5] Zhou H J，Zhang Y，Ou-Yang Z C. Phys. Rev. Lett.，1999，82：4560；Phys. Rev. E，2000，62：1045；Zhang Y，Zhou H J，Ou-Yang Z C. Biophys J.，2000，78：1979

[6] Clausen-Schaumann H et al. Curr. Opin. Chem. Biol.，2000，4：524；Krautbauer R，Clausen-Schaumann H，Gaub E. Angew. Chem. Int. Ed.，2000，39：3912

[7] Zhou H，Ou-Yang Z C. Mod. Phys. Lett. B，1999，13：999

[8] Lifson S. J. Chem. Phys.，1964，40：3705

[9] Zhou H，Zhang Y，Ou-Yang Z C. Phys. Rev. Lett.，2001，86：356；Zhou H，Zhang Y. J. Chem. Phys.，2001，114：8694

[10] Zhang Y，Zhou H，Ou-Yang Z C. Biophys J.，2001，81：1133

[11] Dssinges M N et al. Phys. Rev. Lett.，2002，89：248102

[12] Zhao W，Zhou H，Ou-Yang Z C. Phys. Rev. E，1998，58：8040

[13] Zhou H et al. J. Mol. Biol.，2001，306：227

本文原载于《物理》，2003，32（11）：728

# 物理：从 IT 到 ET

◆欧阳钟灿，周善贵

目前，人类社会的发展面临着很多亟待解决的问题，包括能源问题、环境问题、生态问题等。从能源的角度看，"能源是人类生存和发展的基础，也是当今国际政治、经济、军事、外交关注的焦点"[1]。由于石油、煤炭等化石能源日渐枯竭，而新的能源体系尚未建立，这将对交通运输、工农业、国防等方面的发展造成一系列问题。同时，这些传统能源的大量使用，不可避免地会对人类生存的环境和生态造成严重的破坏。

2008年，何祚庥院士在《物理学和调整能源结构》一文中指出："现在世界石油资源面临枯竭，煤和天然气呈现短缺，将出现世界性的能源危机。我国去年遭遇严重雪灾，为中国未来可能出现的能源危机，提前发布了'警报'！我国再不能仅依靠'节能减排'来缓解能源的紧张；而必须大力调整能源结构。用新能源，用'核

欧阳钟灿：中国科学院理论物理研究所研究员，中国科学院院士，发展中国家科学院院士。研究领域：理论生物物理及其交叉学科。

周善贵：中国科学院理论物理研究所研究员。研究领域：原子核理论和量子多体理论。

能＋可再生能源',取代煤、石油、天然气等化石能源。"[3]为应对全球环境和能源的严峻形势和挑战,未来物理学究竟应该如何定位和发展?是继续为 IT(信息技术)服务还是从 IT 转向 ET(环境与能源技术),本文将就此问题进行探讨。

## 21 世纪物理学必须面对能源和气候问题

21 世纪:物理学从"大科学"向"小科学遍地开花"转变;半导体发明促成人类进入信息技术时代,人类期待能源无虞的原子能时代没有到来,反而面临能源短缺气候变暖;研究经费向再生能源、可持续能源研究倾斜。

20 世纪无论从哪个角度看,都是物理学带动世界科学技术大发展的时代。内燃机、电气化、无线电、飞机是 20 世纪头十年世界技术进步的象征,它们都是基于 19 世纪物理学基础研究的成就发展起来的,如气体统计物理热力学、麦克斯韦的电磁场理论、流体力学等。它们大大地解放了人类的生产力,提高了人类的生活水平。

20 世纪初期,物理学的两大发现,普朗克的量子论与爱因斯坦提出的相对论更是为人类向自然索取提供了无限可能性,爱因斯坦的质能关系:$E=mc^2$,使我们懂得一火柴盒的铀释放的能量超过好几列火车的煤。但是,20 世纪并没有带给我们憧憬的不用为能源发愁的原子能时代,第二次世界大战及其结束后持续多年的冷战,把最优秀的物理学家几乎全部集中到国防及武器装备有关的研究,如超音速飞机、人造卫星、宇宙飞船、雷达、激光、计算机、核裂变、聚变等,20 世纪物理科学的尖端技术无不带有这种背景。在这种集中支持架构下,如美国国家航空航天局(NASA)与能源部(DOE),带给基础物理研究"大科学"的特点。但冷战结束后,大科学的统治地位受到挑战,美国超导超级对撞机(SSC)的废止是一个例子。而这种趋势到 21 世纪愈演愈烈,费米实验室在 2007 年遭到一次巨大打击,甚至准备裁员 200 人。在美国国会 2008 年度财政拨款中，国际直线对撞机（ILC）的研发经费比预期减少了75％，这些经费转而投入可再生能源、清洁煤燃烧等方面的研究。而从 2007 年 10 月到 2007 年底，负责 ILC 设计的费米实验室已经花完了剩下的 25％经费。同时受到影响的还有美国斯坦福加速器中心（SLAC）的 B 介子工厂，它将比预计提前 7 个月结束取数。在2008 年度的预算中，美国国会不顾总统提出的不增不减的预算需求，坚持将再生能源、能源效率和核能的研发经费增加 30％，达到约 13 亿美元；清洁煤和其他化石燃料的研发经费增加了 13％，达到 5.57 亿美元。然而，尽管核能项目的总体经费有所增加，布什总统提出的"全球核能合作计划"的预算请求却被削减一半以上，只获得了 1.81 亿美元，该计划旨在促进核废料的回收处理研究。能源部科学办公室也深受打击，虽然其总体科学经费增加了 4.6％，达到 40 亿美元，但绝大部分增加额均用于超级计算机和生物学研究。国会不仅扣留了能源部承诺为国际热核聚变实验堆（ITER）提供的 1.6 亿美元经费，而且还大刀阔斧地将 ILC 的经费从 6000万美元砍到 1500 万美元。另外，英国也从 ILC 的研究中撤出。美国国会 2008 年度财政拨款还同时撤出了 ITER 项目中美国应承担的部分。这是为什么？

答案是显然的：投入大量经费、依靠大科学的核裂变、聚变的研究，进入新千年仍然没有给人类带来能源无虞的原子能时代，相反，2005 年 2 月签署的二氧化碳减排的《京都议定书》，2007 年底的联合国巴厘岛气候变化会议，以及由美国前副总统戈尔与联合政府间气候变化专家小组（IPCC）分享的 2007 年度诺贝尔和平奖——"人类只有一个地球"，进入 21 世纪的头 10 年的一系列牵涉所有国家的环境气候变化问题都能让人感到，人类生存环境的问题愈来愈成为世界关注的焦点。在确保能源供应无虞、促进经济持续增长及环境保护议题上，现今科技还无法提供必要解决方案。能源不仅对中国而且对世界每个国家都极其重要。在人类未来 50 年所面临的十大问题中，能源首当其冲。如果世界人口以目前的增长率继续增长的话，到 2050 年世界人口将从现在的 63 亿增长至 100 亿。世界每天都在使用越来越多的能源，我们正在耗尽地球的能源。因此，必须采取果断的行动来改变这种现状。不能仅仅从经济利益出发使用现阶段相对廉价的化石燃料，而应该从保护资源和环境的考虑出发，尽量少地使用化石能源，尽可能使用无污染的可再生能源。

## 物理学在应对环境和能源的挑战下应该如何发展？

21 世纪物理学的发展目标就是国际纯粹应用物理联合会（IUPAP）的观点——物理要研究有关能源和气候问题。2007 年，IUPAP 副主席陈佳洱院士从巴西带回了一封 IUPAP 主席关于能源问题的公开信，其中提出物理学要注意两件世界大事：能源短缺和气候变暖，认为物理学如果不参加进来，将很可能被边缘化。IUPAP 在其关于能源和气候问题的报告中专门提到中国、印度、巴西的经济发展对世界能源的压力。2007 年 10 月，北京大学甘子钊院士提出一个建议：物理学已经为 IT 服务了 50 年，但是现在要从 IT 转到 ET，即服务于能源（Energy）和环境（Environment）科技。两弹一星功勋奖获得者彭桓武先生在去世前最关心的问题就是能源，认为物理不能只关注纯粹的理论，还要关心国家需求，1990 年，他在《物理》杂志发表文章就预测 21 世纪物理两大发展方向之一，就是发展核聚变。何祚庥院士也为发展我国可再生能源呼吁了多年。在 2008 年院士大会的报告中，他对 ET 的"E"意义还进行了扩充，加了生态技术（Ecology Technology），并提出归根结底是经济（Economy），即物理学要服务于经济建设。

为什么这些年过七八十的老一辈物理学家对能源问题这么倾心，而多数年轻的物理学家对此少有关心？这里用得着诺贝尔物理学奖得主 P. 安德森在《20 世纪的物理学》一书第 28 章"20 世纪物理学概观"的一段话来解释："与二战后早期研究学者出于好奇心执著于发现自然奥秘的人生观已截然不同，尤其是 20 世纪最后 10 年，年轻研究者的竞争已失去科学发现本质的客观公平判断，代之而起的评价标准是获取科研经费的多少，在《物理评论快报》（*Phys. Rev. Lett.*）发表论文，在《自然》、《科学》及《今日物理》（*Physics Today*）新闻栏目被报道，就是赢家。"在这种利益驱动的"量化"评价压力下，很难让年轻人去思考，去从事真正重要的研究项目。由此可见，SCI 并不是专门的"中国人的愚蠢指标"。要使青年研究者从 IT 到 ET 转变，就一定要打破 SCI 的紧箍咒。

## 2008 年以来物理学界与能源问题有关的动向

物理学从 IT 到 ET 是否真代表 21 世纪物理学的研究大方向？物理学是否真能作为解决能源和气候问题的带头学科？

从 2008 年以来与物理学界有关的几个动向可以给出正面的回答：

2008 年 12 月：新当选美国总统奥巴马的表现让许多物理学家和环境保护主义者感到高兴，他任命诺贝尔奖得主朱棣文为能源部部长。朱棣文曾因在用激光冷却捕获原子方面的贡献赢得了诺贝尔奖，并且坚定地认为人类行为改变了气候。朱棣文肯定会发展不产生大规模温室气体的能源。奥巴马也任命了物理学家约翰·霍尔德伦（John Holdren）做总统科学顾问。这两项任命都表明奥巴马对物理学家解决气候变化和能源问题作用的重视。奥巴马表示："科学从没有像今天这样，成为了我们星球存在和国家安全与繁荣的关键。"

物理学家朱棣文被任命为美国能源部部长，说明应对气候、能源问题，不仅是气象局或石油煤矿部门与能源局的问题，而是要从基础研究入手，具有全新思维，进行多学科合作。作为物质科学的带头学科，物理学有义不容辞的责任。朱棣文自从 2004 年出任能源部所属的劳伦斯·伯克莱国家实验室主任以来，一方面鼓励科学家致力于替代能源的研究，开发降低温室气体排放的技术，另一方面积极推动与工业界的合作。朱棣文在接受能源部长提名时说："我们总是说'等到完全确定时再开口'，但是在环境问题上，等到你确定时，却为时已晚。"

美国物理联合会（AIP）2009 年 1 月正式出版研究杂志《可再生与可持续能源杂志》（JRSE），该杂志由 AIP 而不是其他科学协会出版支持了物理要从 IT 到 ET 的观点。创刊号发文指出："虽然目前可再生能源占全世界使用能源不足 1%，但大家认识到，能源供应独立性关系国家安全，为减少重要原油的消耗，降低全球气候变暖的有害性，我们必须强烈提高使用再生能源的信心，这是 21 世纪最重要的挑战之一"。目前，这个新杂志涉及的领域包括：生物能、地热能、矿物与水电能、核能、太阳能、风能、能的转换、节能建筑、能的储存、电力输送、再生能源的评估与运输。

煤与石油被排除在外是理所当然，近代经济高速发展，我们不仅用掉了祖先们省吃俭用积累的这两种能源，而且预支了属于我们子孙后代应有的部分。2008 年 11 月 9 日，美国前副总统戈尔在《纽约时报》上发表文章"变革的大气候正在形成"，文章在提出美国应如何应对金融经济海啸的具体方案的同时，严厉地批评了用"更昂贵和更肮脏的方案来增加石油产量，如煤变油，从页岩中取油，用沥青砂炼油和所谓的'洁净煤'技术"。戈尔认为，"上面的每一种方案不是太贵，就是严重污染"，戈尔甚至将"洁净煤"斥之为"只谋私利"和"自我欣赏"的技术。

## 2008 年国际上可再生和可持续能源进展

他山之石可以攻玉。在《可再生与可持续能源杂志》的与能源有关的新闻媒体报道（Energy Related News and Media Articles）栏目载有一篇凯文·布利士（Kevin Bullis）在《技术评论》杂志（2009 年 1 月 5 日）写的文章"The Year in Energy"比较权威地展现了 2008 年世界可再生和可持续能源的进展。该文一开头就告诫可再生和可持续能源的改革派千万不要因为今年石油价格的回落动摇军心而重蹈 20 世纪 80 年代的覆辙。下面是该文列出的进展及笔者的点评。

## 1. 风能发电方面

发表在 2008 年 2 月 8 日《物理评论快报》的一篇文章研究了鲸鱼的鳍状肢的空气动力学，证实仿造鲸鱼的鳍状肢来制造风机的叶片有利于提高发电效率；加拿大易路技术公司（ExRo Tech.）设计了一款可在很广风速变化而保持效率的风机，使得发电平均效率提高 50%；美国航空公司 FloDesign 风力涡轮机公司（FloDesign Wind Turbine）发明了一种新的风力发动机可以使风力发电成本降低一半。显然，流体力学、空气动力学在此大有用场。

## 2. 电动车方面

托恩化学公司（Tone Chemical），埃克森美孚化学公司（ExxonMobil Chemical）的子公司，发明了一种锂离子电池电极隔板的高分子添加材料，造出了不会爆炸的锂离子电池，这个发明的意义可与 2006 年苹果、戴尔两大电脑公司紧急召回数百万台笔记本电脑事件联系起来；电力运输公司益佳地公司（Better Place）开始在以色列与丹麦建立一个雄心勃勃的电动车电池充、换网站计划，他们计划与雷诺公司生产电动汽车配合，在以色列 50 万个路口安装充、换站，达到每 6 个停车场一个，在丹麦也大约是这个规模。澳大利亚、美国加州、夏威夷也宣布有该公司的计划。在普及电动车的瓶颈技术中，材料科学、凝聚态物理、统计物理都有用武之地。

## 3. 太阳能利用方面

麻省理工学院（MIT）的马克·玻尔多（Marc Baldo）等在

《科学》发表的一个实验结果——在玻璃板镀上高效吸收不同波长的太阳光的有机染料做集光器，染料吸收阳光后会二次发光并投射到玻璃板上的硅太阳电池单元，大大降低普通用曲面镜与透镜及机械跟踪系统做集光器的成本，使这种电池板发电能像用煤发电一样便宜。MIT 另一家名为 1366 的技术公司的科学家最近发明将多晶硅太阳能电池效率提高了 27%，其 3 项关键的发明之一是在电池表面增加纹理从而增加光线在硅板里停留的时间。多晶硅太阳能电池比昂贵的单晶硅太阳能电池转换效率低，但要便宜许多，27% 的效率提升意味着可以用较低的成本生产出与单晶硅太阳能电池效率相当的多晶硅太阳能电池。目前的太阳能电池每产生 1 瓦的电力，需要 2.1 美元，1336 的目标是，开始 1.65 美元/瓦，今后为 1.30 美元/瓦。在 2012 年左右达到 1 美元/瓦，与煤炭发电竞争。同样是在 MIT，化学家丹尼尔·诺切拉（Daniel Nocera）利用植物光合作用的方法，找到一种便宜的染料催化剂使水在光照下分解成氧气与氢气，达到储备太阳能的方法。尽管大家把新一代的太阳能电池寄托在太阳能电池的进化：如有机薄膜太阳能电池，特别是染料敏化太阳能电池（DSC），但从 2008 年上述进展来看，硅太阳能电池仍然有许多潜力可挖，主要是在集光器的研究上，中国科学技术大学陈应天提出的 4 倍体碗型集光器是一种宏观几何处理，而上述两款则深入到纳米几何及分子光物理性质，代表更先进可行的方向。如华人科学家 Peng Jiang 等在硅材料上模拟了飞蛾眼睛不反光的结构特性，从而为解决由光线反射造成的太阳能电池效率损失开辟了新的思路。过去为半导体集成电路发展起来的薄膜、表面物理、分子光学物理在太阳能利用方面是大有作为的。

## 4. 可再生能源的生命线

凯文·布利士认为如果没有一个智能化大型的输电网络，风能与太阳能发电成不了大气候。他介绍了位于原东柏林瑞典跨国能源集团大瀑布电力公司（Vattenfall）风力/火力联合变电站的经验。德国是全世界使用风力发电最多的国家，风电达到 22 250 兆瓦，约相当于 22 个煤火力电厂，满足全德 6％电力供应，Vattenfall 风力/火力联合变电站，控制了全德 41％的风力发电量。电站的工程师每天都得根据气象预报计算每天应关闭的火力电厂，欧盟委员会已决定到 2030 年将把北海和波罗的海地区另外 25 000 兆瓦的风力发电加给德国。电网越大，过载导致全面停电风险越大，如 1965 年北美大停电。德国的可再生能源发电已达到 14％，是全世界最高的，因此，与国际能源机构和国际原子能机构并列的国际性能源组织国际可再生能源机构于 2009 年 1 月 26 日在德国波恩成立，该机构旨在推动可再生能源在全球范围内的持续发展。这对美国造成了压力，新任总统奥巴马已计划在任内把美国的可再生能源发电从现在的 1％提高到 10％，到 2025 年达到 25％。而首当其冲就是美国智能化大型的输电网络的建造问题，因为它并没有德国现在具有的举国体制。2009 年 1 月 22 日出版的《自然》杂志发表了关于中国风力发电潜力的社论也认为，中国还需要显著地改进电网，并且将电网与可再生能源发展相结合。电网公司不太愿意采纳风力发电，这是可以理解的，因为风力发电不稳定且相对昂贵，所以需要刺激电网公司来接纳风力发电。这也是为什么《可再生与可持续能源杂志》要把电力输送列入可再生能源的基本研究领域，这也是近年发展起来复杂网络统计物理的应用领域。

## 5. 沙漠中没有汽车的零排放城市

2008 年 5 月间阿布扎比（阿拉伯联合酋长国之一）计划建立一个世界目前最大的可再生能源实验城，它的研究领域不但包括 IT 还包括 ET。该城市计划用 220 亿美元把所有的房顶与墙面都覆盖薄膜太阳能电池，全市交通都用无人驾驶的电池供电的电动车。

## 核能作为物理学的传统领域，是解决能源、环境与生态问题，尤其是能源问题的重要途径

"物理学的发展从来都强烈地影响着能源的发展。"[3]核能的利用和进一步开发将有助于解决人类面临的能源、环境、生态乃至经济等方面的困境。

20 世纪，核能的利用和发展对人类社会产生了巨大的影响。当前，面对能源、环境和生态等方面的困境，核能仍然是解决这些问题，尤其是能源问题的重要途径之一。首先，原子核储存着宇宙间可以释放的绝大部分能量[4]。1 千克铀-235 裂变释放出的能量，相当于 2735 吨标准煤的能量。其次，核能同风能、水能、太阳能等一样，不产生有害环境的二氧化碳等温室气体。最后，同其他能源相比，核能是目前唯一实现工业应用、可以大规模替代化石燃料的能源。以发电量统计，2006 年，核能提供了全球 16％的电力[5]。而据国际能源组织预测，即使持续地加大投入，到 2030 年，风能、太阳能、地热能等洁净能源也仅能提供全球所需电力的 6％[6]。

1942 年 12 月 2 日，恩里科·费米领导几十位科学家，在美国芝加哥大学成功启动了世界上第一座核反应堆，功率仅为 0.5 瓦。从此，人类进入了利用核能的时代。但在此后的若干年内，核能利用仅限于军事应用。到了 20 世纪 50 年代，人类开始和平利用核能。1954 年，苏联建成了世界上第一座小型的核能发电站。此后，世界上很多国家开始建造核反应堆，掀起了和平利用核能的高潮。

根据国际原子能机构公布的数据，当前全世界正在运行的核电站有 439 个[7]。2006 年，核能已占全世界一次能源消耗的 5.8％[3]，核电总装机容量为 370 000 兆瓦，生产电力占全球总发电量的 16％[5]。2007 年，核电占本国总发电量比例最高的国家是法国，为 76.9％，其次是立陶宛，达到 64.4％，斯洛伐克和比利时

也超过了 50%[7]。1986 年苏联切尔诺贝利核电站发生事故后，意大利在 1987 年经过公民投票，决定关闭、停止所有的核电站及其活动。目前，意大利是世界八大工业国中唯一不拥有核电的国家，也是欧盟国家中少数几个不拥有核电的国家之一。今年，意大利经济发展部长克劳迪奥·斯卡约拉宣布，由于核电具有"成本竞争力"，可以减少对化石燃料进口的依赖，而且它可以对气候变化引起的挑战做出重大贡献，意大利将在 2013 年前开始建设新的核电站[8]。

改革开放前，我国核电发展长期处于探索阶段，先后组织开发了高温气冷堆、熔盐堆、压水堆、钍增殖堆等技术，但一直未能实现突破。1978 年 12 月 4 日，邓小平在会见法国外贸部长弗朗索瓦后宣布："中国决定向法国购买两座核电站设备。"1982 年，经过反复论证，国务院批准建设广东大亚湾核电站。大亚湾核电站从 1987 年开工建设，1994 年建成投入商业运行。[9]目前，我国共有 11 座核电站在运行，9 座核电站在建设中[7]。2006 年，我国核能占一次能源的比重仅 0.7%。2007 年，我国大陆核电只占总发电量的 1.9%，台湾为 19.3%[7]。何祚庥先生强调，"显然需要大力拓展核能"[3]。

按 2007 年 11 月国务院批准并公布的《国家核电发展专题规划（2005—2020 年）》，预计到 2020 年，我国将建设 30 多座核电站，期望达到 4000 万～4800 万千瓦的容量，核电比重将提高到 4%。研制"两弹一星"时我国很重视核科学，后来学科慢慢萎缩，很多高校都取消了相关专业，因此我国现在人才短缺。据统计，仅核电工业每年需要约 4000 名本科以上在校学生，而目前在校生尚不足 1000 人。据日本核物理学会的统计，日本有 900 多名核物理学家，而我国可能只有日本的一半左右。在投入上，日本也是我国的 10 倍或更多。如 2007 年开始运行的日本理化学研究所的放射性核束工厂，仅一期就耗资约 4 亿美元。随着需求的增加，核科学人才培养重现生机。到 2007 年，我国已建立 20 多个核科学技术学院；同时，我国唯一的国家核物理理科人才培养基地在北京大学建立；我国第一个核物理与核技术国家重点实验室也在北京大学筹建；2009年新年伊始，中国科学技术大学也宣布成立核科学技术学院。

目前，核能利用也存在一些严重问题，主要有[10]：①资源利用率低。工业应用的是热中子反应堆核电站，虽然其发电成本低于煤电，但它以铀-235为燃料，天然铀中占99.3％的铀-238无法利用。②燃烧后的乏燃料中除铀-235及钚-239外，剩余的高放射性废液含大量放射性核素，其中有一些半衰期长达百万年以上，成为危害生物圈的潜在因素，其最终处理技术尚未完全解决。在我国，天然铀资源短缺的问题尤为突出。"包括未来可能探明和可能进口的优质天然铀资源，仅能支撑约6000万千瓦的各类热中子堆发电站——包括压水堆、重水堆、高温气冷堆、熔盐堆等先进核反应堆——运行40年！也许还能发现某些低品位的铀矿床，仍要用来支持各种热中子堆发电站的持续发展。所以，我国核电站的限额是6000万千瓦！"[3]

针对上述问题，目前已有一些解决方案。利用快中子增殖堆可以使天然铀中的铀-238转化为钚-239，成为裂变燃料。用钚-239或铀-235装料启动运行数十年后，此系统可以靠铀-238达到"自持"，铀资源利用率可提高60～70倍。[10]这将有利于资源的利用。我国已在原子能科学研究院投入26亿元，预期将在2009年，建成快中子堆试验电站，年发电25万千瓦。我国还和俄罗斯洽谈进口快中子堆核电装置，以加速快中子堆核电站的进程，预期将在2035年，也有可能在2030年走向商业化。[3]此外，充分利用丰富的钍资源，借助中子俘获，将钍-232转换为铀-233，进而利用铀-233这种裂变燃料开发核能，也是缓解铀资源不足的有效方案。

目前，世界核科技界正在大力研究放射性"洁净"的核能系统。最有可能实现的洁净核能系统是加速器驱动次临界洁净核能系统（Accelerator Driven Sub-critical System，简称ADS）。ADS是利用加速器加速得到的高能质子与重靶核（如铅）发生散裂反应，一个质子引起的散裂反应可产生几十个中子，用散裂产生的中子作为中子源来驱动次临界包层系统，使次临界包层系统维持链式反应，以便得到能量，并利用多余的中子增殖核材料和嬗变核废物。ADS 可将危害环境的长寿命核废物嬗变为短寿命的核废物，这样可以降低放射性废物的储量及其毒性。

人类已经广泛开发利用裂变能。但为宇宙间包括太阳在内的所有恒星提供能量来源的聚变能的开发则需要历经长期的、非常艰苦的过程。"在所有的核聚变反应中，氢的同位素——氘和氚的核聚变反应（即氢弹中的聚变反应）是相对比较易于实现的。氘氚核聚变反应也可以释放巨大能量。氘在海水中储量极为丰富，一升海水里提取出的氘，在完全的聚变反应中可释放相当于燃烧 300 升汽油的能量；氚可在反应堆中通过锂再生，而锂在地壳和海水中都大量存在。氘氚反应的产物没有放射性，中子对堆结构材料的活化也只产生少量较容易处理的短寿命放射性物质。聚变反应堆不产生污染环境的硫、氮氧化物，不释放温室效应气体。再考虑到聚变堆的固有安全性，可以说，聚变能是无污染、无长寿命放射性核废料、资源无限的理想能源。受控热核聚变能的大规模实现将从根本上解决人类社会的能源问题。"[11] 人类已经迈出了受控聚变研究走向实用的关键一步——开始了 ITER 计划。ITER 计划是目前世界上仅次于国际空间站的又一个国际大科学工程计划。这一计划将集成当今国际上受控磁约束核聚变的主要科学和技术成果，首次建造可实现大规模聚变反应的聚变实验室，将研究解决大量的技术难题。[12]

作为储存能量的一种方式，原子核的同核异能态也受到了越来越多的关注。自然界中存在很多寿命长至几天、几年甚至几十年的同核异能素。这些同核异能素可能具有非常重要的应用价值。同核异能素储存的能量为该态的激发能，从每个原子核几十千电子伏到几个兆电子伏或更高。如果同核异能素可以在受控触发下衰变，我们就可以按需释放它们已储存的能量。因此，核的同核异能态是一种潜在的储能载体，它的有效利用将至少在以下几方面产生重大的战略意义：①由于衰变产物一般不再有放射性，因此，这是一种新型、洁净的核能源；②发展小型、高强度的新型核武器；③产生 γ 射线激光。然而，真正实现同核异能素的可控衰变是相当困难的。目前，一些国家已经在这方面投入了一定的人力物力进行相关基础研究。

## 结语

进入 21 世纪，人类面临的 ET 方面的挑战愈来愈烈。国际能源组织发布的《2006 年世界能源展望》报告对到 2030 年为止全球的能源需求形势进行全面评估。报告指出，人类正在面临一个难以协调的矛盾：一方面，人类对能源的需求持续增长；另一方面，人类必须尽快采取行动遏制温室气体排放量的增加，以防止地球变暖给环境造成巨大伤害。[13]

"物理学的发展从来都强烈地影响着能源的发展。"[3]物理学应该也能够在 ET 发展中大有作为。

## 参考文献

[1] 江泽民．对中国能源问题的思考．上海交通大学学报，2008，42（3）

[2] 马栩泉，耿庆云．核能：不可或缺的替代能源．科技日报，2003 - 07 - 07
http：//www. stdaily. com/gb/stdaily/2003-07/07/content_114535. htm

[3] 何祚麻．物理学和调整能源结构．2008

[4] 叶沿林等．国家重点基础研究发展规划（973）项目《放射性核束物理与核天体物理》简介．2007

[5] http：//www. world-nuclear. org/info/inf01. html

[6] http：//www. world-nuclear. org/why/cleanenergy. html ？ ekmensel ＝ c580fa7b_8_0_ 36_3

［7］ http：//www. iaea. or. at/programmes/a2

［8］ 意大利计划重启核电站建设 . 新华网，2008 - 05 - 23 http：//news. xinhuanet. com/newscenter/2008 - 05/23/content_8230917. htm

［9］ 从大亚湾起步，中国核电有了自主品牌 . 新华网，2008 - 11 - 05 http：//news. xinhuanet. com/newscenter/2008-11/05/content_10309661. htm

［10］ 核能存在的问题 . 中国科普博览核能博物馆 http：//www. kepu. net. cn/gb/technology/nuclear/station/200207310113. html

［11］ ITER 中国 . http：//www. iter. org. cn/News/06_06_30_2. htm

［12］ ITER 中国 . http：//www. iter. org. cn/News/06_11_21. htm

［13］ 核能是解决能源危机的好方法 . 广州日报，2006 - 11 - 09 http：//gzdaily. dayoo. com/html/2006 - 11/09/content_17234093. htm

本文原载于《2009 科学发展报告》，科学出版社，2009，2

# 量子力学诠释问题

◆ 孙昌璞

## 1 引言：量子力学的二元结构和其发展的二元状态

二十世纪二十年代，海森伯（Werner Karl Heisenberg）、薛定谔（Erwin Schrödinger）和玻恩（Max Born）等人创立了量子力学，奠定了人类认识微观世界的科学基础，直接推动了核能、激光和半导体等现代技术的创新，深刻地变革了人类社会的生活方式。量子力学成功地预言了各种物理效应并解释了诸多方面科学实验，成为当代物质科学发展的基石。然而，作为量子力学核心观念的波函数在实际中的意义如何，自爱因斯坦（Albert Einstein）和玻尔（Niels Bohr）旷世之争以来，人们众说纷纭，各执一词，并无共识。可以说，直到今天，量子力学发展还是处在一种令人尴尬的二元状态：在应用方面一路高歌猛进，在基础概念方面却莫衷一是。

孙昌璞：原中国科学院理论物理研究所研究员，现中国工程物理研究院研究生院教授，中国科学院院士，发展中国家科学院院士。研究领域：量子物理、数学物理和量子信息理论。

这种二元状态，看上去十分之不协调。对此有人以玻尔的"互补性"或严肃或诙谐地调侃之，以"shut up and calculate"的工具主义观点处之以举重若轻[1-9]。

然而，对待量子力学诠释严肃的科学态度应该是首先厘清量子力学诠释中哪一部分观念导致了基本应用方面的"高歌猛进"，哪一部分观念导致了理解诠释方面的"莫衷一是"。对量子力学诠释不分清楚彼此、逻辑上倒因为果的情绪化评价，会在概念上混淆是非，误导量子理论与技术的真正创新。无怪乎，有人以"量子"的名义为认识论中"意识可以脱离物质"的明显错误而张目，其根源就是每个人心目中有不同的量子力学诠释。

我个人认为，这样一个二元状态主要是由于附加在玻恩几率解释之上的"哥本哈根诠释"之独有的部分：外部经典世界存在是诠释量子力学所必需的，是它产生了不服从薛定谔方程么正演化的波包塌缩，使得量子力学二元化了。今天，虽然波包塌缩概念广被争议，它导致的后选择"技术"却被广泛地应用于量子信息技术的各个方面，如线性光学量子计算和量子离物传态的某些实验演示。

其实，我以上的观点契合了来自一些伟大科学家的伟大声音！现在，让我们再一次倾听来自量子力学创立者薛定谔对哥本哈根诠释直言不讳的批评。早年，薛定谔曾经写信严厉批评了当时的物理学家们[10]，因为在他看来，他们不假思索地接受了哥本哈根解释："除了很少的例外（比如爱因斯坦和劳厄（Max von Laue）），所有剩下的理论物理学家都是十足的蠢货，而我是唯一一个清醒的人"。薛定谔在写给他老朋友玻恩的一封信中说：

> "我确实需要给你彻底洗脑……你轻率地常常宣称哥本哈根解释实际上已经被普遍接受，毫无保留地这样宣称，甚至是在一群外行人面前——他们完全在你的掌握之中。这已经是道德底线了……你真的如此确信人类很快就会屈从于你的愚蠢吗？"

薛定谔传记作者约翰·格里宾（John Gribbin）看到这些信，感叹道："作为一位在仅仅几年后就接受了哥本哈根解释的教导，并且直到很久之后才意识到这种愚蠢的人，我发现薛定谔在1960年的这些话直击我心！"

1979年诺奖得主、物理学标准模型的奠基者之一史蒂文·温伯格（Steven Weinberg）在《爱因斯坦的错误》一文中，很具体、很直接地批评了哥本哈根诠释的倡导者玻尔对于测量过程的不当处理[11]：

"量子经典诠释的玻尔版本有很大的瑕疵，其原因并非爱因斯坦所想象的。哥本哈根诠释试图描述观测（量子系统）所发生的状况，却经典地处理观察者与测量的过程。这种处理方法肯定不对：观察者与他们的仪器也得遵守同样的量子力学规则，正如宇宙的每一个量子系统都必须遵守量子力学规则。"

"哥本哈根诠释明显地可以解释量子系统的量子行为，但它并没有达成解释的任务，那就是应用波函数演化确定性方程（薛定谔方程）于观察者和他们的仪器。"

最近，温伯格先生又进一步强调了他对"标准"量子力学的种种不满[12,13]。对哥本哈根诠释的严肃批评自其出笼至今就不绝于耳，但也有不少人却充耳不闻，这显然是一种选择性失聪！在量子信息领域，不少人不加甄别地使用哥本哈根诠释导致的"后选择"方案，其可靠性、安全性必然令人生疑！

其实，在量子力学幺正演化的框架内，多世界诠释[14-21]不引入任何附加的假设，成功地描述了测量问题，从而对哥本哈根诠释系统而深入的挑战。需要指出的是，此前不久建议的隐变量理论[22,23]在理论体系上超越了量子力学框架，本质上是比量子力学更基本的理论，因此对此进行检验的Bell不等式本文不予系统讨论。自上一世纪八十年代初，人们提出了各种看似形式迥异的量子力学诠释，如退相干理论[3,4,24-28]、自洽历史诠释[29,30]、粗粒化退相干历史[31,32]和量子达尔文主义。后来经深入研究，人们意识到，这些诠释大致上是多世界诠释思想的拓展和推广。

## 2 哥本哈根诠释及其推论

哥本哈根诠释是由玻尔和海森伯等人在1925—1927年间发展起来的量子力学的一种诠释。它对玻恩所提出的波函数的几率解释进行了超越经典几率诠释的推广，突出强调了波粒二象性和不确定性原理。虽然人们心目中量子力学哥本哈根诠释有各种各样版本，但对其核心内容人们还是有所共识的，那就是"诠释量子世界，外部的经典世界必不可少"。

大家知道，微观世界运动基本规律服从薛定谔方程，可以用演化波函数描述；等效地，也可以用涉及不可对易力学量的运动方程和系统定态波函数。这两种运动方程描述都保证了波函数服从态叠加原理：如果 $|\phi_1\rangle$ 和 $|\phi_2\rangle$ 满足运动方程，则

$$|\phi\rangle = c_1|\phi_1\rangle + c_2|\phi_2\rangle, \quad |c_1|^2 + |c_2|^2 = 1 \tag{1}$$

也是微观世界满足运动方程的可能状态。当 $|\phi_1\rangle$ 和 $|\phi_2\rangle$ 是某一个力学量的本征态（对应本征值 $a_1$ 和 $a_2$），则根据玻恩几率解释，对 $|\phi\rangle$ 测量 $A$ 的可能值只能随机地得到 $a_1$ 和 $a_2$，相应的几率是 $|c_1|^2$ 和 $|c_2|^2$。因而，$A$ 平均值是

$$\overline{A} = \langle\phi|A|\phi\rangle = |c_1|^2 a_1 + |c_2|^2 a_2 \tag{2}$$

这就是玻恩几率解释的全部内容，不必附加任何假设，足以用它理解微观世界迄今为止所有的实验数据。

结合量子力学的数学框架中波函数假设和基本运动方程，玻恩几率解释构成了量子力学的基本内容，可以正确预言从基本粒子到宏观固体的诸多物理特性和效应。但哥本哈根诠释却要通过附加的假设拓展玻恩几率解释。这个拓展从冯·诺依曼（John von Neumann）开始，追问测量后的波函数是什么[33]。这个追问满足了人们对终极问题的刨根问底，同时物理上的诉求也是合情合理的，即，对紧接着的重复测量测后系统给出相同的结果。

冯·诺依曼首先把测量定义为相互作用产生的仪器（$D$）和系统（$S$）的关联（也可以笼统地叫做纠缠）。特殊相互作用导致的总系统 $D+S$ 演化波函数为

$$|\psi(0)\rangle = |\phi\rangle \otimes |D\rangle \rightarrow |\psi(t)\rangle$$
$$= c_1|\phi_1\rangle \otimes |D_1\rangle + c_2|\phi_2\rangle \otimes |D_2\rangle \qquad (3)$$

根据上面的方程，一旦观察者发现了仪器在具有特制经典的态 $|D_1\rangle$ 上，则整个波函数塌缩到 $|\phi_1\rangle \otimes |D_1\rangle$，从而由仪器状态 $D_1$ 读出系统状态 $|\phi_1\rangle$，对 $|\phi_2\rangle$ 亦然。自此，哥本哈根学派或与有关人士把这种波包塌缩现象简化为一个不能由薛定谔方程描述的非幺正过程：在 $|\phi\rangle$ 上测 $A$，测量一旦得到结果 $a_1$，则测量后的波函数变为 $|\phi\rangle$ 的一个分支 $|\phi_1\rangle$。这个假设的确保证了紧接着的重复测量给出相同的结果。

然而，玻尔从来都不满足于物理层面上的直观描述和数学上的严谨表达。对于类似波包塌缩的神秘行为，他进行了"哲学"高度的提升：只有外部经典世界的存在，才能引起波包塌缩这种非幺正变化，外部经典世界是诠释量子力学所必不可少的。

加上波包塌缩假设，人们把量子力学诠释归纳为以下 6 条[34]：

（1）量子系统的状态用满足薛定谔方程的波函数来描述，它代表一个观察者对于量子系统所能知道的全部知识（薛定谔）；

（2）量子力学对微观的描述本质上是概率性的，一个事件发生的概率是其对应的波函数分量的绝对值平方（玻恩）；

（3）力学量用满足一定对易关系的算符描述，它导致不确定性原理：一个量子粒子的位置和动量无法同时被准确测量（海森伯），$\Delta x \Delta p \geqslant \dfrac{\hbar}{2}$；

（4）互补原理（Complementarityprinciple，亦译为并协原理）：物质具有波粒二象性，一个实验可以展现物质的粒子行为或波动行为，但二者不能同时出现（玻尔）；

（5）对应原理：大尺度宏观体系的量子行为接近经典行为（玻尔）；

（6）外部经典世界是诠释量子力学所必需的，测量仪器必须是经典的（玻尔与海森伯）。

一般说来，"哥本哈根诠释"特指上述 6 条量子力学基本原理中的后 4 条。然而，玻尔等提出的 4 条"军规"，看似语出惊人，实质却可证明为前两条的演绎。第 3 条海森伯不确定性关系并不独立于玻恩几率解释。只是由于不确定关系能够凸显量子力学的基本特性——不能同时用坐标和动量定义微观粒子轨道，看上去立意高远！玻尔和海森伯等从哲学的高度把它提升到量子力学的核心地位。但是，今天大家意识到，只要用波函数玻恩解释给出力学量平均值公式，就可以严格导出不确定关系。其实，在研究具体问题时，不确定性关系可以解释一些新奇的量子效应，但不能指望它给出所有精准的定量预言。

哥本哈根"军规"第 4 条——玻尔互补原理的后半句话"波动性和粒子性在同一个实验中，二者互相排斥、不可同时出现"经常被人们忽略，但它却是互补原理的精髓所在。玻尔互补原理在一定的意义上可以视为哲学性的描述。玻尔本人甚至认为可以推广到心理学乃至社会学，以彰显其普遍性！然而，虽然它看似寓意深奥，在操作层面上却不完全独立于不确定性关系。量子力学的奠基者之一、也被视为哥本哈根学派主力的保罗·狄拉克（Paul Dirac）对此有不屑的态度[35]。对于玻尔那种主要表现在互补原理之中的"啰嗦的、朦胧的"哲学，狄拉克根本无法习惯。1963 年，狄拉克谈到互补原理时说，"我一点也不喜欢它"，"它没有给你提供任何以前没有的公式"。狄拉克不喜欢这个原理的充分理由，从侧面反映了互补原理不是一般的可以用数学准确表达的物理学结论。其实，尽管互补原理不能吸引狄拉克，但也许还是潜移默化地影响了他的思维，在狄拉克《量子力学原理》前言当中及其他地方，他强调的不变变换可以看做是玻尔互补观念的一种表现。

其实，我们能够清晰地展示互补原理的不独立性。在粒子双缝干涉实验中，要探知粒子路径意味着实验强调粒子性，波动性自然消失，干涉条纹也随之消失，发生了退相干。玻尔互补原理对此进行了哲学高度的诠释：谈论粒子走哪一条缝，是在强调粒子性，因为只有粒子才有位置描述；强调粒子性，波动性消失了，随即也就退相干了。海森伯用自己的不确定性关系对这种退相干现象给出了比较物理的解释：探测粒子经过哪一条缝，相当于对粒子的位置进行精确测量，从而对粒子的动量产生很大的扰动，而动量联系于粒子物质波的波矢或波长，从而导致干涉条纹消失。海森伯本人认为，通过不确定性关系很好地印证了互补性原理。然而，玻尔并不买海森伯的账，认为只有互补原理才是观察引起退相干问题的核心，测量装置的预先设置决定了"看到"的结果。强调不确定性关系推导出互补性，本质上降低了理论的高度和深度。当然，玻尔本人也认为不确定性关系是波粒二象性的很好展现：$\Delta x$ 很小，意味着位置确定，这对应着粒子性，这时 $\Delta p$ 很大，波矢不确定所以波动性消失了。哥本哈根"军规"第 5 条是对应原理，它可以视为薛定谔方程半经典近似的结果。

经过这样的分析甄别，可以断定只有第 6 条才是"哥本哈根诠释"独特且独立的部分，也正是它导致了量子力学诠释的二元论结构：微观系统服从导致幺正演化的薛定谔方程（U 过程），但对微观系统测量过程的描述则必须借助于经典世界，它导致非幺正的突变（R 过程）。罗杰·彭罗斯（Roger Penrose）多次强调，量子力学哥本哈根诠释的全部奥秘在于量子力学是否存在薛定谔方程 U 过程以外的 R 过程。

当年，玻尔认为这种描述是十分自然的：为了获取原子微观世界的知识，对于生活在经典世界的人类而言，所用的仪器必须是经典的。然而，仪器本身是由微观系统组成，每一个粒子服从量子力学，经典与量子之间必存在边界，但边界却是模糊的。哥本哈根诠释要想自洽，就要根据实际需要调整边界的位置，可以在仪器—系统之间，可以在仪器—人类观察者之间，甚至可以是视觉神经和人脑之间。

如果说"边界可变"的哥本哈根诠释是一条灵动而有毒的"蛇"，哥本哈根"军规"第 6 条是其最核心、最致命的地方。温伯格先生对此的严厉批评和质疑，正好打了"蛇"的七寸。七寸处之"毒"在意识论上会导致冯·诺依曼链佯谬：人的意识导致最终波包塌缩。让我们考察冯·诺依曼量子测量的引申。我们不妨先承认玻尔的"经典必要性"。如果第一个仪器用量子态描述，为什么系统＋仪器的复合态会塌缩到 $|\phi_1\rangle \otimes |D_1\rangle$，答案自然是有第二个经典仪器 $D_2$ 存在，使得更大的总系统塌缩到 $|\phi_1\rangle \otimes |D_1\rangle \otimes |D_2\rangle \cdots$。以此类推，延伸至无穷大的宇宙——系统加上所有以外东西（仪器、观察者以及环境等等），总体系——宇宙最后要塌缩到以下链式分支上：

$$|\phi_1\rangle \otimes |D_1\rangle \otimes |D_2\rangle \otimes |D_N\rangle \otimes |\text{Human}\rangle \qquad (4)$$

据此类推，最末端的仪器在哪里呢？那么，要想有终极的塌缩，末端必须是非物质"神"或"人"的意识。冯·诺依曼的好友维格纳（Eugene Wigner）就是这样推断意识会进入物质世界[36]。

我个人猜想，目前国内有人由量子力学论及"意识可独立于物质而存在"，正是拾维格纳的牙慧，把哥本哈根诠释进行这种不合理的逻辑外推。然而，这个结论逻辑上是有问题的，如果我们研究的系统是整个宇宙，难道有宇宙之外的上帝？对此的正确分析可能要涉及一个深刻的数学理论：随着仪器不断增加到无穷，我们就涉及了无穷重的希尔伯特空间的直积。无穷重和有限重直积空间有本质差别，序参量出现就源于此。

哥本哈根诠释还有一个会引起歧义的地方：波包塌缩与狭义相

对论有表现上的冲突。例如，如图 1，一个粒子在 $t=0$ 时刻局域在一个空间点 $A$ 上，$t=T$ 时测量其动量得到确定的动量 $p$，则波包塌缩为动量本征态 $\varphi(x) \sim \exp(\mathrm{i}px)$，其空间分布在 $T$ 时刻后不再定域，整个空间均匀分布。因此，测量引起的波包塌缩导致了某种定域性的整体破坏：虽然 $B$ 点在过 $A$ 点的光锥之外（即 $A$ 和 $B$ 两点是类空的，通常不存在因果关系），但在 $t>T$ 的时刻，我们仍有可能在 $B$ 点发现粒子。按照狭义相对论，信号最多是以光的速度传播，而在瞬时的间隔发生的波包塌缩现象，意味着存在"概率意义"的超光速——$T$ 时刻测量粒子动量会导致体系以一定几率（通常很小很小）"超光速"地塌缩到不同的动量本征态上。这个例子表明，如果简单地相信波包塌缩是一个基本原理，会出现与狭义相对论矛盾的悖论。事实上，对于单一的测量，我们并不能确定地在 $B$ 点发现粒子。因此，"事件" $A$ 和 $B$ 的联系只是概率性的。而对于微观粒子而言，讨论经典意义下的因果关系和相关的非定域性问题，不是一个恰当的论题。概率性的"超光速"现象意味着，在概率中因果关系必须要仔细考量。

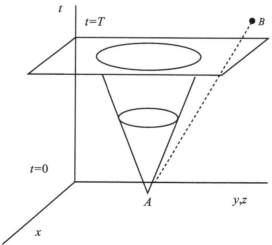

图 1　四维时空中的整体波包塌缩：对定域态的动量测量，接受哥本哈根的观点，则会认为系统塌缩到动量本征态，从而可以出现在类空点上

综上所述，哥本哈根诠释带来概念困难的关键之处是广为大家质疑的第 6 条"军规"——经典必要性或波包塌缩。量子力学的其他诠释，如多世界诠释、退相干诠释乃至隐变量理论，均是针对这一点，提出了或是在量子力学框架之内、或是超越之外的解决方案。

## 3  多世界诠释

对量子力学诠释采取"工具论（instrumentalism）"的态度，可以认为波函数不代表任何物理世界中的实体，也不描写实际的测量过程，而只是推断实验结果的数学工具。因此，在哥本哈根诠释中，波包塌缩与否，都不意味着实体塌缩，只是塌缩后可以据此推断重复测量的结果。虽然玻尔自己晚期也多次谈到这一点，但哥本哈根学派的思想并没有逻辑上的一致性。他们由此推及诠释量子力学必须借助经典世界，明显走向了本体论（ontology）的一面，经典世界是客观存在的本体。因此，从哲学意义上讲，哥本哈根诠释是一种二元论的混合体：微观世界由观察或意识决定，但实施观察的经典世界是客观存在的。

温伯格和盖尔曼（Murray Gell-Mann）等著名的理论物理学家，并不满足于哥本哈根诠释的绥靖主义和哲学上二元论的理解，他们从实在论（realism）立场出发，直到今天还在锲而不舍地追问波函数到底是什么、测量后变为什么。非常幸运，早在上个世纪五十年代初，埃弗里特对这些基本问题给出了"实在论"或"本体论"式的回答——这就是相对态理论或后称多世界诠释。

量子力学的多世界诠释起源于休·埃弗里特（Hugh Everett）（图 2）的博士论文。1957 年在《现代物理评论》发表了这个博士论文的简化版。发表文章的题目《量子力学的相对态表述》有些专业化，但科学上很准确。文章发表后被学界冷落多年，1960 年代末德维特（Bryce Seligman De Witt）在研究量子宇宙学问题时，重新发现了这个"世界上保守好的秘密"，并把它重新命名为"多世界理论"。这个引人注目的名称复活了埃弗里特沉寂多年的观念，也引起了诸多新的误解和争论。

图 2　休·埃弗里特（1930—1982）：多世界诠释的创立者

埃弗里特提出多世界诠释之后，面对玻尔的冷落，不管他的老师惠勒（John Wheeler）如何沟通"多世界理论"和"标准"哥本哈根诠释、平滑它们的冲突，在答复《现代物理评论》编辑部的批评意见时，他还是挑明了他与哥本哈根诠释的根本分歧。他认为："哥本哈根诠释的不完整性是无可救药的，因为它先验地依赖于经典物理……这是一个将'真实'概念建立在宏观世界、否认微观世界真实性的哲学怪态。"这一点也是温伯格在尖锐批评哥本哈根诠释时所不断重复的要点、灵动之"蛇"的七寸。今天，不少人认为，多世界诠释的建立是使量子力学摆脱"怪态"走向正常态的基本理论。

多世界诠释认为，微观世界中的量子态是不能孤立存在的，它必须相对于它外部一切，包括仪器、观察者乃至环境中各种要素。因此，微观系统不同分支量子态 $|n\rangle$ 也必须相对于仪器状态 $|D_n\rangle$，观察者的状态 $|O_n\rangle$……环境的状态 $|E_n\rangle$ 来定义，从而，微观系统状态嵌入到一个所谓的世界波函数或称宇宙波函数（universal wavefunction）：

$$|\varphi\rangle = \sum_n C_n |n\rangle \otimes |D_n\rangle \otimes |O_n\rangle \otimes \cdots \otimes |E_n\rangle \qquad (5)$$

它是所有分支波函数的叠加。埃弗里特等人认为，如果考虑全了整个世界的各个部分细节，$C_n$可以对应于微正则系综$C_n = 1/\sqrt{N}$，$N$是宇宙所有微观状态数。不必预先假设玻恩规则，通过粗粒化，可以证明$|C_n|^2$代表事件 $n$ 发生的概率。当然，这种处理取决于人们对概率起因的理解。

多世界诠释认为，量子测量过程是相互作用导致了世界波函数的幺正演化过程，测量结果就存在于它的某一个分支之中。每一个分支都是"真实"存在，只是作为观察者"你"、"我"恰好处在那个分支中。薛定谔猫在死（活）态上，对应着放射性的核处在激发态 $|1\rangle$（基态 $|0\rangle$）上，这时观察者观测到了猫是死（活）的。我们写下猫态：

$$|猫态\rangle = \frac{1}{\sqrt{2}} \left( |死\rangle \otimes |1\rangle \otimes |O_1\rangle + |活\rangle \otimes |0\rangle \otimes |O_0\rangle \right)$$

$$\equiv \frac{1}{\sqrt{2}} \left( |-\rangle + |+\rangle \right) \qquad (6)$$

多世界诠释是说，两个分支 $|-\rangle = |死，1，O_1\rangle \equiv |死\rangle \otimes |1\rangle \otimes |O_1\rangle$ 和 $|+\rangle = |活，0，O_0\rangle \equiv |活\rangle \otimes |0\rangle \otimes |O_0\rangle$ 都是真实存在的。测量得到某种结果，如猫还活着，只是因为观察者恰好处在 $|+\rangle$ 这个分支中。

如果仅仅到此为止，人们会马上质疑多世界理论，并视之为形而上学：仅说碰巧观察者待在一个分支内，作为观察者的"你"、"我"在另一个分支里看到了不同的结果，观察者的"你"、"我"便"一分为二"了。人们显然不会接受这种荒诞的世界观。然而，埃弗里特、德维特利用不附加任何假设的量子力学理论，自洽地说明不同分支之间，不能交流任何信息。因此，在不同分支内，观察

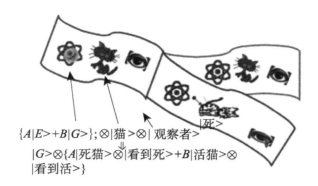

$\{A|E> + B|G>\}; \otimes |猫> \otimes |观察者>$
$\Downarrow$
$|G> \otimes \{A|死猫> \otimes |看到死> + B|活猫> \otimes$
$|看到活>\}$

图 3  薛定谔猫"佯谬"多世界图像：处在基态 $|0\rangle$ 和激发态 $|1\rangle$ 叠加态上的放射性核，通过某种装置与猫发生相互作用。处在 $|1\rangle$ 态的核会辐射，触动某种装置杀死猫，而处在 $|0\rangle$ 态的核不辐射，猫活着。这个相互作用结果使得世界处在两个分支上：在"死猫"的分支上，核辐射了，杀死了猫，观察者悲伤，也看到了这个结果，整个世界也为之动容；在"活猫"分支上，没有辐射，没有猫死，没有悲伤的观察者和悲切的世界。两个分支都存在，但观察者们不会互知彼此

者"看到"的结果是唯一的。最近，本文作者及合作者通过明确定义什么是客观的量子测量，严格地证明了这个结论[37]。我们的研究进一步表明，埃弗里特的多世界诠释变成了一个犹如量子色动力学（QCD）一样正确的物理理论。QCD 假设了夸克，但"实验观察"并没有直接看到夸克的存在。所幸 QCD 本身预言了渐进自由，它意味着夸克可能发生禁闭：两个夸克离得越近，它们相互作用越弱，反之在一定程度上，距离越远，相互作用越强，因而不存在自由夸克（当然，严格地讲，渐进自由是依据微扰 QED 证明的，而QCD 研究禁闭问题的本质可能是非微扰）。

多世界理论常常被误解为假设了世界的"分裂"、替代波包塌缩。事实上，埃弗里特从来没有做过这样的假设。多世界理论是在量子力学的基本框架（薛定谔方程或海森伯方程加上玻恩几率诠释）描述测量或观察，不附加任何假设。"分裂"只是理论中间产物的形象比喻。当初，埃弗里特投稿《现代物理评论》遭到了审稿

人的严厉批评：测量导致的分支状态共存，意味着世界在多次"观测"中不断地分裂，但没有任何观察者在实际中感受到各个分支的共存。埃弗里特对这个问题的答辩也是思辨式的，但逻辑上很有说服力。他说，哥白尼的日心说预言了地球是运动的，但地球上的人的经验从来没有直接感觉到地球是运动的。不过，从日心说发展出来的完整理论——牛顿力学从相对运动的观点解释了地球上的人为什么会感觉到地球不动。理论本身可以解释理论预言与经验的表观矛盾，这一点正是成功理论的深邃和精妙所在。

今天看来，作为理论中间的要素，不自由的夸克和不可观测的世界分裂都是一样的"真实"，其关键是量子力学的多世界诠释能否自证"世界分裂"的不可观测性。由于世界波函数的描述原则上包含了所有的观察者，上帝也不可置身此外。因此，我们不再区分仪器、观察者或上帝，世界是否"分裂"问题于是就转化为观察或测量的客观性问题（Box 1）：两个不同观察者观察的结果是否一致，观测结果之间是否互相验证一致。

事实上，为了证明多世界诠释中世界的分裂是不可观测的，埃弗里特首先明确什么是"观察"或"测量"。今天大家已经公认，测量是系统和仪器之间的经典关联，如果要求这种关联是理想的，对应于不同系统分支态的仪器态是正交的（完全可以区分）。如果观察者可以用另外的仪器去测量原来的仪器状态，得到相同的对应读数，则两个仪器间形成理想的经典关联（Box 1）。

多世界诠释似乎完美地解决了哥本哈根诠释中面临的关键问题，但其自身仍然在逻辑上存在漏洞，这就是偏好基矢（preferred basis）问题。我们以自旋测量为例说明这个问题，设自旋 1/2 体系世界波函数为

$$|\phi\rangle = \frac{1}{\sqrt{2}}\big(|\uparrow\rangle \otimes |U_\uparrow\rangle - |\downarrow\rangle \otimes |U_\downarrow\rangle\big) \tag{7}$$

其中 $|U_\uparrow\rangle$（$|U_\downarrow\rangle$）代表相对于自旋态 $|\uparrow\rangle$（$|\downarrow\rangle$）的宇宙其他所有部

分的态。按多世界论的观点，测得了自旋向上态 $|\uparrow\rangle$，是因为它的相对态 $|U_\uparrow\rangle = |D_\uparrow, O_\uparrow, \cdots\rangle$ 包含了指针向上的仪器 $D_\uparrow$，看到这个现象观察者 $O_\uparrow$ 以及相应的环境等。多世界诠释的要点是认为另外一个分支 $|U_\downarrow\rangle = |D_\downarrow, O_\downarrow, \cdots\rangle$ 仍然是"真实"存在，但外在另一个（向上）分支中的观察者无法与这个分支进行通信，不能感受到向下分支的存在。然而，量子态 $|\phi\rangle$ 的表达式不唯一，即原来的世界波函数也可以表达为

$$|\phi\rangle = \frac{1}{\sqrt{2}}\left(|+\rangle \otimes |U_+\rangle - |-\rangle \otimes |U_-\rangle\right) \tag{8}$$

其中新的基矢 $|\pm\rangle = (|\uparrow\rangle \pm |\downarrow\rangle)/\sqrt{2}$ 代表自旋向左或向右的态，而 $|U_\pm\rangle = (|U_\uparrow\rangle \pm |U_\downarrow\rangle)/\sqrt{2}$ 代表系统与世界相对应的部分。很显然，$|U_\pm\rangle$ 不会简单地写成仪器和观察者因子化形式，它不再是仪器、观察者和环境其他部分的简单乘积，测量的客观性不能得以保证。

上述考虑带来了所谓的偏好基矢问题：为什么对于同一个态，在谈论自旋取向测量时，我们采用了自旋向上和向下（$|\uparrow\rangle$ 和 $|\downarrow\rangle$）这种偏好，而非自旋左右。埃弗里特知道这个问题的存在，但他并不在意，他觉得任何测量都要有体现功能的仪器的特定设置，这种功能选择设置仪确定了偏好基矢。例如，在测量自旋的施特恩—盖拉赫实验中，我们通过选择非均匀外磁场的指向，来确定是测上下还是左右的自旋。然而，很多理论物理学家还是觉得多世界理论的确存在这样的不足。1981 年祖莱克（Wojciech Zurek）把迪特尔·泽（Dieter Zeh）1970 年提出的量子退相干观念应用到量子测量或多世界理论，为解决偏好基矢问题开辟了一个新的研究方向。

## Box 1："世界分裂"的不可观察（测量）性

我们先假设观察者 $O$ 通过仪器 $D$ 测量系统 $S$。三者的相互作用导致系统演化到一个我们称之为世界波函数的纠缠态：

$$|\varphi\rangle = \sum_s C_s |S, d_s, O_s\rangle \tag{B-1}$$

在每一个分支

$$|S, d_s, O_s\rangle \equiv |S\rangle \otimes |d_s\rangle \otimes |O_s\rangle \tag{B-2}$$

中，$\{|S\rangle\}$ 是系统的完备的基矢，$\{|d_s\rangle\}$ 和 $\{|O_s\rangle\}$ 分别是与系统基矢 $|S\rangle$ 相对应的仪器和观察者的态基矢。为了简单起见，一般情况下 $|O_s\rangle$ 可以代表系统和仪器以外世界所有部分，包括观察者和整个环境，通常不预先要求它们是正交的。

由于 $O$ 是宏观的，则它对量子态反映是敏感的，有 $\langle O_s | O_{s'}\rangle = \delta_{ss'}$[38]。平均掉环境作用，系统和仪器之间形成一个经典关联，

$$\rho_{SD} = \mathrm{Tr}_o(|\varphi\rangle\langle\varphi|) = \sum |C_s|^2 |S, d_s\rangle\langle S, d_s| \tag{B-3}$$

进而，如果仪器态是正交的，$\langle d_s | d_{s'}\rangle = \delta_{ss'}$，则 $\rho_{SD}$ 代表一种理想的经典关联。这时，如果观测的对象是系统的力学量 $A$，$|S\rangle$ 是它的本征态，$A|S\rangle = a_s |S\rangle$，则系统本征态是正交的，从而仪器和观察者之间也形成理想的经典关联：

$$\rho_{DO} = \mathrm{Tr}_s(|\varphi\rangle\langle\varphi|) = \sum_s |C_s|^2 |d_s, O_s\rangle\langle d_s, O_s| \tag{B-4}$$

这表明，观察者 $O$ 在仪器 $D$ 上读出了 $S$，且对于 $a_s$ 的几率为 $|C_s|^2$。

以上分析表明，观察者 $O$ 用仪器 $D$ 测量系统 $S$ 的（厄米）力学量 $A$，理想的测量要求三体相互作用导致的纠缠态 $|\varphi\rangle$ 是一个 GHZ 型态，即 $\{|d_s\rangle\}$ 和 $\{|O_s\rangle\}$ 是两个正交集。这时，观察者和系统之间也会形成一个系数相同的理想经典关联态，

$$\rho_{SO} = \mathrm{Tr}_D(|\varphi\rangle\langle\varphi|) = \sum_s |C_s|^2 |S, O_s\rangle\langle S, O_s| \tag{B-5}$$

因而我们说测量是客观的，这里可以把仪器和观察者当做两个不同的观察者，不同的观察者看到相同的结果。

现在我们假设仪器的状态 $|d_S\rangle$ 不是正交的，则 $|d_S\rangle$ 可以用正交基 $|D_S\rangle$ $(B|D_S\rangle = d_S|D_S\rangle)$ 展开：

$$|d_S\rangle = \sum_{S'} C_S^{s'}|D_{S'}\rangle \tag{B-6}$$

其中，$C_S^{s'} = \langle D_{S'}|d_S\rangle$。这时

$$\rho_{DO} = \sum_S |C_S|^2 |C_S^s|^2 |D_s, O_S\rangle \langle D_s, O_S|$$
$$+ \sum_S \sum_{m \neq s} |C_S|^2 |C_S^m|^2 |D_m, O_S\rangle \langle D_m, O_S| + \cdots \tag{B-7}$$

这表明 $|S\rangle$ 分支中的观察者有一定的几率看到了另一个分支中仪器的读数——分支态 $|D_m\rangle$，观察到了"分裂"！因此，要求理想测量（$|\varphi\rangle$ 是理想的 GHZ 态），则我们观测不到分裂。

我们还可以用反证法说明世界分裂是不可观察的。设世界波函数为

$$|\varphi\rangle = C_1|S_1, d_1, O_1\rangle + C_2|S_2, d_2, O_2\rangle + C_3|S_3, d_3, O_3\rangle \tag{B-8}$$

当 $|O_1\rangle = |O_2\rangle$，观察者 $O$ 不能区分 $|S_1\rangle = |S_2\rangle$），因此看到了世界的分裂，或

$$|\varphi\rangle = \left( C_1|S_1, d_1\rangle + C_2|S_2, d_2\rangle \right) |O_1\rangle + C_3|S_3, d_3, O_3\rangle \tag{B-9}$$

代表着观察者 $O$ 看到世界分裂，因为它不能区分 $|S_1\rangle$ 和 $|S_2\rangle$。这时，

$$\rho_{SD} = |C_1|^2 |S_1, d_1\rangle \langle S_1, d_1| + |C_2|^2 |S_2, d_2\rangle \langle S_2, d_2|$$
$$+ C_1^* C_2 |S_1, d_1\rangle \langle S_2, d_2| + h.c. + |C_3|^2 |S_3, d_3\rangle \langle S_3, d_3| \tag{B-10}$$

非对角项的存在意味着仪器和系统之间不能形成很好的经典关联。

## 4 量子退相干诠释或理论

提出量子退相干观念的目标之一是要解决所谓的"薛定谔猫佯谬"，即为什么常态下宏观物体不会展现量子相干性。大家知道，接着波粒二象性的观点，任何实物粒子可以表现出波动行为，可以发生低能物体穿透势垒的量子隧道效应。关于微观体系，电子、原子、中子、准粒子（库珀对）乃至 $C_{60}$ 这样的大分子，实验上已经展示了量子隧道效应，并在实际技术中得到了广泛应，如 STM（扫描隧道显微镜）。现在的问题是一个宏观物体，像足球、人、崂山道士，可否发生量子隧道效应？崂山道士可否破墙而出，破墙而入？初步的看法是，这是不可能的，因为宏观物体的质量较大，物质波波长短，必远远小于物体的尺度，不可能展示出量子相干效应。

迪特尔·泽和他的学生埃里希·朱斯（Erich Joos）（图 4）从另一个角度给出了相同的答案：一个宏观物体必定和外部环境相互作用，即使组成环境的单个微粒很小，与宏观物理碰撞时能量交换可以忽略不计，环境也可以记录宏观物体运动信息，从而与宏观物体形成量子纠缠，发生量子退相干。此时，环境的作用相当于在系统不同基矢态中引入随机的相对相位，平均结果使得干涉项消失。因此，不同的（动量）态之间的相干叠加不存在了。

图 4　量子退相干理论创立者迪特尔·泽（左图，http：//www.ijqf. org/members-2/dieter/）和他的学生埃里希·朱斯（右图）

量子退相干理论最近已引起物理学界极度重视，一个重要原因是量子通讯和量子计算研究的兴起。量子计算利用量子相干性——量子并行和量子纠缠以增强计算能力，而退相干对其物理实现造成了巨大障碍。当年迪特尔·泽提出量子退相干的概念时只是一位讲师，他的文章不能在知名的学术刊物上发表，创新的观点受到著名学者尖酸的批评，整个 70 年代这个重要工作被物理学家系统性忽视，几乎影响了迪特尔·泽后来的学术职业生涯。后来，退相干理论渡过 1980 年代这个黑暗期，祖莱克加入量子退相干研究队伍。他的着眼点是解决偏好基矢问题，并为量子测量问题的探索提供了新的思路。

在量子退相干理论中，处在初态 $|\varphi_S\rangle = \sum C_n |n\rangle$ 的系统与处在初态 $|E\rangle$ 上的环境发生非破坏（不交换能量）的相互作用，使得 $t$ 时刻总的状态变为

$$|\varphi(t)\rangle = U(t)\big(|\varphi_S\rangle \otimes |E\rangle\big) = \sum C_n |n\rangle \otimes |E_n(t)\rangle \qquad (9)$$

这里 $|E_n(t)\rangle = U_n(t)|E\rangle$，而 $U_n = \exp(-iH_n t)$ 是非破坏相互作用 $V = \sum |n\rangle\langle n| \otimes H_n$ 中分支哈密顿量 $H_n$ 决定的时间演化。这时，体系的约化密度矩阵

$$\rho_S(t) = \mathrm{Tr}_E\big(|\varphi(t)\rangle\langle\varphi(t)|\big) \qquad (10)$$

$$= \sum |C_n|^2 |n\rangle\langle n| + \sum_{n \neq m} C_n^* C_m |m\rangle\langle n| \times F_{mn}(t)$$

一般包含非对角项，其中 $F_{mn} = \langle E_m | E_n \rangle$ 称为退相干因子。当 $F_{mn} = 0$，则非对角项消逝，即

$$\rho_S(t) = \sum |C_n|^2 |n\rangle\langle n| \qquad (11)$$

这时，描述大系统量子态的量子相干叠加态 $|\varphi_S\rangle$ 变成了没有量子相干的密度矩阵，实现了从量子叠加态到经典几率描述的转变。这相当于实空间中干涉条纹消逝（Box 2）。

我们的研究证明，即使宏观物体与外界完全隔离，内部自由度与质心运动自由度的耦合也会引起退相干，特别是当环境是由很多

粒子组成，则可能有因子化的末态 $|E_n\rangle = \prod\limits_{j=1}^{N}|e_n^{(j)}\rangle$，它给出退相干

因子 $F_{01} \prec E_0 | E_1 \rangle = \prod\limits_{j=1}^{N}\langle e_0^{(j)} | e_1^{(j)}\rangle$。由于 $|\langle e_0^{(j)} | e_1^{(j)}\rangle| < 1$，当 $N \to \infty$，

$F_{01} \to 0$，这个发现原则上解决了薛定谔猫佯谬。只许把"死"与"活"当成质心自由度的状态，完整的猫态应当写为

$$|猫\rangle = \frac{1}{\sqrt{2}}\Big[|死\rangle \otimes \prod\limits_{j=1}^{N}|d_j\rangle + |活\rangle \otimes \prod\limits_{j=1}^{N}|l_j\rangle\Big] \tag{12}$$

则猫的密度矩阵的非对角项 $|死\rangle\langle活|$ 将伴随着退相干因子 $F_{DL} = \prod\limits_{j=1}^{N}\langle d_j | l_j\rangle$。显然，宏观猫的干涉项正比于 $F_{DL}$，在宏观极限下，$N \to \infty$，$F_{DL} = 0$，从而干涉效应消逝。

针对各种实际中的宏观粒子，迪特尔·泽和他的学生埃里希·朱斯在 1985 年仔细地计算了它们在各种环境中空间运动的退相干因子[25]。他们得到一般的系统约化的密度矩阵：

$$\rho(x, x') = \rho(x, x', 0)\, e^{-\Lambda t(x-x')^2} \tag{13}$$

其中局域化因子

$$\Lambda = \frac{q^2 N \nu \sigma_{\text{eff}}}{V} \tag{14}$$

决定于环境粒子在宏观物体上的有效散射界面 $\sigma_{\text{eff}}$。表 1 给出了各种物体局域化因子的列表。

**表 1　各种物体的局域化因子**

| 局域化因子 $\Lambda$（$\text{cm}^{-2}\text{s}^{-1}$） | $10^{-3}$ cm 尘埃 | $10^{-5}$ cm 尘埃 | $10^{-6}$ cm 大分子 |
|---|---|---|---|
| 宇宙背景辐射 | $10^{6}$ | $10^{-6}$ | $10^{-12}$ |
| 300 K 光子 | $10^{19}$ | $10^{12}$ | $10^{6}$ |
| 地球表面阳光 | $10^{21}$ | $10^{17}$ | $10^{13}$ |
| 空气分子 | $10^{36}$ | $10^{32}$ | $10^{30}$ |
| 实验室真空（$10^3$ 颗粒/$\text{cm}^3$） | $10^{23}$ | $10^{19}$ | $10^{17}$ |

总之，作为客观物体象征的薛定谔猫或仪器的运动，可分为集体运动模式和内部相对运动模式，它们之间存在某种形式的信息交换，但不交换能量，由于这种特殊形式的耦合，形成集体运动模式

和内部相对运动模式的量子纠缠，内部运动模式提供了一种宏观环境。如果观察者只关心集体运动而不关心内部细节，集体运动就会发生量子退相干，薛定谔猫佯谬也就不存在了。

### Box 2：量子干涉与量子退相干

为了考察量子相干性与通常量子干涉之间的关系，我们在坐标表象$\left\{\varphi(x)=\langle x\mid\varphi\rangle,\ \varphi_n(x)=\langle x\mid n\rangle\right\}$中写下密度分布：

$$\rho(x)=\sum|C_n|^2|\varphi_n(x)|^2+\sum_{n\neq m}C_m^*C_nF_{mn}(t)\,\varphi_m^*(x)\,\varphi_n(x)$$

$$(B\text{-}11)$$

其中，$\rho_d(x)=\sum|C_n|^2|\varphi_n(x)|^2$ 代表强度相加项，而 $\sum_{n\neq m}C_m^*C_nF_{mn}(t)\,\varphi_m^*(x)\,\varphi_n(x)$ 代表相干条纹，当 $F_{mn}(t)=0$ 相干条纹消逝。

我们从双缝实验可以进一步形象地说明这一点。由中子源出射的中子束经双缝在屏 S 上干涉。

遮蔽上（下）缝的波函数 $|0\rangle$（$|1\rangle$）的坐标表示为 $\varphi_u(x)=\langle x\mid 0\rangle\propto e^{ikx}$（$\varphi_d(x)=\langle x\mid 1\rangle\propto e^{ik(x+\Delta)}$），其中 $\Delta=l_d-l_u$ 是"光程差"。于是，$|\varphi\rangle\propto|0\rangle+|1\rangle$ 给出约化密度矩阵：

$$\rho(x)\propto\langle E_0|E_1\rangle e^{i\Delta k}+c.c.\qquad (B\text{-}12)$$

当 $\langle E_0|E_1\rangle=1$，则 $\rho(x)\propto\cos\Delta k$，否则 $\rho(x)=$ 常数，无干涉条纹。

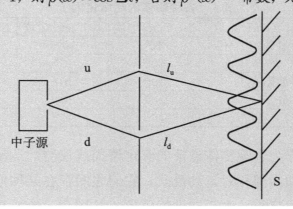

综上所述，环境的存在就像一个观察者在不断地监视着系统的运动，它通过与系统纠缠引入了等效的随机相位 $\Delta\theta$，状态 $|\varphi(0)\rangle=|0\rangle+|1\rangle$，被测后变为 $|\varphi'\rangle=|0\rangle+e^{i\Delta\theta}|1\rangle$，平均结果给出：

$$\rho=|\varphi'\rangle\langle\varphi'|=|0\rangle\langle0|+|1\rangle\langle1|+|0\rangle\langle1|\langle e^{i\Delta\theta}\rangle+h.c., \qquad (B-13)$$

其中，随机相位 $\Delta\theta$ 是由等效相位因子 $e^{i\Delta\theta}$ 的平均值 $\langle e^{i\Delta\theta}\rangle=\langle E_0|E_1\rangle$ 来定义。当它趋近于零，干涉条纹消逝，即退相干发生。

我们最近发现，薛定谔猫的退相干还有一个内禀的原因，这就是相对论效应：一群自由粒子，其能量最低阶非相对论效应正比于 $p^4$，它使得质心自由度与内部自由度内禀地耦合起来，产生薛定谔猫的内禀退相干。这个发现进一步表明，"月亮"在没有人看它的时候，仍然是客观存在的。这是因为"月亮"是一个宏观物体，人类的"看"必定忽略了"月亮"的内部细节。由于相对论效应，内部环境与"看到"的宏观自由度有天然的耦合，使得退相干无处不在！

以上的分析可以正面回答目前热炒的"量子意识"问题。我们认为，把至今备受质疑的哥本哈根诠释的波包塌缩假设作为论证基础，大谈量子意识，科学知识非常之不准确！虽然现在的物理理论还不能完全解释意识，但也绝不能断言它与量子有直接关系。因为意识必源自人这样的常态宏观物体，后者注定退相干。把量子力学和意识这种高级生命独有的现象联系起来并没有为理解意识的产生与存在提供任何高于猜测的理解。其实，物理学解释不了的问题就不应该牵强附会地解释。要承认科学的定位和局限性，有些问题不在目前科学研究范畴内，非要披上科学的外衣就是对科学的侵犯。

1981 年，祖莱克（图 5）把迪特尔·泽的量子退相干理论应用到冯·诺依曼量子测量理论，把测量过程看成系统 $S$ 与测量仪器 $D$ 相互作用产生经典关联的一种动力学过程。在冯·诺依曼量子测量中，通过与环境作用，系统＋仪器形成的复合系统进一步与环境量

图 5　祖莱克（Wojciech Zurek，全海涛 2006 年摄影）

子纠缠：

$$\sum C_n \,|n\rangle \otimes |D\rangle \otimes |E\rangle \rightarrow \sum C_n |n\rangle \otimes |D_n\rangle \otimes |E_n\rangle = |\varphi(t)\rangle \quad (15)$$

从而有复合系统的约化密度矩阵变为

$$\rho_{SD} = \sum |C_n|^2 |n, D_n\rangle\langle n, D_n| + \sum C_n C_m^* |n, D_n\rangle\langle m, D_m| F_{mn} \quad (16)$$

现在，相互作用只是产生系统态 $|n\rangle$ 与仪器态 $|D_n\rangle$ 的量子纠缠，并非纯概率性的关联。当其中退相干因子 $F_{mn} = \langle E_n | E_m \rangle \rightarrow 0$ 时，$\rho_{SD} \rightarrow \sum |C_n|^2 |n, D_n\rangle\langle n, D_n|$，退相干后的约化密度矩阵代表了关联是以经典几率的方式出现。就像天气预报，明天下雨的几率为 30%，不下雨几率为 70%，是一种经典随机现象，没有任何量子相干效应。测量就是这样一个产生关联的过程，而无须什么波包塌缩！

　　需要强调的是，应用于量子测量问题，退相干理论必须能够解释指针态（pointer state）的衍生（emergence）。这个概念与多世界理论中相对态的观念是一致的。如上所述，环境作用选择仪器＋系统的特定基矢进行退相干，而密度矩阵的对角元和非对角元则在不同的坐标变换下是相对的。如果采用另一组基矢 $|n'\rangle = \sum S_{nn'}^+$ $|n\rangle$，则有非对角项 $|n'\rangle\langle m'|$ 的存在。正是由于这种基矢的相对性，量子纠缠无法直接描述量子测量，这就是所谓的偏好基矢问题。

　　在整个宇宙（系统＋仪器＋外部环境）的时间演化过程中，因子化的宇宙初态会变成一个针对被测基矢的相对态，相对态中每一项的系数恰好是初态中系统相干叠加态中的系数。这时，我们说相对系统态而言，仪器态是一个指针态，而环境所充当的角色是诱导了一个超选择定则（称为 eniselection），选择了这样特定的基矢。退相干理论的第二个要点是初态因子化的假设。它隐含的意思是，没发生相互作用之前，系统的相干叠加态是独立于测量仪器和环境而存在的。以后，相互作用使得世界波函数保持一种准因子化的形式，即形成具有和系统初态系数一样的施密特系数的相对态。这个假设可以有一个逻辑上的改进。因为因子化形式依赖于张量积定义，其不唯一性使退相干理论进一步也遭遇到质疑的逻辑障碍。也许这与偏好基矢问题是等价的。在更完美的理论中，应该事先不假定因子化的形式，让环境诱导出来的时间演化产生相对态的系数，实现完全客观的量子测量过程。但是，这种处理遇到的关键问题是怎样把这个理论结果与依赖于初态的实验相比较。

## 5  量子自洽历史、量子达尔文和各种诠释的统一

量子退相干理论强调的是环境引起的量子退相干，但对于整个宇宙而言，谈其环境是没有意义的，宇宙本质是个孤立体系。如果有朝一日人们完成了引力量子化，没有环境影响，经典引力如何出现？没有经典引力，我们如何理解苹果落地和月球绕日而行、如何描述整个宇宙在经典引力作用下的演化？因此，为了描述量子宇宙的所有物理过程，我们的确需要一个更加普遍的量子力学诠释：这里没有外部测量，也没有外部环境，一切都在宇宙内部衍生，在宇宙内部也可以看到一个从量子化宇宙约化出来的经典世界，经典引力支配着各种各样的物理现象。针对这个问题，基于格里菲斯（Robert Griffiths）和欧内斯（Roland Omnes）等人提出自洽历史处理（consistent history approach），哈特尔（James B. Hartle）和盖尔曼等人发展了退相干历史的量子力学诠释。

量子力学自洽历史诠释是格里菲斯（图 6）在 1983 年提出来

的。与多世界诠释一样，量子力学自洽历史诠释也是从世界波函数出发，它强调的"历史"是有测量介入的离散时间演化序列。如图7，我们用一个描述测量结果的投影算符序列。

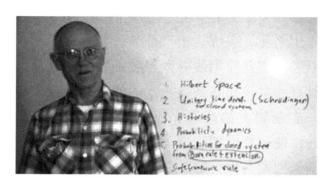

图 6　自洽历史诠释的创立者格里菲斯（Robert Griffiths，孙昌璞 2005 年摄影）

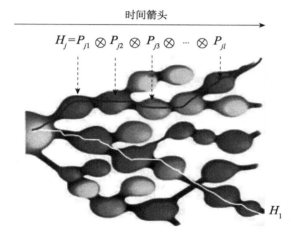

图 7　自洽历史诠释与多世界理论的相似性："世界只有一个，历史是多重的"

$$H_j = P_{j1} \otimes P_{j2} \otimes P_{j3} \otimes \cdots \otimes P_{jl} \tag{17}$$

来定义量子世界包含时间演化和测量的历史。$P_j$ 代表在 $t = j$ 时到某本征态上的投影。不同的历史，相当于多世界理论中世界分裂的不同分支。显然，任意给定一个历史的集合，不同的历史之间有干涉效应，每一个历史相互不"独立"，不能定义经典几率。为了衍生出经典概率，格里菲斯对描述历史的投影算符乘积给出了自洽条件 $\mathrm{Tr}(H_j \rho H_l) = 0 (j \neq l)$，其中 $\rho$ 代表系统的密度矩阵。满足这个条件的历史集合中的历史被称为自洽的历史。对每一组自洽的历史，可以赋予一个经典概率描述：$\Pr(j) = \mathrm{Tr}(H_j \rho\, H_j)$。如果把每一个历史当成多世界理论中世界波函数时间域上的一个分支，自洽历史处理可以视为多世界理论的某种推广发展。在这个意义下，多世界可以看成是我们唯一宇宙"多种选择的历史"。按美国加州理工学院的哈特尔和盖尔曼的观点，虽然世界只有一个，但却可以经历很多个可能历史组。

下面以薛定谔猫佯谬为例，简要地告诉大家什么是自洽历史描述：如果我们能够测量每一个时刻组成猫的所有粒子的坐标，不同时刻的位置测量构成了系统的精（细）粒化的历史。不同时刻的位置投影算子乘积 $H_i = \prod\limits_{t=1}^{T} \Pi(t)$ 构成历史的描述，其中

$$\Pi(t) = \prod_{j=1}^{} |x^{(j)}(t)\rangle\langle x^{(j)}(t)| \tag{18}$$

指标 $j$ 代表组成猫的不同粒子。$H_i = H$（$t = 0$，$1$，$\cdots$，$T$）描述了粒子的轨迹，不同 $H_i$ 可能会不"独立"，这样历史通常是不自洽的。我们猜想，对于薛定谔猫而言，描述质心运动的那些投影 $H_i$，忽略量子涨落，艾伦菲斯特方程退化成牛顿方程，形成一组自洽的历史，然后赋予经典意义上的几率。我们猜想，只对应轨迹退相干的投影乘积序列，才可以确定地构成自洽的历史。因此，自洽历史诠释的坐标表示本质上是退相干历史诠释。

哈特尔和盖尔曼等人发现，带有测量的历史序列可以用路径积分表达。针对量子引力和宇宙学，提出今称为退相干历史的量子力学诠释：宇宙体系演化过程粗粒化抹除若干可观察对象类之间的量子相干性，经典几率可以自洽地赋予每一个可能的路径。事实上，对任何瞬间宇宙中发生的事件作精确化的描述，构成了一个完全精粒化历史（completely fine-grained history）。不同精粒化的历史之间是相互干涉的，不能用独立的经典概率加以描述。但是，由于宇宙内部的观察者能力的局限性或需求的不同，只能用简化的图像描

述宇宙（如只用粒子的质心动量和坐标刻画粒子的运动），本质上是对大量精粒化历史进行分类的粗粒化（coarse-grained）描述。粗粒类内的相位无规可以抹除各类粗粒化历史之间的相干性，从而使得粗粒化的历史形成所谓退相干的历史（decoherence history）。通过这种退相干历史的描述，原则上对量子引力到经典引力的约化给出了自恰的描述。

我们还可以借助"薛定谔猫"来展示什么是退相干历史诠释。假设"猫"作为一个宏观物体是由大量有空间自由度的粒子组成，每一个粒子有自己空间运动的轨迹，满足各自的薛定谔方程，它们每一个的演化构成了"猫"的精粒化的历史，代表了"猫"的动力学所有的微观态细节。如果用路径积分描述这些"历史"，则不同路径之间是干涉的。由于这些粒子间存在相互作用，则"精粒化历史"对应的"轨道"与自由粒子的轨道不是一一对应的。现在我们不关心组成"猫"的每一个粒子的运动细节，只关心它的质心或者其他宏观自由度。某个特定宏观自由度的运动是微观自由度某种集体合作的结果，可以视为"猫"的所有微观演化过程的粗粒化。由于相对运动的影响，它的相干叠加态的时间演化会导致相位差的不确定性，从而相干性消逝。如图8所示，从路径积分的观点看，粗粒化后两条不同路径是不相干的，相干函数变为零，从而导致所谓退相干的历史。

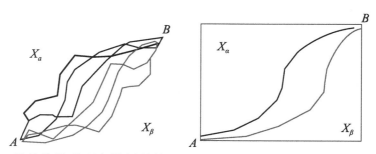

图8 粗粒化导致观察结果的量子退相干：从轨道到轨道类的路径积分

不管退相干历史也好，自洽历史也好，仍然存在偏好基矢的取向问题。同一个世界，有不同组合的自洽历史集，选择哪一个，有观察者或者"你"、"我"的偏好。祖莱克提出了量子达尔文的观点去解决这个问题。量子达尔文主义认为，"微观量子系统是可测量的"这一经典属性是由宏观外部环境决定的，只有那些在环境中能够稳定（robust）保持的性质才是微观系统的真正属性。只有那些在环境中残存下来的属性才是客观的，因为它不取决于个别人的意识，而是取决于它以外包括许多观察者的整个环境，这一点很像多世界的相对态。在量子达尔文的诠释中，环境的作用不再仅仅只是一个产生噪声的破坏者，它本质上还是一个有足够信息冗余度的记录器和见证者。如果把环境分成几个子系统，把其中的一个或几个用来记录系统信息，其他的则用来比对是否记录到相同的信息。如果不同的部分都记录了相同的东西，则这是一个微观系统固有、可在经典世界展现的东西，只有这样的属性才是客观的。

从这个意义上讲，这样的宏观环境与系统耦合，虽然可以不转换能量，但可以记录信息，使得系统"进化"（演化）到一个经典的状态——用非对角项消逝的退相干密度矩阵表示，使之对角化的基矢就是所谓的偏好基矢。如果把环境分成几个子系统，当作不同的观察者，则不同观察者得到了相同的观察结果。我们以两个观察者测量自旋为例，说明量子达尔文的观念。包含一个系统和两个观察者（$O_1$ 和 $O_2$）的世界波函数可以写为

$$|\psi\rangle = \frac{1}{\sqrt{2}}\left(|\uparrow\rangle \otimes |O_{1\uparrow}\rangle \otimes |O_{2\uparrow}\rangle + |\downarrow\rangle \otimes |O_{1\downarrow}\rangle \otimes |O_{2\downarrow}\rangle\right) \quad (19)$$

如前所述，当两个观察者态是正交的，则 $O_1$ 和 $O_2$ 对于基矢 $|\uparrow\rangle$ 和 $|\downarrow\rangle$ 得到相同的结果，而对另外的基矢 $|+\rangle$ 和 $|-\rangle$ 则不然。量子达尔文的要点在于上述世界波函数是 $O_2$ 与系统间特定相互作用导致的稳态结果——一种"自然选择"。从数学表达式看，这个表述与多世界诠释是等价的，只是强调了环境记录信息的冗余性。当然，多世界理论强调了要考虑 $|\uparrow\rangle\left(|\downarrow\rangle\right)$ 以外的所有世界的态。它

虽然没有明确环境对基矢的客观选择，但暗含了信息冗余的要求。

# 6 结束语

为解决哥本哈根诠释二元论的逻辑困境和物理悖论，过去人们提出了各种各样量子力学诠释。从本文讨论可以看出，它们的核心思想本质上来自于逻辑简练、物理寓意深远的、但图像十分反直觉的多世界诠释。多世界理论表达的是"一个波函数，多个世界"，而由它发展出来的自洽历史诠释讲的是"一个世界，多个历史"。

我们注意到，由于媒体和初级科普的不正确解释、以讹传讹，加上一些"知名"学者的不读原文、不求甚解（或不读书好求甚解），多世界诠释被污名化了许久。特别是目前不少人觉得哥本哈根诠释的正确是天经地义的，而多世界诠释则被认为是形而上学的甚至是伪科学。当然，如果不把波函数看成是本体论的东西，而只是从工具主义的角度把它看成是一个预测实验结果的数学工具，波包塌缩的预言和多世界诠释或量子退相干描述一般没有差别。但是，量子力学的哥本哈根诠释强调必须借助经典世界，从逻辑上讲是不自洽的。从哲学角度讲，量子力学的哥本哈根版本是一种二元论，而一个理想的完美的理论应该是一元论：一切源于量子，经典只是量子体系宏观极限下的"衍生"现象。

诺贝尔奖获得者塞尔日·阿罗什（Serge Haroche）认为[39]："实验室中的测量远不是教科书中的投影假设"（"Most measurements are far from obeying the textbook projection postulate"）。既然测量是一个相互作用导致的幺正演化，要形成一个理想的仪器与被测系统的量子纠缠，需要一定的时间。当测量仪器变得足够宏观，这个时间会变得无穷之短，这个过程就是所谓的渐进退相干过程。阿罗什在精心设计的腔量子电动力学实验中观察到了有演化时间表征的单个体系的渐进退相干过程[40]。到底是哥本哈根诠释的投影测量还是与"多世界"有关的幺正演化测量，我们有可能根据测量时间效应在实验上加以区分。因此，量子力学诠释问题之争绝不是在讨论"针尖上的天使"。

量子芝诺效应的实验验证曾经被人看成对波包塌缩的证实。过去的十多年，我们曾经针对量子芝诺效应根源系统地探讨了量子力学诠释问题[41-43]。我们先是针对两个已有的、用波包塌缩诠释的实验给出了无需波包塌缩的动力学解释，进而设计了核磁共振测量系统[44]，实现了有别于波包塌缩的量子测量。实验的确展示了测量时间的效应。最近，美国圣特路易斯小组利用超导量子比特系统又一次验证了我们的这种想法[45]。这些结果表明，解释量子力学现象并非一定需要哥本哈根的波包塌缩诠释！依据并无共识的哥本哈根诠释、不加甄别地发展依赖诠释的量子技术，在量子技术发展中会导致技术科学基础方面的问题。随着时间的推移，这种问题严重性会逐渐凸显出来。显然，如果不能正确地理解量子力学波函数如何描述测量，就会得到"客观世界很有可能并不存在"的荒诞结论；如果有人不断宣称"实现"了某项量子技术的创新，但何为"实现"却依赖于有争议的、基于波包塌缩的"后选择性"，这样的技术创新的可靠性必定存疑。因此，澄清量子力学诠释概念不仅可以解决科学认识上的问题，而且可以防止量子技术发展误入歧途。

**致　谢**　感谢中国人民大学张芃教授、中国工程物理研究院研究生院傅立斌研究员、北京理工大学徐大智副教授，以及课题组成员戴越博士、董国慧和马宇翰对本文提出的批评和建议。感谢张慧琴博士在文字方面不胜其烦的协助和修改。

# 参考文献

[1] Jammer M，Merzbacher E. The Conceptual Development of Quantum

Mechanics. New York：McGraw-Hill，1966

［2］孙昌璞．物理，2000，29（08）：457

［3］孙昌璞，衣学喜，周端陆 等．量子退相干问题．见：曾谨言，裴寿镛主编．量子力学新进展（第一辑）．北京：北京大学出版社，2000

［4］孙昌璞．物理，2001，30（05）：310

［5］Jammer M. The Philosophy of Quantum Mechanics. New York：John Wiley & Sons，1974

［6］何祚庥．物理，1993，22（7）：419

［7］孙昌璞，全海涛．物理，2013，42（11）：756

［8］汪克林，曹则贤．物理，2014，43（6）：381

［9］Mermin N D. Physics Today，2004，57（5）：10

［10］格里宾著．匡志强 译．量子、猫与罗曼史（薛定谔传）．上海：上海科技教育出版社，2013. 译本见：Gribbin J. Erwin Schrodinger and the Quantum Revolution. London：Bantam Press，2012

［11］Weinberg S. Physics Today，2005，58：11，31

［12］Weinberg S. Lectures on Quantum Mechanics（2nd Edition）. New York：Cambridge University Press，2015

［13］温伯格. http：//www. huanqiukexue. com/a/qianyan/tianwen—wuli/2016/1123/ 26804. html

［14］Everett H. Reviews of Modern Physics，1957，29（3）：454

［15］DeWitt B S，Graham N. The Many Worlds Interpretation of Quantum Mechanics. Princeton：Princeton University Press，1973

［16］Ollivier H，Poulin D，Zurek W H. Physical Review Letters，2004，93（22）：220401

［17］Tipler F J. Proceedings of the National Academy of Sciences，2014，111（31）：11281

［18］Byrne P. The Many Worlds of Hugh Everett Ⅲ：Multiple Universes，Mutual Assured Destruction，and the Meltdown of a Nuclear Family. New York：Oxford University Press，2010

［19］Lehner C. The Everett Interpretation of Quantum Mechanics：Collected

Works 1955—1980 with Commentary. Princeton：Princeton University Press，2012

[20] Northey M，Mckibbin J. Many Worlds ?：Everett，Quantum Theory & Reality（Reprint Edition）. New York：Oxford University Press，2012

[21] Wallace D. The Emergent Multiverse：Quantum Theory according to the Everett Interpretation（Reprint Edition）. New York：Oxford University Press，2014

[22] Bohm D. Physical Review，1952，85（2）：166

[23] Bohm D. Physical Review，1952，85（2）：180

[24] Zeh H D. Foundations of Physics，1970，1（1）：69

[25] Joos E，Zeh H D. Zeitschrift Für Physik B Condensed Matter，1985，59（2）：223

[26] Joos E，Zeh H D，Kiefer C et al. Decoherence and the Appearance of a Classical World in Quantum Theory. Berlin：Springer-Verlag，2003

[27] Zurek W H. Reviews of Modern Physics，2003，75（3）：715

[28] Zurek W H. Physical Review D，1981，24（6）：1516

[29] Griffiths R B. Journal of Statistical Physics，1984，36（1-2）：219

[30] Griffiths R B. Consistent Quantum Theory. New York：Cambridge University Press，2003

[31] Gell-Mann M，Hartle J B. Quantum Mechanics in the Light of Quantum Cosmology. In：Complexity，Entropy，and the Physics of Information. ed. Zurek W. Reading：Addison-Wesley，1990

[32] Gell-Mann M，Hartle J B. Physical Review D，1993，47（8）：3345

[33] VonNeumann J. Mathematical Foundations of Quantum Mechanics. Princeton：Princeton University Press，1955

[34] Peres A. Quantum Theory：Concepts and Methods. Dordrecht：Kluwer Academic Publishers，1995

[35] 赫尔奇·克劳著. 肖明，龙芸，刘丹译. 狄拉克：科学和人生. 长沙：湖南科学技术出版社，2009

[36] Wigner E P. Remarks on the Mind-Body Question. ed. Good I J. In：The

Scientist Speculates. London：Heinemann，1961

[37] Li S W，Cai C Y，Liu X F et al. Objectivity of quantum measurement in many-observer world. arXiv：1508.01489，2015

[38] Quan H T，Song Z，Liu X F et al. Physical Review Letters，2006，96：140604

[39] Haroche S，Raimond J M. Exploring the Quantum：Atoms，Cavities，and Photons. New York：Oxford University Press，2006

[40] Brune M，Hagley E，Dreyer J et al. Physical Review Letters，1996，77：4887

[41] Sun C P. Physical Review A，1993，48 (2)：898；评述文章见：Sun C P，Yi X X，Liu X J. Fortschritte der Physik-Progress of Physics，1995，43：585

[42] Xu D Z，Ai Q，Sun C P. Physical Review A，2011，83：022107

[43] Ai Q，Xu D Z，Yi S et al. Scientific Reports，2013，3：1752

[44] Zheng W Q，Xu D Z，Peng X H et al. Physical Review A，2013，87：032112

[45] Harrington P M，Monroe J T，Murch K W. Physical Review Letters，2017，118：240401

本文原载于《物理》，2017，46 (8)：481

# 量子纠缠创造了虫洞？

◆胡安·马尔达西纳 (Juan Maldacena)

王少江　译　蔡荣根　校

理论物理充满了令人难以置信的想法，但是其中最诡异的两个还要数量子纠缠和虫洞。前者由量子力学理论预言，是指两个没有明显物理联系的物体（通常是原子或亚原子粒子）之间存在一种令人惊异的关联。而虫洞由广义相对论预言，是连接时空里相距遥远的两个区域的捷径。最近，包括我在内的几位理论物理学家的研究暗示，这两个看起来截然不同的概念之间存在联系。基于对黑洞的计算，我们意识到量子力学的纠缠和广义相对论的虫洞或许在本质上是等价的，是同一个现象的不同描述，而且我们相信，这种相似性同样适用于黑洞以外的场合。

这种等价关系会带来深远的影响。这说明，宇宙中还存在更基本的微观成分，而时空本身则是从这些成分间的纠缠中呈展

王少江：中国科学院理论物理研究所博士研究生。研究领域：引力理论和宇宙学。
蔡荣根：中国科学院理论物理研究所研究员，中国科学院院士。研究领域：引力理论和宇宙学。

（emerge）出来。还有一点，尽管科学家一直认为纠缠物体之间没有物理联系，但它们可能实际上是通过某种方式连在一起的，而且这种方式远没有我们认为的那般奇异。

此外，纠缠和虫洞的这种联系可能还有助于建立一个量子力学和时空的统一理论——物理学家称之为量子引力理论，它能从原子和亚原子领域的相互作用定律中导出宏观宇宙的物理规律。这样一个理论对于理解宇宙大爆炸和黑洞内部是必要的。

有趣的是，量子纠缠和虫洞都能追溯到由爱因斯坦及其合作者们在 1935 年所写的两篇文章。表面上看来，两篇文章是在处理完全不同的现象，而爱因斯坦可能从未想到它们之间竟然存在着某种联系。事实上，纠缠这个量子力学的特性曾经让爱因斯坦无比烦恼，还被他称为"幽灵般的超距作用"。但讽刺的是，它如今可能为爱因斯坦的相对论提供桥梁，使其延伸到量子领域。

## 黑洞和虫洞

为了解释我为什么认为量子纠缠和虫洞会联系到一起，我先得描述黑洞的几个性质，这些性质与我的想法密切相关。黑洞是弯曲的时空区域，与我们所熟知的、相对而言未被扭曲的空间非常不一样。黑洞的一个显著特征是我们能够将它的几何结构分隔为两个区域：一个是空间被弯曲，但物体和信息仍能逃离的外部区域；一个是物质和信息进去之后就再也无法出来的内部区域。内部和外部被一个名为"事件视界"的表面分隔开来。广义相对论告诉我们，视界只是一个想象出来的表面，当一个宇航员穿越视界的时候并不会在那里感到任何异样。但是一旦穿过它，这个空间旅行者将注定被挤压进一个有着巨大曲率且无法逃离的区域。（事实上，黑洞内部相对外部而言实际上是在未来，所以旅行者无法逃离，因为他无法穿越回过去。）

在爱因斯坦提出广义相对论仅仅一年后，德国物理学家卡尔·

史瓦西（Karl Schwarzschild）找到了爱因斯坦方程的一个最简单的解，描述了日后被称为黑洞的天体。史瓦西计算出的时空几何结构是如此的出人意料，以至于科学家直到 20 世纪 60 年代才真正理解到，这个结构描述的其实是连接两个黑洞的虫洞。从外部看，两个黑洞是相距很远的两个独立实体，然而它们共有一个内部区域。

在 1935 年的论文中，爱因斯坦和他的合作者内森·罗森（Nathan Rosen，当时也在普林斯顿等研究院）预料到，这个共有的内部其实是某种虫洞（虽然他们没有完全理解虫洞所代表的几何结构），因此虫洞也被称为"爱因斯坦—罗森桥"。

史瓦西的虫洞解与宇宙中自然形成的黑洞不同的地方在于，前者不包含物质，仅仅是弯曲的时空。因为有物质存在，自然形成的黑洞只有一个外部区域，而大多数研究者认为一个完整的史瓦西解有两个外部区域，因此这个解是一个与宇宙中的真实黑洞无关的有趣数学结果。但不管怎样，它都是一个有趣的解，物理学家对它的物理解释也很好奇。

史瓦西解告诉我们，连接两个黑洞外部区域的虫洞是随时间变化的：随着时间流逝变长变细，就像把面团拉成面条。同时，在某一点交汇的两个黑洞的视界将迅速分离。事实上，它们分开得如此迅速，以至于我们无法利用这样一个虫洞从一个外部区域旅行到另一个外部区域。换句话，我们可以说这座桥在我们穿过前就已经坍缩了。在面团拉伸的类比中，桥的坍缩对应于面团被拉伸成面条后，变得无限细。

要着重指出的是，我们所讨论的虫洞与广义相对论中不允许超光速旅行的定律是相容的，在这一点上是不同于科幻作品中的那些虫洞的。在科幻电影中，那些虫洞允许在空间中相距遥远的区域之间瞬时传送，比如电影《星际穿越》中的情节。科幻作品经常违反已知的物理定律。

如果一部科幻小说写到了像我们所说的这种虫洞，那么小说描述的场景就会像下面这样。假设有一对年轻的情侣罗密欧（Romeo）和朱丽叶（Juliet）。他们两边的家庭都反对他们在一起，所以将罗密欧和朱丽叶送到不同的星系，禁止他们旅行。然而这对情侣非常聪明地造出了一个虫洞。从外部看，虫洞看起来像一对黑洞，一个在罗密欧所处的星系，另一个在朱丽叶所处的星系。这对情侣决定跳入他们各自的黑洞。现在，对他们的家庭而言，他们就是跳入黑洞殉情了，永远不会再有消息了。然而外部世界所不知道的是，虫洞的时空几何结构允许罗密欧和朱丽叶在共有的内部区域相遇。因此，他们能够幸福地相处一段时间，直到桥坍缩并摧毁内部区域，从而将他们都杀死。

## 量子纠缠

1935 年的另外一篇论文讨论了另一个我们感兴趣的现象——纠缠，这篇论文是爱因斯坦、罗森和鲍里斯·波多尔斯基（Boris Podolsky，当时也在普林斯顿高等研究院）合作撰写的。也正是因为这篇论文，三位作者被合称为 EPR。在这篇著名的论文中，他们提出，量子力学允许相距遥远的物体之间存在某种奇特的关联，即纠缠。

相距遥远的物体之间的关联也可以出现在经典物理中。想象一下，例如你把一只手套忘在家里，只带了一只出门。在查看口袋前，你并不知道自己带的是左手手套还是右手那只。而一旦你看到带的是右手那只，你马上就能知道落在家里的那只是左手的。但是，纠缠牵涉的是另一种截然不同的关联，这种关联只存在于由量子力学支配的物理量之间，而这些量遵守海森堡不确定性原理。这一原理断言，存在一些成对的物理量，我们不能同时精确地知道它们的值。最著名的例子就是一个粒子的位置和速度：如果我们精确地测量到它的位置，那么它的速度将变得不确定，反之亦然。EPR 想知道，如果我们测量一对相距遥远的粒子各自的位置或者速度，那么会发生什么。

EPR 所分析的例子涉及两个相同质量的粒子，在一个单一的维度上运动。不妨称呼这两个粒子为 R 和 J，因为我们可以想象它们是罗密欧和朱丽叶测量的两个粒子。我们以某种方式制备这对粒子，使得它们的质心有一个定义明确的位置，我们把它叫做 $x_{cm}$，等于 $x_R$（R 粒子的位置）加上 $x_J$（J 粒子的位置）再除以 2。我们可以要求质心位置等于零，也就是说，我们可以说这两个粒子总是处在与原点等距离的位置上。我们让这两个粒子的相对速度 $v_{rel}$ 等于 R 粒子的速度（$v_R$）减去 J 粒子的速度（$v_J$），并取一个精确的值，比如，让 $v_{rel}$ 等于某个我们称作 $v_0$ 的数值。换句话说，两个粒子的速度差保持不变。这里我们虽然同时精确地指定了位置和速度，但针对的不是同一个物体，所以并不违反海森堡不确定性原理。如果我们有两个不同的粒子，那么，尽管我们不能同时精确地知道第一个粒子的位置和它的速度，但我们完全可以确定第一个粒子的位置和第二个粒子的速度。类似的，一旦我们知道了两个粒子质心的精确位置，那么我们就不能确定质心的速度，但我们还是可以确定两个粒子的相对速度。

现在我们进入最精彩的部分，这同时也是量子纠缠让人感到不可思议的地方。试想，我们的两个粒子相距遥远，然后两个同样相距遥远的观测者，罗密欧和朱丽叶，决定去测量粒子的位置。现在，由于上述制备粒子的方式，如果朱丽叶确定 $x_J$ 等于某个特定值，罗密欧将发现他的粒子的位置正好是朱丽叶那个粒子的位置的负值（$x_R = -x_J$）。需要注意的是，朱丽叶的结果是随机的：她的粒子的位置将随着每次测量而变化。然而，罗密欧的结果则完全由朱丽叶的结果所确定。现在假设，他们都测量了各自粒子的速度。如果朱丽叶得到一个具体值 $v_J$，那么罗密欧肯定会发现他所测得的速度是朱丽叶的值加上相对速度（$v_R = v_J + v_0$）。再一次，罗密欧的结果是由朱丽叶的结果完全决定的。当然，罗密欧和朱丽叶可以自由选择测量哪个量。特别是，如果朱丽叶测量的是位置而罗密欧测量的是速度，那么他们的结果将是随机的而不呈现任何关联。

奇特的是，即使罗密欧对粒子位置和速度的测量受到了海森堡不确定性原理的限制，如果朱丽叶决定测量她的粒子的位置，那么一旦罗密欧获知了朱丽叶的测量结果，他的粒子也将有完全确定的位置。而且同样的事情也会出现在速度上。看起来仿佛一旦朱丽叶测量了位置，罗密欧的粒子就立即"知道"它必须有一个定义明确的位置和一个不确定的速度，反过来如果朱丽叶测量了速度，罗密欧的粒子就会有确定的速度和不确定的位置。初看起来，这种情况好像允许一种信息的即时传送：朱丽叶可以测量她的粒子的位置，而罗密欧就将看到他的粒子有一个确定的位置，由此推断朱丽叶选择测量的物理量是位置。然而，在不知道朱丽叶所测位置的实际值的情况下，罗密欧不会意识到他的粒子有了确定的位置。所以实际上量子纠缠所造成的关联并不能用来超光速传递信号。

虽然已经在实验中得到证实，但纠缠看起来仍然只是量子系统一个深奥难懂的特性。不过，在过去的二十多年里，这些量子关联已经促使加密技术和量子计算等领域产生了许多实际应用和突破。

## 虫洞等于纠缠

那么，我们是怎样把两个截然不同的奇异现象——虫洞和纠缠——联系到一起的呢？对黑洞的深度思考引领我们走向了这个答案。1974 年，斯蒂芬·霍金（Stephen Hawking）发现量子效应将导致黑洞像热物体一样辐射，证明了没有任何东西能从黑洞逃离的传统观点实在是过于简化了。黑洞辐射的事实暗示它们具有温度——这一点有着非常重要的意义。

自从 19 世纪以来，物理学家就知道温度源自一个系统中微观组分的运动。例如，在气体里，温度来自分子的随机运动。因此，如果黑洞有温度，那么它们就应该也有某种微观组分，这些组分可以具有各种不同的组态，即所谓的微观态。我们也相信，至少从外部看来，黑洞应该表现得像一个量子系统，也就是说，它们应该遵循所有量子力学的定律。总之，当我们从外部看黑洞，我们应该发现一个拥有许多微观态的体系，而黑洞处于每一个微观态的概率都是均等的。

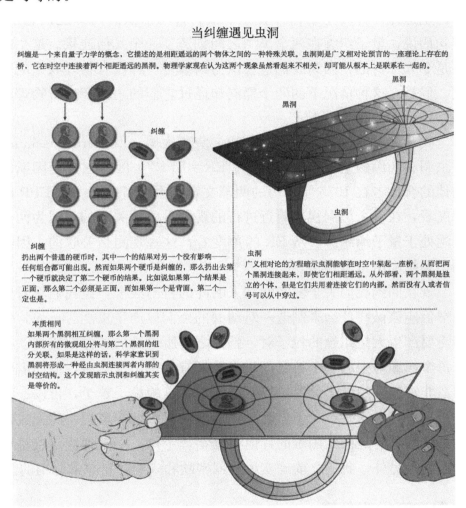

当纠缠遇见虫洞

纠缠是一个来自量子力学的概念，它描述的是相距遥远的两个物体之间的一种特殊关联。虫洞则是广义相对论预言的一座理论上存在的桥，它在时空中连接着两个相距遥远的黑洞。物理学家现在认为这两个现象虽然看起来不相关，却可能从根本上是联系在一起的。

黑洞

黑洞

纠缠

纠缠

扔出两个普通的硬币时，其中一个的结果对另一个没有影响——任何组合都可能出现。然而如果两个硬币是纠缠的，那么扔出去第一个硬币就决定了第二个硬币的结果。比如说如果第一个结果是正面，那么第二个必须是正面，而如果第一个是背面。第二个一定是。

虫洞

虫洞

广义相对论的方程暗示虫洞能够在时空中架起一座桥，从而把两个黑洞连接起来，即使它们相距遥远。从外部看，两个黑洞是独立的个体，但是它们共用着连接它们的内部。然而没有人或者信号可以从中穿过。

本质相同

如果两个黑洞相互纠缠，那么第一个黑洞内部所有的微观组分将与第二个黑洞的组分关联。如果是这样的话，科学家意识到黑洞将形成一种经由虫洞连接两者内部的时空结构。这个发现暗示虫洞和纠缠其实是等价的。

因为黑洞从外部看就像通常的量子体系，那么我们完全可以认为一对黑洞可以相互纠缠。假设有一对相距遥远的黑洞，每一个黑洞都有很多种可能的微观量子态。现在想象一对纠缠的黑洞，其中第一个黑洞的每一个量子态都与第二个黑洞的对应量子态关联。特别是，如果我们测量到第一个黑洞处于某个特定的状态，那么另一个黑洞必须正好处于相同的状态。

有趣的是，基于弦论（一种量子引力理论）的特定考量，我们认为，一对微观态以这种方式（即所谓 EPR 纠缠态）纠缠的黑洞将产生这样一种时空结构：有一个虫洞将两个黑洞内部连接起来。换句话说，量子纠缠在两个黑洞之间创造了一个几何连接。这个结果是令人惊讶的，因为我们过去认为纠缠是一种没有物理联系的关联。但是，这种情况下的两个黑洞却通过它们的内部产生了物理联系，通过虫洞相互接近了。

我和美国斯坦福大学的伦纳德·萨斯坎德（Leonard Susskind）将虫洞和纠缠的这种等价性称作"ER＝EPR"，因为它把爱因斯坦和他的合作者在 1935 年所写的两篇文章联系在了一起。从 EPR 的角度看，在每个黑洞视界附近进行的观测是彼此关联的，因为两个黑洞处于量子纠缠态。从 ER 的角度看，这些观测是关联的，因为两个系统经由虫洞连接。

现在回到我们关于罗密欧和朱丽叶的科幻故事，让我们看看这对情侣应该做些什么来制造一对纠缠的黑洞以产生虫洞。首先，他们需要产生大量纠缠的粒子对，就像之前所讨论的那样，罗密欧拥有每个纠缠对中的一个粒子而朱丽叶拥有另一个。然后，他们需要制造非常复杂的量子计算机以操纵他们各自的量子粒子，再以一种可控的方式把这些粒子组合起来，形成一对纠缠的黑洞。要完成这样一个壮举将是极其困难的，但根据物理定律，要做到这一点是有可能的。另外，我们之前确实说过罗密欧和朱丽叶是非常聪明的。

## 从黑洞到微观粒子

将我们引导至此的理论是许多研究者历经多年建立起来的，它始于维尔纳·伊斯雷尔（Werner Israel）在 1976 年发表的一篇文章，当时他任职于加拿大阿尔伯塔大学。2006 年，笠真生（Shinsei Ryu)和高柳匡（Tadashi Takayanagi）发表了关于纠缠和时空几何之间的联系的有趣研究，他们当时都在加利福尼亚大学圣巴巴拉分校工作。我和萨斯坎德则受到了 2012 年一篇论文的启发，这篇论文是由艾哈迈德·艾勒穆海里（Ahmed Almheiri）、唐纳德·马洛尔夫（Donald Marolf）、约瑟夫·波尔金斯基（Joseph Polchinski）和詹姆斯·萨利（James Sully）共同撰写的，他们当时也在加利福尼亚大学圣巴巴拉分校。他们发现了一个佯谬，与纠缠的黑洞内部的本质有关，而 ER＝EPR 理论（黑洞内部是连接另一个系统的虫洞的一部分）则可以在某些方面缓和这个佯谬。

虽然我们是通过黑洞发现了虫洞和纠缠态之间的联系，但我们不禁要猜测，这种联系可能并不局限于黑洞这种情况：只要存在纠缠，就一定有某种几何联系。即使是最简单的情况，即两个纠缠粒子，这种联系也应当成立。不过，在这种情况下，空间上的联系涉及了微小的量子结构，这些结构是无法用常规的几何概念来理解的。我们仍然不知道如何描述这些微观几何结构，但是这些结构的纠缠或许通过某种方式生成了时空本身。看起来，纠缠可以被看做是联系两个系统的引线（thread）。当纠缠增多时，就有了许多条引线，这些引线能够编织到一起从而形成时空结构。在这个图景中，爱因斯坦的相对论方程支配着这些引线的连接和重连；而量子力学不仅仅是引力的一个附件——它更是时空结构的本质。

目前，上述图景仍然是一个大胆的猜测，但有一些线索指向它，而且很多物理学家都在探寻它的含义。我们相信，看起来并不相关的纠缠和虫洞可能在事实上是等价的，而且这种等价性为发展量子时空理论以及统一广义相对论和量子力学提供了一个重要的线索。

本文原载于《环球科学》2017 年第 1 期

# 探索自然、揭示奥秘
## ——极小夸克与极大宇宙的内在联系 *

◆吴岳良

今天很荣幸到汇文中学,我们知道汇文中学有一个悠久的历史。

在我刚刚来之前,核查了一件事,我记得我们理论物理所的首任所长彭桓武先生曾跟我讲到,他考上北平两所名牌中学最终选择了汇文中学。虽然他当时没有读完,只有半年高中学历的彭先生主要通过自学考入清华大学,他和王竹溪、林家翘、杨振宁被称为"清华四杰"。后来考取中英庚款留学资格,投师于在爱丁堡大学的德国理论物理学家、量子力学奠基人之一、诺贝尔奖获得者马克斯·玻恩,并获得博士学位。在新中国成立前夕,他为了中国的原子能事业,国防事业,早就跟钱三强先生商量,怎么在中国把我们

* 本文根据作者 2010 年 6 月 6 日在北京汇文中学举办的北京青少年科技俱乐部"科学名家讲座"上的报告发言整理而成。

吴岳良:中国科学院理论物理研究所研究员,中国科学院大学教授,中国科学院院士,发展中国家科学院院士。研究领域:粒子物理、量子场论及宇宙学。

的原子能事业、国防事业（主要是指原子弹）搞上去。新中国成立前，他绕道从香港先到云南大学，后来再到清华大学，应该说，他作为我国"两弹一星"功勋者获得者，为我国原子弹、氢弹，包括核潜艇等方面的成功做出了重要的贡献。

今天我很高兴与汇文中学的同学们一起来探讨自然界的基本规律，揭示其奥秘。彭先生在国外的时候，最早在理论方面研究量子场论和量子力学。他当初与狄拉克、薛定谔等量子力学奠基人都有交往，并且在量子场论研究方面做出了重要的贡献。而量子场论这个理论就是描述我们物质的基本组成，微观粒子的运动和相互作用等规律的基本理论。

今天探讨的内容分以下几部分：宇宙是由什么组成？又是如何构成的？宇宙的起源和演化又是怎样？我想，我们在座的每个人可能从小就仰望天空，特别是在夏天的夜晚，都会问这样的问题，宇宙是由什么组成的，它是如何构成的，宇宙又是怎样起源和演化的，而今年高考语文的作文题目就是"仰望星空"。

我们看到周围的所有物质，包括我们自身，都是由夸克和轻子组成的，大家先记住这个名称，也许我们有许多同学还不知道夸克和轻子。听说过夸克的举手？我们还是有不少同学知道。到目前为止，粒子物理学家告诉我们所有的物质由六种夸克，包括我想大家可能知道的构成原子核的质子和中子，它们就是由其中的两个最轻的夸克组成的。关于轻子，我们所熟知的电子就是其中之一，电子是三种带电轻子中最轻的一个。另外，还有四种粒子是传递四种基本相互作用的玻色子，平时我们所知道的光子就是其中之一，大家可能知道它是传递电磁相互作用的粒子。

从我们认识物质组成的层次来说，我们常常可能听到和认识到的组分是分子，大家可能也知道，分子由原子组成。原子又是由核子和电子组成，核子里边有质子和中子组成，那么质子和中子由什么组成呢？就是我们今天重点探讨的夸克和轻子。这些物质怎么结合而成宇宙？首先这些基本粒子是怎么样结合成我们今天观察到的物质，它们是靠什么力量结合而成的。那就是自然界最基本的相互作用力，到目前为止，我们所认识到的把基本粒子结合成我们周围的物质和我们观测到的所有宇宙当中的物理现象，都是由四种基本相互作用力在起作用：一个就是我们熟知的电磁相互作用力，发生在所有带电粒子间，另一个我们称之为弱相互作用力，它导致重粒子衰变成轻粒子，再一个叫做强相互作用力，它把质子和中子紧密束缚在一起形成原子核，还有一个就是人们最早认识到的引力，它存在于所有物质之间，故常常称之为万有引力。自然界所有的相互作用都可归结到这四种基本相互作用力。尽管有的时候直觉上并不是那样，比如说摩擦力，怎么能与某种基本相互作用相关呢？后面我们会探讨，实际上是基本相互作用和它们的有效相互作用之间的关系。

我刚才讲到，大家都有探索宇宙，遨游天空的梦想。实际上，当在 400 年前天文学家伽利略首次发明望远镜，并把目光关注到天空，从那时候起，人类才真正有能力开始探索宇宙。四百年之后，去年（2009）联合国把那一年定为"国际天文年"。我们知道 2005 年是"国际物理年"，是爱因斯坦相对论创立一百周年。

刚才我也讲到，我们所有能看到的物质都由六种夸克和轻子来组成，但是近年来的宇宙和天文观测告诉我们，所有的物质，包括我们自身，在整个宇宙的组分中，占有很少的一部分。其实，还有绝大部分的宇宙组分我们并不清楚，这个组分大家可能听说过，那就是暗物质和暗能量，它们大量存在于宇宙当中。那么，这导致了什么样的一个宇宙新图像呢？我们现在的宇宙模型不再是通常的大爆炸宇宙学标准模型，而是宇宙先经过了大爆炸，之后又经过了一个快速暴胀的过程。同时宇宙的组分中，所谓的暗能量占

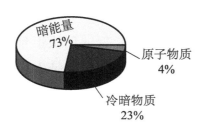

73%，物质占 27%。而在 27% 的物质中，大部分又是暗物质，约占 85%，我们通常观察到的原子物质（主要由夸克组成的物质）只占物质组分的约 15%。也就是说，暗物质约占宇宙组分的 23%，而我们所了解的原子物质仅仅占宇宙组分的约 4%。这是一个多么惊奇的发现和迷惑，在人类文明和科技发展的漫长历史中，我们对物质和宇宙的认识仅占宇宙组分的那么小的一部分。

夸克物质或原子物质构成我们所能观测到的一切物质世界，而它们仅占整个宇宙的比重约 4%，这实在让我们感到很惊讶，科学家们探索了这么多年的物质和宇宙，我们仅认识到宇宙 4% 的组分。现在大家比较接受的宇宙学基本模型是一个基于大爆炸宇宙学标准模型，再加上宇宙早期暴胀、暗能量、暗物质、夸克物质。宇宙的暗物质和暗能量部分常常叫做暗宇宙。

我们知道，普通物质包括电子、质子、中子、原子、分子，而暗物质是什么，目前我们并不知道。我们知道，普通能量包括化学能、太阳能、风能、水能、电能、核能，但是暗能量是什么，我们更不清楚。

人们起初探讨宇宙，包括宇宙起源和演化，实际上是作为一个哲学问题提出来，因早期还没有物理学，只有哲学。后来哲学中发展出自然哲学的部分，再通过紧密结合实验的观察分析和数学的逻辑推理，并建立起理论模型，逐步发展成为今天的物理学，所以物理一词在希腊语里的含义实际上就是自然哲学的意思。因此，当哲学思想一旦建立在实验的基础上，运用数学作为其描述语言，建立起理论模型，就成为物理学研究的内容。而宇宙学起初提出的时候，只是一个哲学范畴，也就是说，仅仅是一个概念。

直到爱因斯坦建立了广义相对论，并有了实验支持的基础后，宇宙学才作为一门科学，开始受到科学家们真正的关注。爱因斯坦的广义相对论告诉我们，宇宙的几何性质是由物质的分布决定的，反过来说，物质的分布决定宇宙的几何性质。这可从爱因斯坦方程看到，

$$G_{\mu\nu} + \Lambda_{g_{\mu\nu}} = \frac{8\pi G}{C^4} T_{\mu\nu}$$

方程的左边代表几何的曲率张量，右边是物质的能动量张量。正是有了爱因斯坦的引力方程，使得我们有可能定量地研究宇宙的基本性质。

根据几何的曲率性质，宇宙可以有三类模型，一个叫做闭宇宙，另一个叫做开宇宙，还有一个称为平坦宇宙。那么依据现在的天文观测，我们的宇宙究竟是一个什么样的宇宙呢？这很大程度上与暗物质、暗能量的性质和比例有关。而目前的实验观测告诉我们，从暗物质与暗能量的比例来看，我们正好处于闭宇宙、开宇宙、平坦宇宙的焦点处（平坦宇宙在一条直线上，在其右上面是闭宇宙，左下面是开宇宙），所以说，我们的宇宙处在一个临界状态，还有赖于更精确的实验才能确定我们的宇宙究竟是不是一个平坦宇宙，目前大家更倾向于接受宇宙是一个平坦宇宙。

下面首先让我们来探讨，人们是如何了解到宇宙是由什么构成的这个最基本问题。在我们所能观察到物质世界中，人们发现很多物质有相同的一些特征，于是就推想，组成宇宙物质的要素可能是一些基本要素。所谓基本，就是由一些简单的、没有结构的粒子。事实上，基本是相对而言的，它与我们认识自然界的程度是密切相关的。在古时候，人们把通常能观测到的物质称为基本的。如在古希腊的时候，思想家恩培多克率先提出四元素说，把陆地、空气、火、水认为是基本的。中国的一些先哲们，他们认为土、木、金、火、水是基本的。而印度的一些学者认为空间、空气、水、火和土是基本的。这是在那个时候人们认识自然界的水平。

实际上，在公元前 400 年，德谟克利特就提出了原子的概念，他在一首诗中这样写道：我们感觉到的存在，似乎是缤纷的色彩，浓郁的芬芳，深刻的苦痛，而实际存在的是原子和空间。他在那个时候就提出了原子的概念，直到 20 世纪初，1900 年的时候，人们对于原子的认识还是把原子看作是一个球状的里边充满了均匀分布的电荷。那么原子是不是基本的元素呢？后来科学家们发现，同学们可能从化学课中已知道，实际上不同的原子有不同的化学性质，根据化学性质把它分类，这就是我们熟知的元素周期表，它表明原子并不是基本的。原子是有结构的，它是由更基本的要素组成，其不同的要素和不同的组合，决定原子的化学性质。那原子的基本结构究竟是什么样子呢？后来经过实验发现，原子确实是有结构，在其中心有一个很小，但密度很大，带有正电荷的一个核，周围是带有负电荷的一些电子。注意到，原子这个词在古代希腊语的意思是指"基本"，显然，当时用"原子"这个词来表达是用错了，这些元素原子并不是最基本的。原子是由原子核和电子组成。那么，原子核是不是基本的，后来发现原子核也不是基本的，它是由带正电的质子和不带电的中子组成。接着，人们又要问，质子和中子是不是基本的？科学家们又发现，质子和中子也不是基本的，它由更小的粒子组成，这就是我们一开始提到的夸克。当然，人们会进一步问，夸克是不是基本的，但到目前为止，还没有发现比夸克更小的粒子。所以，目前我们把夸克当做是一个基本的粒子，它没有结构，真正当作数学上的一个点来处理。在这个意义上，到目前为止，夸克与电子被看作为物质的基本组成。

由此，现代的原子模型是这样的：中间是原子核，外边是电子围绕其运动。原子核由质子和中子组成，质子和中子又是由夸克组成。这里是个示意图，实际大小远不是这样。假如把质子和中子当作为一个厘米大小的球，那么夸克和电子比我们的头发丝还要小，即使在这样的情况之下，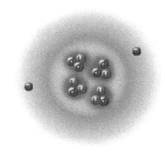原子的大小应该有三个足球场那么大，无法在纸上表示出来。我们看到的所有原子结构图片，只可能是一个示意图，不代表原子实际空间的大小。所以，以实际尺度来看，原子的大小约为一亿分之一厘米，原子核的大小是原子大小的一万分之一，而夸克和电子的大小只有原子核大小的一万分之一还小，也即不到原子大小的一亿分之一。因此，夸克和电子的大小不到亿亿分之一厘米。在这个意义上，我们把夸克和电子当成一个点来描述还是合适的。

大家还是会问，夸克和电子究竟有没有结构？应该说，这个问题还没有答案，粒子物理学家还在进一步研究。到目前为止，至少还没有发现它们有结构。事实上，我们并没有真正观察到自由夸克的存在。在 60 年代，人们想，假如夸克是有更基本的粒子组成，这个粒子应该叫什么？有位诺贝尔物理奖获得者说，这个粒子应该叫做毛子，因为我们毛泽东主席提倡的哲学思想是一分为二，物质是无限可分的，并且他老人家还一直关心像粒子物理这样的前沿基础科学的发展。

粒子物理研究最早可追溯到宇宙线的研究，一些粒子实际上首先是在宇宙线中发现的。粒子物理学家研究的目标就是弄清楚构成宇宙的最基本的粒子是什么，一旦当他们找到一个基本粒子以后，就把这个粒子进行分类，它是属于哪一种性质的粒子，这些粒子有什么样的相互作用，如何来构成宇宙。每个粒子都会用某个英文字母或希腊字母给它起上名字。实际上，到了 60 和 70 年代，已经发现上百种粒子，不仅给其取名字不好起，有的学生甚至觉得，有这么多粒子，怎么能记住它们，而这些粒子可能还只是粒子物理中的一部分，如何学好粒子物理感到困难。当时，诺贝尔奖获得者费米的一个学生也觉得比较苦恼，就问费米：有这么多粒子，怎么能记住所有粒子的名字。当时，费米就跟那个年轻的学生说：年轻人，我也记不住那么多粒子，假如我能记住这些粒子的名字，我就成为一个植物学家，而不是一个粒子物理学家。所以，他建议大家不用去硬记。后来，费米的那个学生也拿了诺贝尔物理奖。现在，每两年会出一本书，叫做"粒子物理数据表"，所有粒子的性质都收集在里面，查一下就知道，根本不用记。

到了 60 年代后期，粒子物理学建立起"粒子物理标准模型"，在这个标准模型里，回答了物质的基本组元是什么，它们是如何相互作用，如何构成宇宙世界。结果非常简单，只需六种夸克和六种轻子，除引力作用外，它们参与三种基本相互作用，当加上传递相互作用的粒子，发现实验上观察到的上百种粒子都可由夸克组合而成。

到目前为止，粒子物理标准模型理论与实验符合得很好，除了还有一个理论上预言的称之为希格斯粒子没有找到，而这个希格斯粒子对标准模型的建立起着重要的作用。那么，希格斯粒子的作用究竟是什么。我们知道，夸克和电子都有质量，但它们是如何获得质量的呢？希格斯粒子的作用就是提供给所有基本粒子质量，即它导致物质质量的起源，故有人称希格斯粒子为"上帝"粒子，希格斯粒子就是起着这样一个重要的作用。为此，高能物理学家在欧洲日内瓦建造了世界上能量最高的大型强子对撞机，去年正式运行，目前正在寻找希格斯粒子。只有理解了夸克和轻子质量的起源，才能解释我们今天所观察到的宇宙物质，包括我们人类自身。而在没有找到希格斯粒子之前，我们不能说我们对粒子质量的起源已清楚，这其实一直是粒子物理研究的一个前沿问题。

到目前为止，我们可以说已认识到的基本粒子包括：六种夸克、六种轻子和传递它们之间相互作用的传播子，以及我们后面还要提到的它们所对应的反夸克和反轻子。

粒子物理学家用了差不多 60 多年才认识到物质的基本组元。我们知道，电子在 19 世纪末就被发现，直到 30 年代发现中子，之后又发现了介子。直至 60 年代，粒子物理标准模型开始建立，人们这才认识到实验上所发现的这么多粒子，通常称之为强子（重子和介子）都可由夸克组成来解释。

刚才提到反夸克或反粒子，大家自然就会问是不是有反物质。

当然应该会有，因由反粒子构成的物质就是反物质。那么，反粒子与粒子有什么不同呢？事实上，除了电荷和螺旋性不同，粒子与反粒子的质量完全相同。由粒子形成的电中性标量型物质和由反粒子形成的电中性标量型反物质实际上很难区分。对于整个宇宙来说，完全由物质组成的宇宙或完全由反物质组成的宇宙，它们之间很难区分。然而，反物质与物质碰到一起会产生引力，并会发生湮灭，最终变成能量的形式存在。实验上如何发现反粒子的呢？因粒子与反粒子有相反的电荷，当它们成对产生后，在磁场中运动时，带正电和带负电的粒子，向不同的方向偏转，一个往右转，一个往左转。而它是由什么粒子产生的，对于正反电子来说，实际上是由光子产生了一个电子和一个正电子，光子是不带电的，在磁场中运动方向不变，由此人们发现和认识到粒子和反粒子。

通常我们把六种夸克分成三对，每一对称为一代或一个家族，质量最轻的为第一代或第一家族。并且给它们取了一些有趣的英文名字，听起来会觉得很怪，而记起来很容易。夸克与我们通常的电子和质子不一样，电子带一个单位负电荷，质子带一个单位正电荷，而夸克带有分数电荷。另外，我们还会看到，夸克还带有另外一种荷，这个荷是一种特殊的荷，与电子完全不一样。

另外，第六种顶夸克直到在 1995 年才发现，事实上，在这 20 多年之前，即 70 年代理论上就预言了这个夸克的存在，但是没想到的是它花费了物理学家 20 多年的时间才被找到。原因是它的质量比预想的要重得多，它比最轻的夸克要重约 4 万倍，比电子的质量重约 35 万倍。

这里讲一个关于夸克和夸克命名的小故事。20 世纪 60 年代初，由一位美国著名物理学家盖尔曼（Gell-Mann，1969 年获得诺贝尔物理奖）和一位欧洲年轻的物理学家他们分别同时提出了夸克模型。可是，那位年轻物理学家的论文没有被接受发表，而那位知名物理学家的论文虽然发表了，但并不是发表在当时最有影响的学术期刊。2005 年他来我们研究所访问时，我好奇地问他，为什么当时没有投到顶级的杂志发表。他回答说，当时提出夸克这样一个全新概念，许多物理学家并不是完全接受，投到那种顶级杂志肯定会被拒绝，他接着说，在某种意义上，顶级杂志显得有点 stupid。事实上，当初他提出夸克时，还主要是一个理论概念和数学描述。而他取"夸克"这个词来命名物质更深层的组元，并没有什么特别的含义，他只是读了一本 James Joyce 的小说 Finnegan's Wake，其中出现的一个字："Three quarks for Muster Mark!"因当时恰好需要引进三个夸克（每一个夸克后来发现有三种"颜色"），这就是"夸克"命名的由来。因当初人们确实不知道夸克这种基本粒子是不是存在，它作为一种数学描述而引进，是一个虚构的粒子。夸克这个名字，现在看起来还蛮有意思，听起来就像鸭子叫的声音。粒子物理学家不仅把物质的这种基本组元取名叫做夸克，并且为了区分不同的夸克，还给它们配上不同的味道和不同的颜色，那可能更有趣，后面我们还会谈到。

最早提出的三种不同味道夸克的名字分别是：上夸克，下夸克，奇异夸克。这个奇异夸克名字来源也是很有意思的，当时发现的一个介子叫做 K 介子，这个介子的组成有奇异夸克。为什么组成它的夸克叫做奇异夸克？事实上，这个介子确实很奇异。由 K 介子的发现和相关的物理过程，产生了四个诺贝尔物理奖。其中最早的一个诺贝尔奖就是我们大家熟知的于 1957 年颁发给李政道先生和杨振宁先生。他们首次提出左右宇称反演对称性破坏，解释当初的"$\tau-\theta$"之谜，实际上是由 K 介子衰变而引起。当第一次发现微观世界中左右宇称反演对称性被破坏，那时确实让人感到不可思议，很是觉得奇怪。另外，K 介子也是构成介子八重态中的主要粒子，盖尔曼教授关于介子八重态的对称性分析和 $\Omega$ 粒子的预言和发现，获得 1969 年诺贝尔物理奖。1964 年两位物理学家进一步发现 K 介子衰变不仅破坏左右宇称反演对称性，而且发现这个 K 介子衰变可导致粒子-反粒子对称和左右宇称反演对称（CP 对称性）的破坏，并于 1980 年获得诺贝尔物理奖。那么，如何解释 K 介子衰变中的 CP 对称性破坏，两位日本理论物理学家由于 1973 年提出的 CP 对称性破坏机制可成功解释实验上观察到的 CP 对称性破坏，他们于 2008 年获得诺贝尔物理奖。

第四种夸克称之为粲夸克，这个夸克实际上也是在理论上先预言了它的存在，20 世纪 70 年代在美国斯坦福直线加速器中心和美国布鲁克海文国家实验被发现。并获得诺贝尔物理奖，其中就有大家熟悉的华人科学家丁肇中先生。

第三代夸克由于质量夸克比较重，分别在 1977 年和 1995 年发现，1977 年就发现其中较轻的称之为"底夸克"的夸克，从理论模型预言，一定存在另一个夸克，而后者竟用了近二十年时间才发现，它们都是在美国费米国家实验室发现的。

下面我们来讨论夸克的一般性质。虽然当初提出时它这是一个理论概念和数学描述，是一种理论假设。后来，实验证据表明它们的存在，但这种存在实际上是一种间接的存在，并没有观察到真正自由夸克的存在。这与电子不一样，夸克的存在很有趣，它不能自由存在，总是成对成三地存在于自然界中，由夸克成对成三地形成的粒子称之为强子，其中由三个夸克形成的强子叫做重子（如质子和中子），有夸克和反夸克成对形成的强子叫做介子（如上面提到的 K 介子），这就是为什么在 20 世纪 30 年代至 60 年代，粒子物理学家发现了上百种粒子，这些粒子就是在强子层次上发现的粒子，它们实际上都是由夸克组成的。由三个夸克组成粒子称之为重子，因为其质量较重，由夸克和反夸克组成的粒子叫介子，因它们的质量介于中子和电子之间。最早发现的介子实际上是通过宇宙线观察到的。

现在，我们来探讨轻子。前面已提到，电子属于六种轻子之一。为什么叫轻子，顾名思义，因为它们的质量与同一族的夸克相比要轻得多，电子是带电轻子中最轻的轻子。六种轻子也与六种夸克一样成对地分为三代或三个家族。而在我们周围可见的物质世界，实际上只有电子存在，并没有其他带电轻子。原因是重的带电轻子衰变为轻的带电轻子，并放出一个不带电的中性中微子。并且当重的衰变成轻的粒子，衰变过程满足一定规律，即保证同一家族的轻子成对出现，这个规律称之为轻子数守恒定律。每一个带电轻子都对应于一个不带电荷的中微子，它们很有意思，与其他粒子的相互作用都较弱，因它们只参与弱相互作用，几乎可以穿过整个空间，包括我们现在每个人身上就有很多中微子穿过，我们却感觉不到。中微子在整个空间中几乎独往独来，虽然它们很轻但在宇宙演化中可起到重要的作用。

中微子的提出和发现也非常特别。因它们与物质的相互作用较弱，当初并没有在实验上直接观察到，也是在理论上先假设它的存在。当初实验物理学家发现它存在时，有一个非常有趣的故事。今天我们都知道放射性，放射性实际上是中子衰变成质子，放出一个电子和电子反中微子。而在当初的放射性实验，人们观察到了质子，因它带有正电荷，也观察到了电子，因它带有负电荷，同时也分别测量出它们的动量和能量。如在一个辐射核中，一个中子在静止时（没有动量）衰变，放出一个质子和一个电子，由动量守恒定律，衰变产生的结果总动量必须为零，但实验所看到的质子和电子明显地破坏这种守恒，它们并没有以相向方向运动。因此，一定还有一个粒子往相向方向反冲，但实验上并没有观察到这样的一个粒子。这在 30 年代引起了不小的一个争论，有人质疑能量和动量不守恒，但没有任何其他实验来证明这一点。物理学家还是坚信能量和动量应该是守恒的。当时，一位年轻物理学家泡利，就大胆地提出一个假设，不是能量和动量不守恒，而被一个新粒子给带走了，并预言这个粒子应该是中性的，不带电荷，相互作用很弱。当时，泡利还不到 30 岁，可以看到，年轻人更具创新思想。过了几十年后，实验上才证实了中微子的存在。

听到这里，同学们大概可以很轻松了，原来自然界所有观测到的物质，都起源于六种夸克和六种轻子。由于重的夸克和轻子可以衰变成轻的夸克和轻子，这就是为什么我们观测到的宇宙中的所有物质，都是由最轻的两个夸克（上夸克、下夸克）和电子组成。

然而，问题并不那么简单，既然我们的物质世界都是由最轻的夸克和电子组成，那为什么还需要那些重的夸克和轻子，它们起什么样的作用。关于这个问题，其实在当初发现 μ 介子轻子时，物理学家就问了这样的问题，粒子是谁点的？为什么需要？更觉得奇怪，到目前为止，我们发现了六个夸克和六个轻子，根据它们的同位旋，每两个组成一个对，组成为三对，也称为三代或三个家属。那为什么只有三个，而不是四个，有没有四代，尽管目前还没有发现。这个问题到目前还没有弄清楚，希望有兴趣的年轻的同学们，将来能帮助解决这个问题。现在我们可以小结一下，到目前为止，就我们对自然界的认识组成我们可见物质的基本粒子只有六种夸克和六种轻子。然而，更为复杂情况的是：虽然我们已知道有六种夸克，可是我们并没有真正观察到自由的夸克，夸克通过强相互作用结合在一起，总是以强子（重子和介子）的形式存在，这到目前为止仍然是一个没有解决的谜。

前面我们探讨了物质世界的基本组成元素，下面我们进一步探讨物质世界是如何通过这些基本组成元素构造而成？我们刚才讲到，在 20 世纪，物理学家经过了几十年的努力研究这些基本组成元素如何结合在一起，它们是怎样相互作用。我们在大学实验室，也许现在在中学的实验室，做过电磁效应的实验，当两个磁铁靠近时，我们观察到同极相斥，异极相吸的现象。可是我们注意到，两个磁铁并没有直接接触，可它们发生了相互作用，它们怎么发生相互作用？实际上，是有一个粒子在传递它们的相互作用。以前可能大家听说过所谓的超距相互作用，即两个物体在没有直接接触的情况下就产生相互作用，如当初对牛顿的万有引力的理解。后来我们知道，超距相互作用实际上是不存在的，所有相互作用都是要通过某种粒子或场在中间进行传递，称之为相互作用的传播子。正是因为相互作用力才使得我们走路的时候不至于滑到。那么，为什么会出现路上很滑和路上不滑？怎样才能防止路滑？大家当然都知道增加摩擦力，那摩擦力是什么力？摩擦力实际上来源于它本身的电磁力，而不是我们感觉到的某种新的宏观摩擦力。

大家可能知道，电磁相互作用实际上是由光子来传递的，光波实际上就是电磁波，我们平时能看到的只是可见光，它只是有限的一段波长，而大部分电磁相互作用，靠我们的眼睛其实是看不到的，如红外和紫外光波，包括刚才我们讲的分子原子之间的相互作用，以及我们走路时感觉到的摩擦力，实际上都是电磁相互作用在起作用。电磁相互作用是由光子传递的相互作用，因光子没有质量，所以它可以传播得很远，并且我们知道光在真空中的速度是传递信息的最快速度，约为每秒 30 万公里。

听到这里，有的同学可能会问，电磁相互作用发生在带电粒子之间，而原子实际上是电中性的，因为电子是带有负电，而原子核中的质子带有正电，质子的数目跟电子的数目相同，那么原子是怎样形成分子的，它们靠什么样的力结合成分子。让我们想象拿着两个原子，这是一个中性的原子，另一个也是中性的原子，让它们逐渐靠近，当它们靠得很近时，以至于组成它们的带有电荷的电子和质子之间发生相互作用，这个相互作用显然是电磁相互作用力，我们把这样的相互作用力称之为剩余电磁力。因此，电磁力可以使得原子相结合而形成分子，分子又形成我们周围所有的物质，包括我们自身，它使得物质世界保持在一起，并产生与我们自身相互作用的物质。这确实很令人惊讶？在这个意义上，所有物质世界的形成，之所以能够存在，都是由质子和电子之间的电磁相互作用和其剩余电磁力。在这个意义上，包括我们今天的生命，都可归结到电磁相互作用和电磁相互作用的剩余相互作用，现在我们知道分子生物学成为生命科学研究的重要领域。下面我们回到另一个基本问题，原子核是怎么样形成的？因为我们知道中子是不带电荷的，质子带有正电，而同种电荷的质子之间应该相互排斥，因此靠电磁力是不可能形成原子核，可是质子和中子确实形成一个原子核，并且相互之间结合得很紧密，形成原子的一个核心。那么是不是引力作用，当然更不是引力，因为引力非常弱，不可能抵消电磁力，把它们结合在一起。要回答这个问题，让我们再来看看质子和中子的组成，前面提到质子和中子由夸克组成，所以我们应该首先把夸克性质研究清楚，夸克是怎样形成中子和质子的。前面我们看到夸克与电子有一个本质的区别，夸克除了带有电荷以外，还带有色荷，或者说不同的夸克带有不同的颜色，这个颜色不是我们平时看到的五颜六色，实际上它是为区分不同夸克而取不同名称，为直观和简单起见，以不同颜色来标记它们。类似于电荷，不同颜色的夸克带有不同的色荷，不同色荷的夸克之间有非常强的相互作用，而夸克之间的这种强相互作用也是由某种粒子来传递，这种粒子被形象地叫做胶子，它们之间也有很强的相互作用，并把夸克粘在一起。那么，胶子的相互作用为什么那么强，而光子的电磁相互作用为什么比较弱，原因就是胶子本身带有色荷，而光子是不带电荷的，光子是中性的。因胶子自身带有色荷，就有自相互作用，故胶子传播不远。夸克带有色荷，通过胶子传递相互作用。所以，夸克之间的相互作用发生在很小的尺度范围之内。带有色荷的粒子之间相互作用很强，使得带有色荷的粒子不能自由地存在，这就是为什么我们看不到自由存在的夸克，也看不到自由存在的胶子，只有胶子与夸克结合在一起的强子状态。

我们知道有电荷存在就会产生电磁场，带电粒子之间交换光子而发生相互作用。同样带有色荷的粒子之间交换胶子而传递相互作用，产生一种称之为色力场，夸克之间就有色力场的存在。我们知道，把两个带有电荷的粒子拉开，它们之间的电磁相互作用变弱，同样把两块磁铁拉远时，它们之间的相互作用也变弱。然而，对于带有色荷的粒子，由胶子传递的相互作用正好相反，当把它们拉远时，拉的距离越远它们之间的相互作用变得越强，而当它们越靠近时，相互作用反而变弱了，这看上去是一种很奇怪的现象，后面我们会讲到这种奇怪现象的来源，事实上是胶子自相互作用的后果。这就是为什么我们很难发现自由的夸克。当初把夸克作为数学上引进的一个点粒子来描述，也不奇怪了。那么夸克有多少种色荷，每一个夸克实际上有三种色荷夸克，并且反夸克对应三种反色荷，而胶子带有八种色荷。物理学家直观地用颜色给它们起名为红绿蓝三种颜色，以便好记。

我们知道，把这三种颜色放在一起，混合起来就变成无颜色的。把三种颜色的夸克结合在一起就形成无色的重子。把夸克和反夸克，即颜色反颜色，结合在一起形成无色的介子。这些无色的强子粒子成为稳定和较稳定的粒子，它们可以自由存在，这就是为什么实验上只看到色荷中性的强子粒子的存在。在自然界里，只有稳定的强子存在，如质子和中子，它们都是没有色荷的。

由此，我们解释了为什么没有看到自由夸克的存在，因带有色荷的粒子相互作用很强，当把它拉开时相互作用变得更强。那为什么会发生这个现象呢？让我们简单看一下夸克和反夸克形成的介子的情形，它们之间通过胶子的强相互作用力结合在一起，当把它们拉开，越拉越远的时候，需提供足够的力量来克服色荷场的强相互作用力，就像拉弹簧一样，拉得很远，所需的力越大，由于色力场的禁闭性质，当还没有把夸克和反夸克拉开，而所用的能量足够产生另一对夸克和反夸克，这时能量转换成夸克和反夸克的质量和它们的动能，在夸克和反夸克对产生的一霎那，表明夸克的自由存在，但很快它们并与原来的夸克和反夸克对形成两个介子。高能下产生夸克和反夸克，能量降低时又很快结合成强子，也就是说，能量越高，相互作用越弱，这个现象叫做强相互作用的渐近自由，最早是由三位物理学家在 20 世纪 70 年代初提出，为此，他们于 2004 年获得诺贝尔物理奖。这里我可以讲一个小故事，其中一位获奖者叫戴维·格罗斯，他是美国卡弗里理论物理研究所所长，现在也是中科院理论物理研究所和中科院卡弗里理论物理研究所的国际顾问委员会主席，当初是他带着自己的一个研究生一起来做。现在来看，这个计算是一个非常简单的，就像家庭作业一样。可是，他们却注意到这样一种强相互作用当中一个特殊的现象，即渐进自由的重要性质，为此，他们获得了诺贝尔物理奖。另外一位物理学家也是作为他的博士论文来研究的，结果都获得了诺贝尔奖。这表明强相互作用有一个重要性质，色荷守恒，守恒的意思就是红颜色的夸克要变成另外一个蓝颜色的夸克，放出一个胶子是红颜色/反蓝的，保证整个颜色还是红颜色。这里，胶子可以被看作是带有一个色荷和一个反色荷，因为它们总是改变色彩成反色彩。

现在我们回到原子核的形成。有了夸克和强相互作用的性质，我们就不难回答质子和中子怎样形成原子核。我们前面曾探讨了原子如何构成分子，原理实际上是一样的，两个中性原子内部带电荷的电子和质子，在原子靠得很近时，它们之间产生相互作用，即电磁相互作用的剩余效应。原子核的情形实际上一样，尽管质子和中子是不带有色荷的，但它们靠近时，内部带有色荷的夸克和胶子发生相互作用，这也是一个剩余相互作用。所以，原子核是靠强相互作用的剩余相互作用形成的。

下面我们来探讨弱相互作用。刚才已看到，电磁相互作用是构成原子分子的基本相互作用，而强相互作用是夸克构成质子和中子，质子和中子构成原子核的基本相互作用。那么弱相互作用起什么作用，似乎我们平时不了解它，实际上同学们可能都知道它，大家都听说过核辐射，放射性的来源就是弱相互作用。刚才我们前面看到中子的衰变过程，放出一个质子和一个电子，这就是一个衰变的过程，通过弱相互作用进行。我们也都听说过原子弹爆炸的原理，实际上制造原子弹的某些元素，就需同时经过弱相互作用和强相互作用的相互转化的过程来制配。

前面我们看到夸克不光有颜色还有味道。另外，为什么构成我们现在的物质世界，只有最轻的夸克和最轻的电子，其他的重粒子都没有，原因就是重的夸克和轻子不断改变它的形态，相互转化，重的夸克和轻子都转换成轻的夸克和轻子，而其衰变过程都是经过弱相互作用发生的。

粒子物理学家还进一步发现，电磁相互作用和弱相互作用不是独立的，它们之间有联系，可以统一地描述。当能量变高时，电磁相互作用与弱相互作用的强度实际上在同一个相互作用的量级。那为什么弱相互作用在能量变低时成为弱相互作用呢，其强度比电磁相互作用要小一万倍，那是因为传递弱相互作用的粒子有很大的质量，电磁相互作用通过光子传递，而光子是没有质量的。由于弱相互作用传播子有质量，所以它发生在很近的距离，并使得相互作用变弱。而在能量高时，在它还没有得到质量之前，它们相互作用的强度差不多是在同一个量级。这就是为什么电磁相互作用和弱相互作用，在那个能量上能统一起来描述，所建立的模型称为弱电统一模型。三位理论粒子物理学家在 20 世纪 60 年代建立了弱电统一模型，为此，他们获得了诺贝尔物理奖。其中一位近几年到中科院理论物理研究所访问了两次。

现在轮到来探讨万有引力。万有引力很奇怪，它是人类最早认识到的一个基本相互作用力，因为它是在宏观上支配着整个宇宙包括恒星和行星的演化。同学们都知道牛顿从苹果落地启发他提出万有引力的故事。可是，在目前为止，我们最不清楚的相互作用力就是万有引力。我们还没有观察到传递引力相互作用的基本粒子，即引力子。在大家的感觉上，万有引力好像是超距相互作用，没有粒子传递就发生相互作用。我们在中学里学的牛顿引力，实际上就是当作超距作用形式写出来的。但由于万有引力与其他三种相互作用力比起来，在微观物质世界里，相互作用要弱得多，所以在基本粒子相互作用里可以把它的相互作用忽略不计，这就是为什么我们在研究微观世界的时候，引力几乎不起作用，完全可以忽略。

刚刚在报告开始的时候，我们有位同学非常感兴趣物理，问了这个问题，为什么引力没有与粒子物理标准模型中其他三种相互作用统一起来？原因之一，其他相互作用可用量子理论来描述，而引力，由爱因斯坦广义相对论来描述，还是个经典理论，没有找到自洽的方法与其他相互作用相统一。首先要把引力量子化，这个问题也是到目前为止没有解决的一个重要难题。可以说，一段时期内，集中了全世界最优秀的科学家在研究这个问题，同学们可能都听说过，超弦理论，全世界曾有几千名年轻的科学家们在做这个研究工作，但到目前并没有攻破这个难题。

现在我们可以总结一下，物质世界由什么组成，它们又是怎样结合成我们目前观察到的物质世界。其实非常简单，就是六个夸克、六个轻子，当然每一个夸克有三种颜色，还有它们的反夸克，反轻子，再加上四种基本相互作用，分别由四种粒子来传递相互作用。强相互作用有八个胶子传递相互作用。所以，物理规律实际上非常简单，用一张表就可把所有自然界最基本的组成，最基本的相互作用力，以及它们发生的相互作用，衰变、湮灭等等都概括在一起。在某种意义上，物理特别是理论物理是研究自然界中最基本的规律，同时也是最简单和最普遍适用的。

接下来我们探讨宇宙是如何演化的？前面我们提到，能观察到的物质世界只占宇宙中的 4％，而 96％的组分我们并不清楚。宇宙中暗物质与暗能量的作用，暗物质与暗能量比例，在宇宙演化的不同时期是不一样。差不多从宇宙年龄 38 万年到 13.7 亿年之前，宇宙中暗物质所占的比例为 63％，可见的原子物质的比例占 37％。直到今天，可见原子物质的比例约为 4％，暗物质约占 23％，而暗能量的比例约占到73%。显然，宇宙的演化与暗物质、暗能量密切相关，在不同的时期，暗能量的比例是不一样。我们可通过宇宙的演化来研究暗能量，包括它的本质是什么，目前有很多实验计划研究宇宙暗能量。

为什么宇宙演化与暗能量、暗物质有关，包括与我们现在的宇宙状态有关。让我们举个例子，假如宇宙全是由物质组成的，100%的比例都是物质组成的，并且物质都是比较密，大于宇宙的临界密度，那么宇宙开始大爆炸以后，经过一个爆炸阶段，由于引力的相互作用，宇宙今天的状态将与目前的观察不一致，并且最终由于引力相互作用，它要坍缩到一点。假如宇宙全由物质组成，而物质密度又比较小，比宇宙的临界密度小得多，当宇宙开始大爆炸以后，到今天应该为另一个状况，也与目前的观察不一致，然后宇宙慢慢地膨胀下去。假如宇宙由物质和暗能量组成，当两个加起来的密度与临界密度相比，如果其比值等于一是平坦宇宙，如果大于一是闭宇宙，如果小于一是开宇宙。若将来是一个闭宇宙，它最终将坍缩到一点，若是一个平坦的宇宙，将加速膨胀。我们目前观测到的宇宙是这样一个宇宙，宇宙大爆炸以后有一个小的紧缩过程，在这之后，从目前的观测告诉我们，宇宙在加速膨胀。

让我们进一步来探讨暗物质。大家关心它是不是真的存在，什么时候观测到暗物质。实际上，暗物质在30年代就观测到，这是在最近十多年大家可能听到得比较多一点。30年代就观测到暗物质的存在，但当时大家都不敢相信这样的观测，一直到80年代，发现旋转星系的曲线与距离关系，如果按照万有引力，它的速度与距离是一个反比关系，可是观察到的速度与距离的关系并不是这样，发现它几乎是不变的，这表明越远含有物质越多，而通常的可见物质质量与距离无关，因此，除了可见物质，一定存在一种不发光而有引力效应的物质，这就进一步提供了暗物质存在的依据。另外，通过引力透镜效应发现暗物质存在的证据，即当观测一个星系时，实际观测到两个星系，这表明中间有某种物质存在。这个现象可这样来理解，我们知道所有物质将产生引力场，引力场也是一种波，即引力波，传递引力相互作用，与光波传递电磁相互作用一样。我们知道光波经过透镜可以成像，那么引力波也是一样，当它经过物质时也会成像，由一个星系的引力源经过中间其他物质的引力相互作用可成两个像。所有这些都表明暗物质的存在。而暗物质存在的证据都是由天文观测获得的，是在星系的尺度上观测到的，所以它是一个大尺度上的天文效应。而暗物质究竟是一个什么样的物质，是否由基本粒子组成，我们目前并不清楚。暗物质的属性是目前物理学家研究的重大课题。为此，暗物质被认为是 21 世纪物理学和天文学上的一朵乌云，对暗物质本质的认识，将会给现代科学带来一场新的科学革命。

宇宙发生大爆炸以后，其中还经历过一次暴胀阶段。那么，宇宙暴胀在今天留下什么印记。我们知道，当宇宙演化到大约 40 万年时，光子开始退耦，成为宇宙的微波背景，退耦光子仍然带有宇宙早期的一些性质。这样，通过声子重子振荡的观察，可以区分宇宙中有无暗物质的情况，若宇宙中，只有暗物质而没有重子物质，或既有重子物质又有暗物质，实验结果是不一样的。目前的实验告诉我们，宇宙中既有暗物质又有重子物质。

宇宙正在膨胀，这是我们大家早就知道的事实，那是在 20 世纪 60 年代一个偶然的实验发现的。但通常认为，由于引力效应，宇宙的膨胀应该是减速膨胀过程。而超新星爆发的实验告诉我们，宇宙在加速膨胀。这是爱因斯坦引力理论无法解释的，它表明所谓暗能量的存在，这也是 21 世纪物理学和天文学上另一朵乌云，对暗能量本质的理解也将引起革命性的突破。

那么，为什么加速膨胀告诉我们暗能量的存在。大家都已学过牛顿力学。当物体受力后，它将沿受力方向加速运动，即物体若受的力是正的力，加速运动。而引力是一个反向的力，我们抛出去一个物体，在引力作用下向下落，速度变得越来越慢，这是引力的作用。而实际观察并不是这样，发现抛出去的物体，不是速度越来越慢，而是越来越快，那是什么原因引起的呢？爱因斯坦的广义相对论告诉我们，力是与能量密度和压强之和成正比，由于引力总是反向的，有一个负号，这就是为什么抛出去的物体，最终由于受到引力，速度减慢，最终落回到出发点。若在抛出去以后，不是减速，而是加速膨胀，表明这个力是正向的，也就是说，能量密度和压强之和必须变成是负的，我们知道能量密度不可能是负的，唯一的可能是压强变成是负的，并大于能量密度，使得它们之和改变符号，而总的受力变成是正向力。然而，压强为负的这样一个力的性质，我们以前还没有遇到过，这就是为什么把它叫做暗能量。严格来说，应该是负压强力。因此，暗能量可理解为具有负压强的一个物质状况。

这就不难理解各国科学家都把探索暗物质和暗能量本质看作是 21 世纪可能出现革命性突破的基本科学问题，揭开暗物质和暗能量将是人类科学历史上又一次重大的飞跃，可能导致科技革命。许多国家高度重视，投入大量人力和物力，去年底我国科技部设立了一个 973 项目来研究暗物质和暗能量。研究暗物质和暗能量对我国科学家来说也是一个世纪难遇的机遇。什么原因可以引起宇宙加速膨胀，一个可能是负压强的暗能量，还有一个可能是修改爱因斯坦引力理论。这都是难得的机遇和挑战。应该说，在 20 世纪由于各种原因，我国科学家错过了在世界科学史上做出重要贡献的机遇。

暗物质和暗能量作为现代物理学的两朵乌云，提供给我们一个很好的机遇。20 世纪初，正是另外两朵乌云导致了相对论和量子力学的创立和发展，那是与电磁相互作用和能量及运动相关，导致了量子力学和相对论的产生，使得我们对时空观和宇宙观产生了革命性的变革。而暗物质和暗能量的本质也是与物质和能量及运动有关，特别是与引力相互作用有关，它也将导致新的理论的发现。

关于暗物质和暗能量探测，在国际上有许多实验计划来探测暗物质。在我国无论在空间探测还是地下探测，我们都有一定的优势。我国锦屏山地下实验将成为全世界最深的一个地下实验室，这是我国一个有利的地理条件。关于暗物质的直接探测，目前在日内瓦有一个能量高的大型强子对撞机，有可能把暗物质直接打出来进行探测。另外，我国还有一个有利条件，就是南极冰穹 A，那个地方有望成为天文望远镜观测综合条件最好的一个观测站，用来研究暗能量。再有，我国空间卫星发展得也很快，条件也已成熟。

国际上，2002 年美国国家委员会成立了一个由物理学家、天文学家组成的委员会，他们列出了 21 世纪 11 个科学问题，其中第一个就是暗物质，第二个是暗能量。2006 年，美国国家自然科学基金委和能源部组成的委员会，认为解决暗物质的重要性相当突出，同时需要建立一个宏大的观测计划研究暗能量，并把它称为超越爱因斯坦计划。欧洲有 14 个国家组成的委员会也列出七个重要科学问题，其中暗物质和暗能量排在首位，十年将投入 10 亿欧元来进行研究。研究的最终目标是超越粒子物理和宇宙学标准模型，建立更一个基本的理论模型，这个模型必须把暗物质与暗能量包括进去，因为目前的模型无法解释暗物质，也不能够解释暗能量。我想最有希望获得成功的是我们更年轻的一代人，包括我们在座的同学，将来若致力于研究物理，一定会建立起这样一个模型，超越爱因斯坦理论，真正对暗物质和暗能量有更深入的理解。为此，暗物质和暗能量问题，是在天文学上观测到的，但最终解决必须是物理学与天文学的结合，应该说是一个交叉学科，是对年轻人的一个挑战，也是一个最好的机遇。

# 爱因斯坦的未竟之梦：物理规律的大统一

◆杨金民　王飞

东临碣石观沧海，洪波滚滚天际来，苍穹尽处水连天，宇河一统在此间。其实，人类一直在追求对自然界各种物质起源的理解以及各种相互作用的大统一，这体现了人类对物质世界本源和谐统一的一种信念。古往今来，人们一直企图从统一的角度来理解世界的物质基础和基本规律，无论是古希腊还是古代中国，都产生过朴素的唯物论，把万物的本源归结于具体的物质形态或者是"原子"和"气"等，试图从本源统一的角度来理解形形色色的物质世界。统一是物理学发展的主旋律，统一之路曲折漫长，统一之美引无数英雄竞折腰。统一不仅是爱因斯坦的梦想，也是众多物理英豪的毕生追求。本文将对物理学中的统一之路展开简要的评述，不仅介绍已经成功的统一理论，也将提及一些优美的不成功的统一尝试，最后评论正在进展中的终极大统一理论。

---

杨金民：中国科学院理论物理研究所研究员。研究领域：粒子物理和宇宙学。
王飞：原中国科学院理论物理研究所博士研究生，现郑州大学教授。研究领域：粒子物理和宇宙学。

# 1 统一理论的发展历史

## 1.1 物理学的第一次统一（天和地的统一）

基于伽利略相对性原理和惯性系的假设，牛顿提出了三个运动定律来描述质点的运动规律。结合万有引力，牛顿定律可以描述宇宙中天体的运动，把地上的运动和天体的运动用数学的方式联系了起来，这也是物理学真正意义上的第一次统一。牛顿定律是经典物理学的基础，可以成功地描述宏观、低速的质点运动问题。此后，人们也尝试用牛顿定律把"热、光、化学"等现象描述为流体粒子间的瞬时相互作用。

## 1.2 物理学的第二次统一（电、磁、光的统一）

在经典物理的发展过程中，人们逐步认识了电作用、磁作用以及满足平方反比定律的静电力和磁力的相似性。奥斯特实验以及电磁感应定律发现后，法拉利以惊人的直觉引进了"电力线"和"磁力线"的概念，抛弃了瞬时"超距"作用的观点；而基于"库伦定律"、"毕奥-萨伐尔定律"和"法拉第电磁感应定律"，麦克斯韦提出了电场和磁场的统一数学描述，预言了电磁波的存在，提出光是一种电磁波。这是首次把看起来表现截然不同的"电、磁、光"现象统一起来，被称为继牛顿以来物理学的第二次大统一。为了使电磁场和牛顿定律相容，麦克斯韦提出电磁波可以用经典力学来解释，只要假定"光以太"的存在，而电磁波通过以太的起伏振荡来传播。20世纪初期的一系列实验，如迈克尔逊-莫雷实验等，发现了"以太"假设的困难，迫使人们放弃以太假设。

## 1.3 时间、空间和物质的统一

1905 年爱因斯坦建立了狭义相对论，彻底抛弃了"以太"假定；到 1915 年，基于其以前发现的等效原理和广义协变性原理，爱因斯坦成功建立了广义相对论的引力场方程，把描述时空几何结构的爱因斯坦张量和描述物质的能动量张量联系起来。狭义相对论基于相对性原理和光速不变原理，把时间和空间统一成平直的四维时空；而在广义相对论中，时空不再是平直的，本身变成了动力学变量，由于物质而发生弯曲。一个通俗的说法是，在广义相对论中"物质告诉时空怎么弯曲，弯曲的时空告诉物质怎么运动"。

## 1.4 引力和电磁统一的尝试

在广义相对论建立以后，卡鲁扎（Kaluza）把广义相对论从四维推广到五维，五维度规张量中的 10 个分量是描述四维时空的度规，4 个分量描述电磁场，1 个分量描述暴涨场（dilaton）；而五维场方程可以约化为四维场方程、麦克斯韦方程和克莱因-高登方程。克莱因（Klein）提出了时空紧致的观点，认为第五个时空维度是卷起来的尺度很小的圆。卡鲁扎-克莱因理论是第一种把引力和电磁相互作用统一起来的框架，可以解释电荷量子化。但最初的卡鲁扎-克莱因理论遇到了一系列困难，如理论预言的电子质量和电荷的比值和实验严重不符以及额外维的稳定性等问题。解决这些困难的尝试也推动了理论的进展。爱因斯坦晚年就是沿着这种思路统一引力和电磁相互作用，但没有获得成功。改进的卡鲁扎-克莱因理论，如尝试在十一维统一标准模型规范对称性的理论，遇到了手征费米子、额外维的稳定性等困难，但卡鲁扎-克莱因的思想仍是现代统一场论的重要基础之一。

## 1.5 统一场论的基础（规范对称性）

现代物理学的基础是对称性。著名的女数学家诺特（Noether）证明了对称性和守恒律的对应关系，如能动量守恒对应时空平移不变性；角动量守恒对应转动不变性。数学上人们用不同的群来刻画对称性。外尔（Weyl）和泡利等人首先认识到电磁场和 $U(1)$ 局域对称性的关系。基于外尔的局域标度（"规范"的原始意义）变换思想及电荷守恒与 $U(1)$ 规范的关系，Yang 和 Mills[1] 提出了同位旋守恒和基于局域 $SU(2)$ 对称性的规范场论。规范场论的思想是统一场论的基础，广义相对论也可以看作是一种规范理论。规范场论提出后遇到了规范玻色子质量、量子化和重整化等方面的困难，直到希格斯机制和特霍夫特关于规范场重整化方面的进展后，规范场论才趋于完善。

## 1.6 核力的统一描述（强相互作用）

强相互作用描述了核子之间的强核力，是自然界已经发现的 4 种基本相互作用之一。强相互作用在几个费米（fm）的尺度上可以描述把核子束缚成原子核的力；在更小的尺度上可以描述把夸克束缚成强子的作用。量子色动力学（QCD）是描述强相互作用的理论，基于 $SU(3)_c$ 的规范对称性，通过交换无质量的胶子在带"色"的夸克和胶子之间传递相互作用。QCD 有"渐近自由"和"色禁闭"等基本性质，在各种实验中得到了广泛检验。核子间的强核力可以看作是夸克间"色力"类似范德瓦尔斯力那样的残留效应。

## 1.7 电磁作用和弱作用的统一

弱相互作用也是 4 种基本相互作用之一，描述了原子核的衰变等现象。弱相互作用通过四费米相互作用描述，分为带电流和中性流过程。在弱相互作用中宇称可以不守恒，所以弱作用理论是一种手征理论，相互作用区分左右手。弱相互作用和电磁相互作用强度差别几千倍，看起来很不相同，但数学描述中有某些相似性。格拉肖、温伯格和萨拉姆在 20 世纪 60 年代成功地发展了电弱统一的理论，用基于 $SU(2)_L \times U(1)_Y$ 的规范理论来描述电弱对称性；通过自发对称性破缺机制和希格斯机制，部分带电和中性规范玻色子获得质量，作为弱相互作用的"传递粒子"；而光子仍然是无质量的，来传递电磁相互作用。弱作用和电磁作用都是电弱作用的不同表现。1983 年欧洲核子中心发现了理论预言的 $W^{\pm}$，$Z_0$ 规范玻色子；2012 年欧洲核子中心发现了希格斯粒子[2]。这些发现都验证了电弱统一理论的正确性。电弱统一理论部分统一了物理学中的基本相互作用，是人类认识世界方面的一个重要进步，但距离包括引力在内的统一场论仍很遥远。

## 1.8  强作用、电磁作用和弱作用的统一描述（标准模型）

人们把基于 $SU(3)_c \times SU(2)_L \times U(1)_Y$ 规范对称性且包括三代夸克、轻子来描述强作用和电弱作用的理论称为标准模型。在标准模型中，理论中有 28 个自由参数，包括 3 种规范耦合常数、9 种带电粒子的质量、3 种中微子质量、夸克部分的混合以及轻子部分的混合 10 个参数、强 CP 相位、希格斯的真空期待值和四次耦合常数。这些自由参数标准模型不能解释，需要通过实验来定出。对于寻求简单和谐的物理学家们而言，很难相信标准模型是最基本的规律，而看起来更像一种对基本规律的有效理论描述。标准模型还有其他的理论和美学上问题，如电荷量子化的起源、宇宙中重子不对称的根源、精细调节问题、宇宙中的暗物质。

## 1.9  夸克和轻子统一的尝试（Pati-Salam 模型）

在标准模型中，带色的夸克和不带色的轻子是看起来相互独立的东西。在 20 世纪 70 年代中期，帕惕（Pati）和萨拉姆（Salam）提出，轻子可以看作是第四种"色"[3]，这样夸克和轻子都只是同一硬币的不同方面而已。另一方面，该理论中仍然有 3 种耦合（如果考虑左右手对称，则只有 2 种耦合），所以仍然没有解释规范耦合的来源。

## 1.10  强作用、电磁作用和弱作用的大统一

为了真正解释规范耦合的来源问题，乔治（Georgi）和格拉肖（Glashow）提出了能统一色对称性和电弱对称性的最小形式——$SU(5)$ 大统一模型[4]。大统一理论把几种规范群统一在一个更大的规范对称性当中，所以几种耦合在大统一标度处都有相同的值。低能下表现的不同规范对称性来自于大统一规范群在大统一能标处的破缺效应。由于 $U(1)$ 群被嵌入到一个单李群中，所以大统一理论可以很自然地解释电荷的量子化；大统一理论可以对宇宙中重子不对称的起源给出解释，但由于宇宙暴涨的存在，理论要求宇宙重加热的温度很高，所以存在一定困难。大统一理论预言了质子可以通过重的规范玻色子诱导而衰变。现在日本的超级神冈实验已经限定了质子的寿命在 $10^{34}$ 年以上（下一代的实验将会把质子寿命的限制提高 10 倍以上），这就限定了 $SU(5)$ 大统一能标在 $10^{15}\,\mathrm{GeV}$ 以上。Pati-Salam 的部分统一理论预言存在重的 leptoquark，能够诱导 $K_\mathrm{L}$ 介子到 $e^{\pm}\mu^{\mp}$ 的衰变。$K_\mathrm{L}$ 介子的衰变实验限制了"轻子色"破缺的标度在 $1.9 \times 10^6\,\mathrm{GeV}$ 左右。在 $SU(5)$ 大统一模型中，每一代的物质场被分别放在一个 $SU(5)$ 群的 $\bar{5}$ 和 10 维表示中；而在 Pati-Salam

模型中，每一代的左右手物质场部分分别处于一个四色的二重态中。物质场仍然看起来有不同的来源。$SU(5)$ 大统一模型和 Pati-Salam 的部分统一模型都可以嵌入到 $SO(10)$ 大统一理论，包括其规范群部分和物质场部分。$SO(10)$ 大统一理论可以真正把物质部分都统一在一个 16 维旋量表示中，这样标准模型中所有的汤川耦合都来自于同一项，都有共同的根源。$SO(10)$ 大统一理论的一个特点是在 16 维旋量表示中纳入了右手中微子。其实，能够自然给出很轻中微子质量的跷跷板模型，最初就是来自于大统一理论；另一方面，跷跷板机制中所需要的很高的右手 Majorana 中微子质量标度，可以和大统一能标一致。中微子部分还可以采用轻子合成机制，通过宇宙中的轻子不对称用 sphaleron 效应转化为重子不对称，很好的解释了宇宙中的重子物质的起源。夸克-轻子部分混合角的互补性也可能是物质部分大统一的一种反映。

## 2  目前正在进展的大统一理论

### 2.1  统一理论对超对称的召唤

在最初的（非超对称）大统一理论中，严格计算会发现，3 种规范耦合并不严格相交于一点。事实上，如果用 2 种较弱的规范耦合 $g_1$，$g_2$ 相交得到的大统一标度反推强耦合 $g_3$ 在电弱标度处的值，理论预言和实验观测值会有 12 个 $\sigma$ 以上的偏差。随着温伯格角测量的越来越精确和质子衰变实验的进展，非超对称 $SU(5)$ 模型已经被排除掉。另一方面，人们发现，当引入低能超对称理论后，规范耦合统一可以很好地实现。超对称大统一理论可以很好地结合超对称和大统一理论的优点。超对称理论是联结玻色子和费米子的一种对称性，是时空对称性的最大扩充。超对称变换可以把玻色子变成费米子，也可以把费米子变成玻色子。超对称预言每种标准模型粒子都有其相应的超对称伴子。超对称有很多优美的性质，能够解决标准模型中的精细调节问题，能够提供暗物质候选者，也能给出合适的重子合成机制，而且超对称理论预言希格斯场要小于135GeV，而2012年发现的希格斯质量正好处在超对称预言的小区间内。尽管现在欧洲核子中心的大型强子对撞机（LHC）仍未发现超对称粒子，超对称仍然是 TeV 标度新物理的最好候选者之一。在 Kaluza-Klein 统一场论中，KK 真空的稳定性要求也倾向于超对称的存在。

## 2.2 强作用、电磁作用和弱作用的超对称大统一

超对称大统一理论在电弱标度可以回到超对称标准模型，可以给出低能参数间的若干联系。超对称大统一理论一般会存在量纲为5的能诱导质子衰变的有效算符，而且超对称大统一的标度比非超对称的情况要高几十倍，所以在超对称大统一理论中，重规范玻色子诱导的质子衰变是非主导的。由于主导衰变方式的不同，质子衰变的产物也和非超对称大统一的情况不同。现在的超级神冈实验已经排除掉最小的超对称 $SU$（5）大统一模型；非最小的 $SU$（5）和 $SO$（10）超对称大统一模型仍然和实验不矛盾，但很快就可以被最新的实验所检验。另一方面，高维的超对称大统一理论中可以压低量纲为5的质子衰变的贡献，理论仍然可以在未来的质子衰变实验下存活。

## 2.3 把4种相互作用都统一进来的终极大统一理论

大统一理论可以很好的统一物质和强、弱、电磁3种相互作用，但并没有纳入引力相互作用，这是因为引力场的量子化遇到了

根本性的困难。把引力场按照通常的场量子化途径处理会遇到不可重整的困难。毕竟广义相对论是从根本上改变了时空观，其量子化应该和平直时空中的量子场论方法有本质不同。现在主流的量子引力主要有 3 种途径：超引力、超弦理论和圈引力。

圈引力把广义相对论变成类似规范场论的理论，基本的正则变量为阿希提卡-巴贝罗联络。圈引力只涉及了引力量子化，很难给出规范相互作用和物质场以及物质场相互作用的拉氏量，所以只可能是终极理论的一个组成部分。

超对称的局域化可以得到超引力理论，包含了自旋为 3/2 的引力微子和自旋为 2 的引力子，能自然包括引力理论。超引力理论有可能不会遇到普通量子引力中的发散困难。对于四维 $N=8$ 的超引力，早期人们曾预期该理论没有紫外发散；其后人们构造出在壳的三圈抵消项，认为三圈层次上发散存在；再后来的实际计算发现，三圈层次上发散能抵消掉，发散最早要到七圈层次；最近研究表明，理论在微扰论意义下可能是紫外有限的[5]。尽管该理论不是现实的理论，如不能纳入手征费米子场、没有破缺扩展超对称的机制等，但超引力研究的进展表明理论的紫外特性可能比预期的好。低维的扩展超对称可以由高维的超引力理论通过维数约化得到，如 11 维 $N=1$ 的超引力理论可以约化到 4 维 $N=8$ 的超引力理论。11 维的超引力是早期的"终极理论"候选者，也有前面所述众多理论上的困难。超引力的困难基本都可以在超弦理论中得到解决。

弦理论发源于对强相互作用的研究。在弦理论中，基本对象都不是点状的，而是具有一维（或高维）结构、特征长度很小为 $10^{-32}$ cm 的弦（包括具有 2 个端点的开弦和没有端点的闭弦），而不同的粒子对应弦的不同振动模式。由于把相互作用和物质都统一用弦描述，所以弦有可能统一包括引力在内的相互作用。量子场论中点粒子的世界线在弦理论中变成了二维世界面或者管道，这样点粒子的相互作用顶角就变得光滑，相互作用的时间和地点不再是不变量而是依赖于观测者的，所以我们可以预期理论不出现发散。弦理论的谱预言了无迹对称张量的存在，可以描述自旋为 2 的引力子，其长程行为和广义相对论一致。玻色弦自洽性要求时空的维数为 26 维；而为了引入费米子而包含超对称的超弦理论要求时空的维数为 10 维。和量子场论中拉氏量的任意性不同，理论研究表明只存在 5 种自洽的超弦理论：I、IIA、IIB 和 2 种杂化弦理论 $SO$（32），$E_8 \times E_8$。而基于弦的非微扰性质的进展，Witten 等人发现 5 种超弦理论都可以作为 11 维 M 理论的各种极限，相互之间可以通过 S，T 等对偶相互联系起来。M 理论的理论框架仍然没有完全建立起来，特别是其强耦合非微扰区域的性质。规范对称性可以包含在杂化弦理论中，手征费米子也可以在超弦理论中实现。超弦理论可以将引力量子化，而且可以给出有限的结果，解释黑洞熵。理论的自洽性能自然将引力和其他作用统一起来，是终极理论的最热门的候选者。超弦理论是一个仍在发展中的理论，仍然存在一系列的理论问题，例如其形式只对应场论中粒子形式的描述，仍然缺乏波动形式的描述等[6]。另一方面，超弦理论的实验检验很困难，只能在宇宙早期留下某些线索。量子引力方面的新进展也会进一步促进人们对"终极"理论的认识。

## 3　展望

近几百年来物理学的发展，使得人类对物质世界的基本规律已经有了比较深刻的认识。尽管还有许多不尽人意的地方，现阶段的理论框架已经在一定程度上实现了爱因斯坦的统一之梦。对物质世界和运动规律统一的追寻是人类文明的标志之一。大统一理论虽然艰难曲折，但具有超高智商的人类最终会找到这个统治万物的终极真理。这正是：宇宙洪波淘英雄，终极统一胸臆中，路漫雾蒙苦求索，前赴后继为追梦。

## 参考文献

[1] Yang C N，Mills R L. Conservation of isotopic spin and isotopic gauge invariance. Phys Rev，1954，96：191 – 195

[2] Yang J M，A brief review of Higgs particle（in Chinese）. Physics，2014，43：25 – 32 [杨金民. 希格斯粒子之理论浅析. 物理，2014，43：25 – 32]

[3] Pati J C，Salam A. Lepton number as the fourth color. Phys Rev D，1974，10：275 – 289

[4] Georgi H，Glashow S L. Unity of all elementary particle forces. Phys Rev Lett，1974，32：438 – 441

[5] Kallosh R. The ultraviolet finiteness of $N=8$ supergravity. J High Energy Phys，2010，1012：9

[6] Witten E. What every physicist should know about string theory. Phys Today，2015，68：38 – 43

本文原载于《科学通报》，2016，61（4 – 5）：399

# 希格斯粒子之理论浅析

◆杨金民

## 1 引言

2012 年 7 月 4 日，位于日内瓦的欧洲核子研究中心（CERN）举行新闻发布会，该中心的大型强子对撞机（large hadron collider，LHC）的两个实验组 ATLAS 和 CMS 分别宣称发现了一个质量大约为 125GeV 的新粒子（置信度是 99.9999%）[1]，这个粒子的行为与被誉为上帝粒子的希格斯玻色子相符合。至此，高能物理领域苦苦寻觅几十年的希格斯粒子终于羞涩面世了。

希格斯粒子是英国科学家彼得·希格斯（Peter Higgs）等人于 1964 年提出的，其主要功能是给构成世界的基本粒子提供质量，这一质量产生机制（称为希格斯机制）简单而优美，这近似神话般的理论最终被证明（极可能）是正确的，人类凭自己的肉脑竟然初

杨金民：中国科学院理论物理研究所研究员。研究领域：粒子物理和宇宙学。

步摸透了上帝创造世界的玄机！

　　希格斯玻色子的寻找是一项耗费惊人的巨大工程，2000 年关闭的欧洲大型正负电子对撞机（large electron-positron collider，LEP）和 2011 年关闭的美国 Tevatron 对撞机都对希格斯粒子进行了全力寻找，也朦朦胧胧看到了一点希格斯粒子的迹象（LEP 看到了在 115GeV 处事例有微弱的超出，Tevatron 看到了在 115—135GeV 质量区间有大约 $2.5\sigma$ 的事例超出），但终因能量和亮度达不到而与希格斯玻色子失之交臂。曾经因花费太大而被美国国会终止的超导超级对撞机（superconducting super collider，SSC）也曾经剑指希格斯玻色子，但 SSC 的夭折最终把发现希格斯粒子的荣耀让给了欧洲人。

　　欧洲聚几十个国家之力花费上百亿美元建造了 LHC，这个对撞机是人类科学史上的巨无霸装置，它的 ATLAS 和 CMS 实验组分别都有两千多名科学家组成，其主要目标就是寻找希格斯玻色子和新物理。寻找希格斯粒子所花费的物力和人力在科学史上是没有先例的。这个粒子究竟是什么？它有那么重要吗？为什么非要找到它呢？本文将简述希格斯粒子的本质和它在粒子物理中扮演的角色，并从粒子物理的标准模型出发讲到希格斯粒子存在的天堂（超对称理论）。

## 2　希格斯玻色子在粒子家族中的角色

　　要充分理解希格斯玻色子的重要性，就必须从物质世界的基本组成讲起。组成物质世界的基本砖块是两种夸克（u 夸克和 d 夸克）和电子，它们联合组成了原子，原子组成了宇宙尘土，某些不甘寂寞的宇宙尘土巧妙联合形成了生命和人类。所以，我们人类的老祖宗是三剑客：u 夸克、d 夸克和电子。虽然组成物质世界只需要这两种夸克和电子，但是后来发现这两种夸克还有堂兄弟（"二门"堂兄弟是 c 夸克和 s 夸克；"三门"堂兄弟是 t 夸克和 b 夸克），电子也有堂兄弟（分别为 μ 轻子和 τ 轻子）。人们不理解上帝为何创造这些多余的堂兄弟们。其实，这些多余的家庭成员都极不稳定，寿命极短，产生出来后立马就衰变掉了，而只有"一门"的兄弟们（u 夸克、d 夸克和电子）幸存下来并与上帝同在。物质世界的基本粒子大家庭如图 1 所示。

在基本粒子大家庭中，夸克带色又带电，属于强权阶层，它们之间的色作用是通过胶子传递的，这种作用很激烈（即强作用），以至于把这些好色的夸克都永远地囚禁在魔窟之中（即夸克禁闭），它们终身不得自由，一旦自由就会引起天下大乱而导致世界回到一片混沌；轻子带电不带色，属于较弱的一个阶级，它们远离色的引诱，而只参与由 W-玻色子、Z-玻色子和光子传导的电弱作用，因此它们是可以自由的；真正的无产者自由派是我们不熟悉的中微子（$\nu_e$，$\nu_\mu$，$\nu_\tau$），这些中微子太轻微、太渺小了，其体重还不到电子质量的百万分之一，它们既不带电也不带色，一无所有的它们逍遥洒脱、与世无争（与别的粒子作用极弱），具有极强的穿透力和接近光速的飞行速度（前一阵意大利的 Opera 实验曾闹剧般地宣称发现中微子的速度超过光速，后来他们自己发现松懈的电缆导致了错误的结论，光速仍是不可超越的极限速度），这样，遥远的天体里所产生的中微子可以直达我们的地球，向我们诉说那银河里所发生的故事，例如，太阳发来的中微子告诉我们太阳的发光机理，超新星发来的中微子告知我们超新星的爆发机制，还有宇宙婴儿时期所留下的背景中微子可以告诉我们早期宇宙所发生的故事。

上帝创造这些中微子是有理由的，作为物质世界基本砖块的夸克和轻子，它们不善独舞，必须得有舞伴，它们表演出来的二重奏（物理上叫二重态）是这样组合的：(u, d)；(c, s)；(t, b)；($\nu_e$, e)；($\nu_\mu$, μ)；($\nu_\tau$, τ)，这种看起来一阳一阴梁祝似的组合恰恰符合我们中国人的审美观,阴阳交合一起翩翩飞舞,舞出了一个美妙的大千世界。但是,基本粒子世界也不是一个民主国度,统治这个国家的法理看起来也不合理,例如,只有左手夸克和轻子才允许配对进行二重奏,右手夸克和轻子只能孤单地旁观,上帝为何偏爱左而冷落右?这没理可讲,因为上帝本身可能就是一个独裁者。

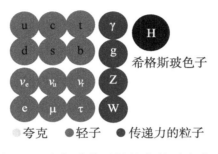

图1 组成物质世界的基本粒子大家庭

基本粒子大家庭中的希格斯玻色子最与众不同(它的自旋是0,跟别的粒子都不一样),它扮演天子(上帝粒子)的角色,想要质量的粒子必须到它这儿来乞讨,它愿意给谁质量就给谁,愿意给多少就给多少,传递最强最脏的色作用的胶子因不受希格斯粒子的喜欢而没有得到质量,传递电磁作用的光子因过分显耀自己也没有讨得质量,胶子和光子想要传递信息给希格斯粒子(也就是发生作用或耦合)就必须通过别的成员进行传递(也就是通过别的粒子组成的圈图)。另外,得到质量的粒子也是严重的分配不均,例如,t-夸克的质量是其舞伴 b-夸克质量的几十倍,这种严重的不公平至今不被人们所理解(虽然也有一些尝试性的理论来企图解释这一现象,比如 top-color 凝聚理论)。

随着希格斯玻色子的发现,基本粒子家族就全部展现在我们面前了,这个家族内部虽然也有不公平(因而不能说和谐),但每个成员各司其职、共同主导着丰富多彩的物质世界。需要注意的是,我们这儿所说的世界是指看得见的光明世界,至于宇宙中的黑暗部分，那是目前我们还不了解的一个聊斋世界，那个世界由另一种基本粒子（即暗物质粒子）所主宰，它除了像中微子那样不带色不带电之外，它还是宇宙中真正的多数派，比我们看得见的物质要多得多，它们如梦如幻时刻云游于我们周围，但我们却看不见摸不着它们，它们的质量可能跟希格斯粒子无关，可能来自另外的我们感触不到的世界。

统治这个基本粒子家族的法理叫作标准模型，标准模型虽然显得不那么漂亮（比如左和右的费米子被区别对待），但它是目前为止人类历史上最成功的理论，并产生了最多的诺贝尔奖。这个理论预言的所有粒子都被发现了（希格斯粒子是最后一个），所预言的物理现象也都被证明是正确的（希格斯粒子的性质将在 LHC 及以后的国际直线对撞机（international linear collider，ILC）或者希格斯粒子工厂被敲定）。找到希格斯粒子并敲定它的性质是当今及以后几十年高能物理的主要任务。

## 3　希格斯粒子的本质和希格斯机制

要理解希格斯粒子的本质就必须从对称性自发破缺讲起。环顾四周，对称性之美无处不在。对称性更是贯穿物理学的一条主线。物理学中的对称性分为时空对称性和内部对称性。时空对称性很容易理解，也就是物理规律在时空平移和洛仑兹转动下是不变的，例如，物理规律不会随地点和时间的不同而不同，也不会在空间的转动下而发生改变；内部对称性比较难以理解，它们存在于量子世界，也就是描述微观世界的物理规律对某些不同的粒子是一样的（当一种粒子变为另一种粒子时，物理规律不变），例如强作用在u夸克和d夸克交换时是不变的。对称性的破缺分为明显破缺和自发破缺，明显破缺就是在拉氏量中野蛮地引入对称破缺的项，这时运动方程就不具有这种对称性了（理论也就丑陋不堪了）；自发破缺就是拉氏量和运动方程具有某种对称性，而运动方程的解（物理态）不具有这种对称性。早在 20 世纪 30 年代，朗道就发现铁磁体的相变与对称性自发破缺有关，描述其内部磁场的运动方程具有空间转动不变性，当在居里温度（对于铁来讲是 770℃）以上时，铁磁体内部原子的磁场自旋杂乱无章（具有空间转动不变性），但在居里温度以下时，铁磁体内部原子的磁场自旋集体指向某一方向（空间转动不变性丧失），如图 2 所示。

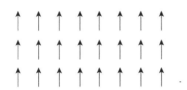 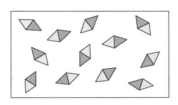

图 2　铁磁体内部原子的磁自旋在居里温度以下（左图）和在居里温度以上（右图）的表现

　　朗道用吉布斯自由能（热动力学势）描述这一现象，这个势依赖于温度 $T$ 和磁化强度 $\boldsymbol{M}$，在临界点附近可以写成 $V = A(T) + b(T - T_C)(\boldsymbol{M} \cdot \boldsymbol{M}) + c(\boldsymbol{M} \cdot \boldsymbol{M})^2$，其中 $A(T)$ 是温度的函数（不依赖于磁化强度），$b$ 和 $c$ 都是大于零的常数。这个势给出的最低能态（也就是满足 $\partial V / \partial M_i = 0$ 的态）在 $T > T_C$ 和 $T < T_C$ 时很不一样：在 $T > T_C$ 时得到 $|\boldsymbol{M}| = 0$（具有转动不变形，磁化强度为 0）；在 $T < T_C$ 时得到 $|\boldsymbol{M}| \neq 0$（不具有转动不变形，磁化强度不是 0），如图 3 所示。

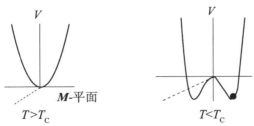

图 3　铁磁体的自由能 $V$ 在居里温度 $T_C$ 以上（左图）和在居里温度以下（右图）随磁化强度 $\boldsymbol{M}$ 的变化行为

　　对称性自发破缺在量子场论中的最简单的例子是，一个具有 U（1）对称性的复标量场（$\phi$）系统，其势能为 $V(\phi) = -\mu^2\phi^+\phi + \lambda(\phi^+\phi)^2$，其中 $\lambda$ 必须大于 0（否则这个势能没有最小值），而 $\mu^2$ 可正可负。这个势给出的最低能态（也就是满足 $\partial V/\partial|\phi| = 0$ 的态）在 $\mu^2 > 0$ 和 $\mu^2 < 0$ 时很不一样：在 $\mu^2 < 0$ 时得到 $|\phi| = 0$（在 U（1）变换下不变）；在 $\mu^2 > 0$ 时得到 $|\phi| \neq 0$（在 U（1）变换下要变），如图 4 所示。

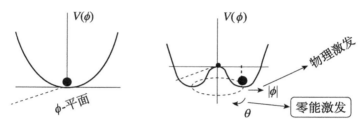

图 4　势能 $V(\phi) = -\mu^2\phi^+\phi + \lambda(\phi^+\phi)^2$ 在 $\mu^2 < 0$（左图）和 $\mu^2 > 0$（右图）的变化行为。右图中沿着 $\theta$ 方向的激发是零能激发（对应 Goldstone 玻色子），而沿着径向 $|\phi|$ 的激发是物理激发（对应希格斯粒子）

　　在 $\mu^2 > 0$ 时真空态 $\phi = v \neq 0$（$v$ 是正的实数，它的相角可以通过一个 U（1）变换而吸收掉）。显然在 U（1）变换（即乘上因子 $e^{i\alpha}$）下真空态要变化。也就是拉氏量（或运动方程）具有 U（1）不变性，而 $\phi$ 的真空态不具有 U（1）不变性，我们说此种情况下 U（1）对称性自发破缺了，如图 4 所示，这时真空沿着 $\theta$ 方向的激发是零能激发（对应 Goldstone 玻色子）而沿着径向 $|\phi|$ 的激发是物理激发（对应希格斯粒子）。

　　在规范理论中，上述的 U（1）对称性变成定域规范对称性，零能激发的 Goldstone 玻色子被规范玻色子吃掉，从而规范玻色子多了一个径向自由度而变成有质量的粒子（规范对称性限制了规范玻色子不能有质量），希格斯粒子留下来而成为真正的物理粒子。这就是希格斯机制。

　　在实际的理论——标准模型中，上述的复标量场是 SU（2）的二重态，它有 4 个自由度，当它自发破缺了 SU（2）后，产生了 3 个没有质量的 Goldstone 粒子和一个有质量的希格斯粒子，3 个 Goldstone 粒子被规范玻色子 W 和 Z 吃掉，而使得 W 和 Z 获得了质量，剩下的那个希格斯粒子就是物理上可见的真的粒子了。

## 4　希格斯粒子的产生、衰变和发现

虽然希格斯粒子对于理解物质世界的基本组成极其重要，但我们身边早就没了希格斯粒子的踪影，希格斯粒子只是在宇宙创生之初昙花一现，它在完成使命（破缺电弱对称、给其他粒子赋予质量）之后马上就涅槃了。我们的宇宙起源于 137 亿年前的一次大爆炸，当初的情境就像圣经描述的那样一片混沌，那个爆炸的火球内充斥着大量的希格斯粒子，后来当太阳和地球形成的时候希格斯粒子早就衰变掉了，太阳和地球没有看到过希格斯粒子，只有宇宙老人在他还是婴儿的时候见到过希格斯粒子。

既然我们的现实世界中已经没有了希格斯粒子，要想看到它，就必须使它重生，重新产生希格斯粒子可不是一个简单的活儿，生产它的工厂就是像 LHC 这样的高能对撞机。在 LHC 上希格斯粒子产生的主要过程如图 5 所示，其中的黑团代表 LHC 上对撞的质子，真正发生对撞而产生出希格斯粒子的是质子中的夸克和胶子（质子就像一个肉包子，里面包藏着各种夸克和胶子）。

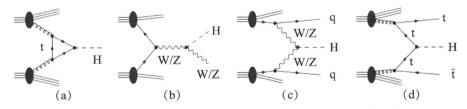

图 5　希格斯粒子（H）在 LHC 对撞机上的主要产生过程（其中 t 表示顶夸克，q 表示上夸克或者下夸克，W 表示 W-玻色子，Z 表示 Z-玻色子）

以上几个产生过程所给出的产生截面（简单来说就是产生希格

斯粒子的概率）相差很大，截面最大的是图 5（a）的胶子融合，其次是图 5（c）的矢量玻色子融合，再其次是图 5（b）的 H 和 W 或 Z 的联合产生，最小的是图 5（d）的希格斯粒子和顶夸克对的联合产生，如图 6 中的左图所示。

　　希格斯粒子产生之后马上就衰变掉了，由于希格斯粒子与别的粒子的耦合正比于相应粒子的质量，当希格斯粒子比较轻的时候，它主要衰变到 b 夸克对，当希格斯粒子比较重的时候，它主要衰变到 WW，ZZ 和 t 夸克对，如图 6 所示。对于一个 125—126GeV 的希格斯粒子，它的主要衰变道的分支比如图 7 所示，其中分支比最大的是 b 夸克对，但在 LHC 上 b 夸克背景极大，这个道到目前为止还没有被观测到。在 LHC 上寻找希格斯粒子最干净的道是双光子和 $ZZ^* \rightarrow 4$ 轻子，$WW^*$ 和 $\tau$ 轻子对也可以被利用。

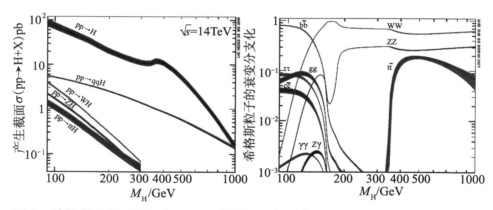

图 6　希格斯粒子（H）在 LHC 对撞机上主要产生过程的截面（左图）和主要衰变道的分支比（右图）[2]（其中横坐标 $M_H$ 表示希格斯粒子的质量。左图中 $\sqrt{s}=14\text{TeV}$ 是 LHC 对撞机的质心能量。左图纵坐标中的 p 表示质子，X 表示希格斯以外的其他末态粒子）

| $b\bar{b}$ 56% | $\tau^+\tau^-$ 6.2% | $\gamma\gamma$ 0.23% |
|---|---|---|
| $WW^*$ 23% | $ZZ^*$ 2.9% | $\gamma Z$ 0.16% |
| gg 8.5% | $c\bar{c}$ 2.8% | $\mu^+\mu^-$ 0.02% |

图 7　一个 125—126GeV 的标准模型的希格斯粒子的主要衰变道的分支比[3]

    LHC 的两个实验组 ATLAS 和 CMS 分别寻找了双光子、ZZ*、WW*、τ 轻子对和 b 夸克对，截止到 2012 年 11 月，他们的观测结果如图 8 所示，他们观测到了在 125—126GeV 处有事例的明显超出，合起来每个组发现的事例都超过了 5 个标准偏差，已经达到了可以宣布发现的标准。由图 8 可见，目前的数据仍显粗糙（误差较大），双光子道信号的观测值要明显高于标准模型预言值。

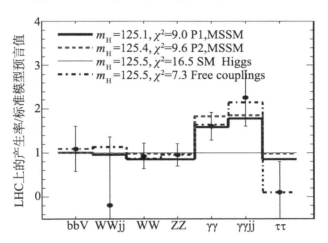

图 8　一个 125—126GeV 的希格斯粒子在 LHC 上的产生率与标准模型预言值的对比[4]（横坐标中 V 表示 Z-玻色子或者 W-玻色子；j 表示一个喷注 (jet)）。其中值为 1 的水平线是标准模型（SM）的预言，带误差范围的黑点是 LHC 的测量值（综合了 CMS 和 ATLAS 两个实验组的数据，7TeV 和 8TeV 的亮度共大约 10/fb），红色和绿色的线是最小超对称模型（MSSM）的预言（取了两个参数点），蓝色线是让希格斯粒子的耦合自由变化所得到的最佳理论值

    2012 年 11 月 12—16 日在日本京都召开了"强子对撞机物理大会"，会上 LHC 的两个实验组 ATLAS 和 CMS 分别又宣布了一些新结果[5]，如图 9 所示，两个实验组都在 ττ 道观测到了信号，但 bb 道仍旧没有看到明确的信号超出。

| | H→γγ | H→ZZ* | H→WW* | H→tt | VH（H→b b̄） |
|---|---|---|---|---|---|
| ATALAS | 1.8±0.5 | 1.4±0.6 | **1.5±0.6** | **0.7±0.7** | **−0.4±1.1** |
| CMS | 1.56±0.46 | **0.8$^{+0.35}_{-0.28}$** | **0.74±0.25** | **0.72±0.52** | **2.2σ 超出本底** |

图 9　一个 125—126GeV 的希格斯粒子的数据 $\sigma_{exp}/\sigma_{SM}$（实验测量的产生截面与标准模型理论预言值之比），其中粗体显示的数据是基于 7TeV（5/fb）＋8TeV（12/fb），其他数据是基于 7TeV（5/fb）＋8TeV（5/fb）（图中 V 表示 Z -玻色子或者 W -玻色子）

目前基本上可以说，LHC 重生了希格斯粒子，并初步看到了它的面目，这将载入世界科学史册和人类文明史册。希格斯粒子的发现为我们理解物质世界的组成和来源指明了方向，说明我们的主流理论（标准模型—超对称—大统一）可能是正确的，从而鼓舞着人们沿着这一主流方向继续探索。实验学家将继续测量希格斯粒子的性质，并探索发现新的粒子，理论学家将深入研究与希格斯粒子有关的理论，特别是超对称理论，并以超对称理论为桥梁最后建立一个成功的大统一终极理论。

## 5　希格斯粒子的和谐环境——超对称理论

137 亿年前宇宙创始时与希格斯粒子同宫共舞的应该还有很多伙伴，其中可能还有个大家族就是超对称粒子。从理论上讲，如果存在基本的希格斯粒子，那么只有超对称理论才是它存在的天堂，在那里它如鱼得水，存在得自然，生活得安逸和谐，离开超对称，希格斯粒子就会像脱缰的野马而难以稳定，其原因是希格斯粒子对高能标度以及高能标度处的重粒子过度敏感，量子效应让希格斯粒子质量难以稳定在它应在的位置（弱标度 100GeV），自然地它应该向上狂奔到大统一标度（$10^{15}$ GeV），甚至普朗克标度（$10^{19}$ GeV）。如果放任它这样一直跑上去的话，所有的基本粒子的质量也都跟着向上跑（因为质量都是希格斯粒子给的），氢原子也就形成不了，整个宇宙还将是一片混沌，生命更是无从谈起。在标准模型中，管制希格斯粒子质量不向上狂奔的手段是，精细调节有关参数去抵消暴躁的量子效应，精细调节的程度就像是在地球上用一杆枪去打月球上的一只兔子。超对称理论解决这一精细调节问题的手段甚是高明，它用优美的对称性压制住了希格斯粒子质量中的量子效应，从而稳定住了希格斯粒子的质量。

超对称是对时空对称性的扩充，也是唯一可能的非平庸扩充。内部对称性和时空对称性本来是相互并行、井水不犯河水，只有超对称甚是特殊，它竟然跟时空对称性有机地结合起来。超对称的代数非常简单和优美，如图 10 所示，但这简单的对称性在粒子物理和宇宙学中却有异常丰富的现象和后果，从而征服了无数的科学家。

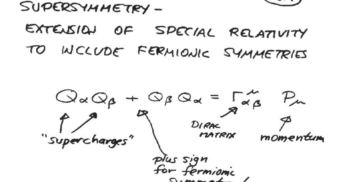

图 10 超对称代数（E. Witten 在国际弦理论会议上所做的报告中的一张透明片）[6]

超对称理论预言标准模型的每一个粒子都有它的超对称伴子（叫作超粒子），如图 11 所示，如果超对称理论是真理的话，我们还有另一半超粒子世界。这些众多的超粒子在宇宙形成的极早期大量存在并甚是活跃，可惜这个家族的绝大部分成员都很短命，在宇宙的早期与其他众多粒子热闹一番后便纷纷衰变而退出历史舞台，到现在只剩下一个老幺（最轻的超粒子）长生不老，其年龄和宇宙老人一样，至今已有 137 亿岁了。超对称理论除了预言大量的超粒子之外，还预言希格斯粒子有好几个兄弟姐妹（共兄妹 5 个），它们一起组成一个快乐和谐的小家庭（刚刚发现的这个希格斯粒子是其中的幺妹）。虽然绝大部分超粒子都早已仙逝而归于宇宙尘土，但我们可以在高能对撞机实验中让它们得以重生。

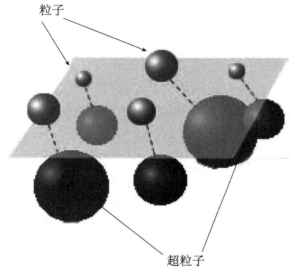

图 11　超对称理论预言每个粒子都有它的超对称伙伴（超粒子），由于超对称的自发破缺，超粒子都比较重（其中镜面之上的那些粒子都是标准模型中的粒子，镜面之下的那些粒是超粒子）

最轻的那个超粒子组成了宇宙中的暗物质，它不带电、不带色、是宇宙中的逍遥客。它对宇宙中星体和星系的形成起着关键作用，没有它，宇宙的结构就难以形成；它就像宇宙中的强力胶，没有了它，宇宙中的一个个星体就会纷纷飞散，宇宙就会彻底散架而导致天下大乱。它无影无踪聊斋般地游荡在我们周围，要感知它的存在，必须有专门的实验设备（各种天体物理实验和像 LHC 这样的高能对撞机实验）。

寻找这些超粒子是 LHC 的主要目标之一，LHC 正在寻找这些粒子。由于目前的寻找结果是尚未看到这些粒子，再加上 LHCb 实验组所观测的 B 介子衰变都与标准模型的预言相符合（超对称粒子对 B 介子衰变应该有一定程度的贡献），由此英国广播公司（BBC）说超对称被送入了医院。

其实，一个 125GeV 的希格斯粒子也对超对称给出了暗示：要么超对称破缺的能标向上移动一些（那样就不是真正的低能超对称，就不能完美解决精细调节问题），要么最小超对称模型（MSSM）就要扩充一点（比如加入一个单态希格斯超场，这样的模型叫次最小超对称模型（NMSSM））。从图 8 可以看到，最小超对称模型（MSSM）跟希格斯粒子的实验观测值（图 8 中带误差范围的黑色线）符合得还是比较好的（比标准模型要好得多），但它的问题是有一定程度的精细调节。而次最小超对称模型（NMSSM）

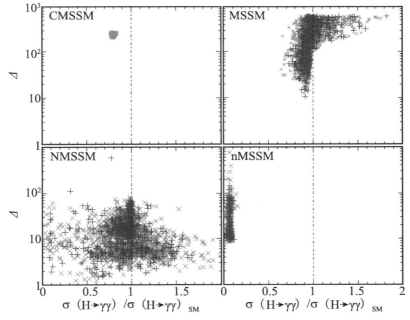

图 12  4 个不同的超对称模型的存活参数空间所对应的精细调节（Fine-tuning）程度[4]（Δ 值越大，对应的精细调节程度也就越大，Δ 值低于 10 被认为是自然的理论）。图中横坐标表示希格斯粒子的双光子信号的截面的理论值与标准模型预言值之比。其中的红色点对应最佳的希格斯粒子质量 125.5±0.54GeV，天蓝色点不能给出最佳的希格斯粒子质量（但希格斯粒子质量可以在 123—127GeV 范围内）

不仅跟希格斯粒子的实验观测值符合得好，而且没有精细调节问题的困扰。图 12 展示了 4 个超对称模型的存活参数空间所对应的精细调节程度，其中的 Δ 值越大，对应的精细调节程度也就越大，Δ 值低于 10 被认为是自然的。另外两个模型 CMSSM 和 nMSSM 因不能提高希格斯粒子的双光子信号（CMSSM 甚至难以给出一个 125GeV 的类似标准模型的希格斯粒子）而处于被排除的边缘。

因此可以说，目前的 LHC 实验数据（包括超粒子寻找实验、LHCb 的 B 介子衰变数据和希格斯粒子的测量数据）已经开始检验并拣选超对称模型，随着实验的进展，真理就会水落石出。其实这些不同的超对称模型都具有同样的内核（也就是图 10 中的超代数），不同的是它们在物理世界中的展现形式。

# 6　结束语

希格斯粒子的发现说明人类初步理清了上帝创造世界的思路，这一发现在科学史上是个里程碑，但可能是一场大戏的序幕。正像考古学家揭开一个汉墓时遇到的情形，发现希格斯粒子就像刚刚揭开棺材板，接下来的工作是清理识别棺椁中的宝藏，并说清其中的秘密。接下来要回答的问题还很多，例如，发现的这个粒子究竟是不是希格斯粒子？若是希格斯粒子，它究竟是标准模型的希格斯粒子或者超对称的希格斯粒子？还有没有更多的希格斯粒子？TeV 能区有没有超对称粒子？如果发现不了超对称粒子，那么 TeV 能区的新物理是什么？若 TeV 能区没有新物理，那怎么理解精细调节问题（难道上帝是个疯子）？

## 参考文献

[1] The Atlas Collaboration. Phys. Lett. B，2012，716：1；The CMS Collaboration. Phys. Lett. B，2012，716：30

［2］Dittmaier S，Passarino G，Mariotti C *et al*.［LHC Higgs Cross Section Working Group］，CERN－2011－002，arXiv：1101.0593［hep-ph］

［3］Peskin M E. arXiv：1208.5152［hep-ph］

［4］Cao J，Heng Z，Yang J M *et al*. JHEP，2012，1210：079

［5］http：//www.icepp.s.u-tokyo.ac.jp/hcp2012/

［6］Witten E. 国际弦理论会议. 2002 年 8 月，北京

本文原载于《*物理*》，2014，43（1）：25

# 相变和临界现象

◆ 于渌　郝柏林

　　相变是普遍存在于自然界中的一类突变现象，是量变转化为质变这一辩证规律的典型表现之一。不算人类关于物质三态变化的早期观察，仅从 1869 年安德鲁斯发现临界乳光、1873 年范德瓦尔斯提出非理想气体状态方程以来，对相变的实验和理论研究已经有一百多年的历史，积累了大量知识，形成统计物理的重要篇章。就在这个古老的研究领域中，最近十多年有了实质性的进展。

　　长期以来，人们用"平均场"理论描述相变现象。它定性上大体正确，定量上却和日益精密的测量不符，形成比较突出的矛盾。在总结实验事实的基础上提出了"标度律"和"普适性"的概念，找到了相变点附近各种热力学特征量——"临界指数"之间的关系。1971 年威尔逊（K. G. Wilson）将量子场论中的重正化群方法用到相变理论中

　　于渌：原中国科学院理论物理研究所研究员，现中国科学院物理研究所研究员，中国科学院院士、发展中国家科学院院士。研究领域：高温超导、强关联电子体系、低维量子系统等。

　　郝柏林：原中国科学院理论物理研究所研究员，复旦大学教授，中国科学院院士，发展中国家科学院院士。研究领域：统计物理、计算物理、非线性科学、理论生命科学和生物信息学。

来，论证了标度律与普适性，并发展了具体计算临界指数的技术，得到了与实验一致的结果。这是统计物理近年来的一个重要进展。相变理论中引用和提出的一些概念和方法对整个理论物理也有普遍意义，对研究粒子物理、远离平衡的突变现象等有重要的影响。

本文试图从当前对相变的认识出发，先概述一些以往的成果，再介绍最近的研究进展，并指出若干尚待解决的问题。虽然相变理论的发展早已涉及现代数学的许多分支，我们将着重讨论物理概念和图像，只使用少量的数学推导。详细的总结有文献［1—3］，并可参看文献［4—6］。为便于阅读，全文分Ⅰ、Ⅱ、Ⅲ三篇，公式、图表和引文均连续编号。

## 一、相变的多样性和同一性

相变是有序和无序两种倾向矛盾斗争的表现。相互作用是有序的起因，热运动是无序的源泉。在缓慢降温的过程中，每当一种相互作用能量足以和热运动能量 $kT$（$k$ 是玻耳兹曼常数，$T$ 是绝对温度）相比时，物质的宏观状态就可能发生突变。多种多样的相互作用导致丰富多彩的相变现象。气-液相变、合金有序化和液体混合物出现有限溶解度的转变等，都与经典的相互作用如分子间的范德瓦尔斯力有关。铁磁、反铁磁相变，本质上来自量子相互作用，但通常仍可用准经典方法描述。至于某些金属或合金突然失去电阻成为"超导"体，液氦突然失去黏滞性转入"超流"状态，则完全是宏观量子现象，不可能在经典物理的范围内得到解释。

尽管相变的现象和原因如此错综复杂，但各种物质在相变点附近的行为又极其相似。人们早就知道，千差万别的相变大体上可以分为两类。第一类相变有明显的体积变化和热量的吸放（潜热），有"过冷"或"过热"的亚稳状态和两相共存现象。第二类相变没有体积变化和潜热，不容许过冷、过热和两相共存；比热和其他一些物理量随温度的变化曲线上出现趋向无穷的尖峰。从热力学函数的性质看，第一类相变点不是奇异点，它只是对应两个相的函数的交点，交点两侧每个相都可能存在，通常是能量较低的那个相得以实现。第二类相变点则对应热力学函数的奇异点（它的奇异性质目前并不完全清楚），在相变点每侧只有一个相能够存在。图1给出两种相变热力学势的示意。为简单起见，只画出了温度变量。

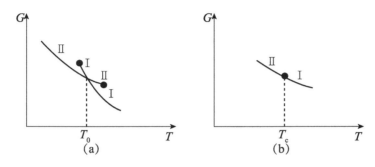

图1　热力学函数示意图

(a) 第一类相变；(b) 第二类相变

发生二类相变的体系有许多共同的特征。早在 1895 年，皮埃尔·居里就发现镍的磁化强度随温度的变化与二氧化碳在临界点附近的密度-温度变化曲线极其相似。正是根据这种类比，1907 年韦斯（Weiss）参照范德瓦尔斯的状态方程提出了著名的"分子场理论"。直到二十年代末，铁磁相变点都还叫做临界点。遗憾的是，这个类比又被遗忘了几十年，以致某些统计物理教科书把二类相变和临界点作为两个独立的问题来叙述，认为临界点是相图上相界线的结束点，对应一类特殊的状态变化。其实只要把气-液相变的压力和密度分别对应单轴各向异性铁磁相变的磁场和磁化强度，就可以看出前者的临界点与后者的居里点乃是一回事（图2，图3）。铁磁相图上 $T \leqslant T_c$ 的一段温度轴也是一条相界线，以 $T_c$ 为结束点；在 $T_c$ 以上两相没有差别，可以连续地从一个相转变到另一个相。现在习惯于将这类现象统称为连续相变或临界现象。

早年曾经按热力学函数及其导数的连续性进行过相变分类：凡是第 $K-1$ 阶以内导数连续，而第 $K$ 阶导数出现不连续的状态突

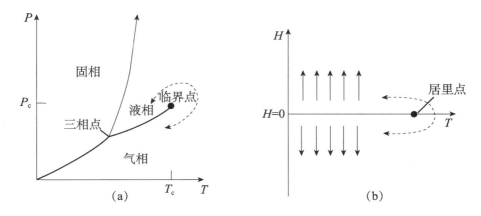

图 2　气-液与铁磁相变比较

(a) 气-液相变点；(b) 铁磁居里点

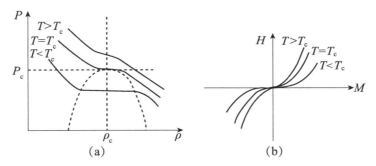

图 3　状态方程的等温线

(a) 液体；(b) 铁磁体

变，称为第 $K$ 类相变。除了本文后面将要讲到的二维体系外，自然界中只看到了第一、二类（包括临界点）相变。理想玻色气体的凝聚，理论上是第三类相变，现实的玻色系统（如 ${}^4\mathrm{He}$）仍表现为二类相变。我们只区分一类相变和连续相变，并以后者为讨论重点，有时就简称为相变。

## 二、连续相变的平均场理论

范德瓦尔斯的状态方程和韦斯的分子场理论是最早的平均场理论。朗道曾用一种非常普遍的形式加以概括。1957 年巴丁-库珀-施里弗提出的超导微观理论可以看成是平均场思想的光辉成果。从现代临界现象理论的观点来看，平均场理论乃是零级近似。虽然它的结果定量上与大多数物理体系的实验不符，但定性上基本正确，物理图像清楚，仍是讨论相变的良好出发点。以下我们以单轴各向异性的铁磁体为例进行讨论，实际上对任何连续相变都是适用的。

临界点 $T_c$ 以下，铁磁体处于有序状态，用序参量——自发磁化 $M$ 来描述[①]。平均场理论的基本假定有两条：

（1）临界点附近，序参量 $M$ 是小量，自由能密度是它的解析函数，可以展开为

$$\Gamma(M) = \Gamma_0(t) + \frac{1}{2}a(t)M^2 + \frac{1}{4!}b(t)M^4 \qquad (1)$$

由于对称原因，不出现奇次项。

（2）系数 $a$，$b$ 是温度的函数。我们以后采用无纲的约化温度 $t = (T - T_c)/T_c$，写成

$$\left. \begin{array}{l} a(t) \approx at \\ b(t) \approx b \end{array} \right\} \qquad (2)$$

其中 $a > 0$，$b > 0$。

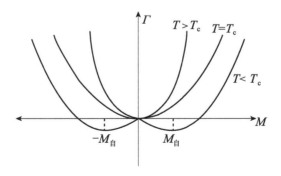

图 4    自由能随序参量的变化

根据热力学关系式，磁场由下式表示：

---

① 序参量可能是标量、矢量或更复杂的量，我们不详加区分，只用一个普通字母表示。

$$H = \frac{\partial \Gamma}{\partial M} = atM + \frac{b}{6}M^3 \tag{3}$$

如果外磁场 $H=0$，由方程（3）可以定出对应自由能极小的 $M$ 平衡值。$T_c$ 以上，$t>0$，$M$ 的平衡值为零；$T_c$ 以下有自发磁化

$$M_{自} = \pm M_0(-t)^{\beta} \tag{4}$$

其中临界指数 $\beta = \frac{1}{2}$，系数

$$M_0 = (6a/b)^{1/2}$$

在临界点上 $t=0$，等温线是

$$H = cM^{\delta} \tag{5}$$

临界指数 $\delta = 3$，系数 $c = b/6$。

根据磁化率的定义，$\chi = \frac{\partial M}{\partial H}$，由（3）求出

$$\chi^{-1} = at + \frac{b}{2}M^2(t) \tag{6}$$

因此，在相变点附近 $|t| \to 0$ 时，磁化率是发散的：

$$\chi \propto |t|^{-\gamma} \tag{7}$$

而且 $\gamma = 1$。

根据平均场理论，很容易求出相变点上的比热跃变为

$$c_{H=0}(t \to 0_-) - c_{H=0}(t \to 0_+) = 3a^2/b \tag{8}$$

一般情况下，比热的奇异性也用幂次律表示为

$$c_{H=0} \propto |t|^{-\alpha} + 非奇异部分 \tag{9}$$

跃变或对数奇异均相当于 $\alpha = 0$。图 5 给出了液氦在气-液临界点 $T_c$ 和超流相变点 $T_\lambda$ 的比热奇异性。

最初的平均场理论不考虑涨落，但只要涨落效应不十分显著，仍可在平均场的理论框架内进行讨论。为了考虑涨落引起的不均匀性，假定 $M$ 可能与坐标 $r$ 有关，在自由能密度公式（1）中加上梯度项 $\frac{1}{2}(\nabla M)^2$。借助这一项，可以讨论涨落和关联的效应。关联

从夸克到宇宙：理论物理的世界 ▷▷▷

函数的定义是

$$G(r) = \langle S(r)S(0)\rangle - \langle S(r)\rangle\langle S(0)\rangle \tag{10}$$

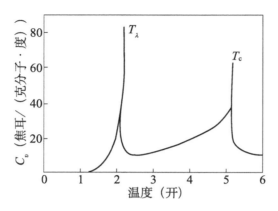

图 5　液体 ⁴He 的比热实验曲线[7]

这里 $\langle\cdots\rangle$ 表示取统计平均，$S$ 是自旋，磁化强度 $M=\langle S\rangle$。这时从自由能表达式可以得到一个微分方程，它很像一个屏蔽库仑势的方程，它的解为

$$G(r) \propto \frac{1}{r}\exp(-r/\xi) \tag{11}$$

其中引入了一个重要的物理量——关联长度 $\xi$，它与 $t$ 的经验关系为

$$\xi \propto |t|^{-\nu} \tag{12}$$

（在平均场理论中，临界指数 $\nu=\frac{1}{2}$。）当 $T\to T_c$ 时，关联长度趋向无穷大。在临界点上，即 $T=T_c$ 时，关联函数不是按指数律，而是按幂次律衰减，即

$$G(r) \propto r^{-d+2-\eta} \tag{13}$$

这里 $d$ 是空间维数，临界指数 $\eta$ 在平均场理论中是零。

至此，我们引入了 $\alpha,\beta,\gamma,\delta,\nu,\eta$ 等六个"临界指数"来描述各种热力学量和关联函数在临界点附近的特征行为。有时还分别定义 $T_c$ 上、下的 $\alpha$，$\gamma$ 和 $\nu$ 指数。由于迄今一切理论计算和绝大多数实

270

验测量都表明，它们在 $T_c$ 上、下的数值相等，我们在本文中不作这种区分。这些临界指数是近年来相变实验和理论研究的主要对象。

关联函数（11）的傅里叶变换称为结构因子：

$$G(P) = \left[P^2 + \xi^{-2}(t)\right]^{-1} \tag{14}$$

它可以用光散射或中子散射的办法测量。图6是结构因子倒数随波矢的变化。$|t| \to 0$ 时，纵轴截距趋向于零，说明关联长度趋向无穷。利用关联函数还可求出一定体积内的涨落，它在临界点也是发散的。临界乳光、涨落增强、磁化率（压缩率）发散等都是关联长度发散的后果。正是由于关联长度大，从微观到宏观的各个尺度范围都起作用，构成了一个"真正"的多体问题。这既使常规的理论分析变得十分困难，却又提供了从另一个极限建立理论的可能性。这是我们在本文中要反复强调的观点。

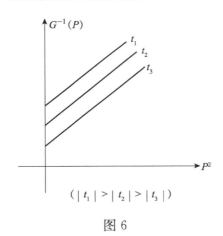

$$(|t_1| > |t_2| > |t_3|)$$

图6

现在，我们可以描绘出连续相变的基本物理图像。绝对零度时，磁矩都按一个方向排列，有序度最高，随着温度升高，逐渐出现一些磁矩反向的区域，可以叫做"液滴"或"花斑"（见图7）。然而它们不同于第一类相变时在旧相中形成的新相的"晶核"。晶核有比较确定的位置和边界，在条件适当时逐渐长大，因此新旧两相可以共存，系统内逐渐产生宏观尺度上的不均匀。连续相变的"花斑"若隐若现，跃跃欲变，在均匀的物体中此起彼伏。空间任何一点都有同等的概率成为"花斑"的中心，关联长度就是"花斑"的平均尺寸。代表各种磁矩取向的花斑，"你中有我，我中有你"。随着温度趋近相变点，关联长度愈来愈大，终于达到宏观尺度；空间各点一致动作，转入新相。因此，相变前后整个系统始终是宏观均匀的，不会出现两相共存。"花斑"所造成的不均匀只有用光或中子散射、超声波吸收等"微观"手段才能反映出来。

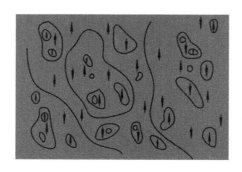

图 7　"花斑"示意图

不能严格地处理涨落的效应是平均场理论的根本弱点。根据序参量的平均涨落不应超过序参量本身这一要求，可以利用平均场理论估计出它自己的适用范围（文献中有时称为金兹堡判据，可参看 [12]）：

$$\sqrt{\overline{(\Delta M)^2}} / \overline{M} \approx (t_c / |t|)^{4-d/2} \leqslant 1 \qquad (15)$$

$$t_c = g\,(\Delta c\,\xi_0^d)^{\frac{2}{d-4}} \qquad (16)$$

这里 $\Delta c$ 是临界点比热跃变，$\xi_0$ 是外推到绝对零度时的关联长度，$g$ 是数值系数。

对于不同的体系，平均场理论的适用范围很不相同。一般铁磁体 $t_c \sim 10^{-2}$，而对超导体 $t_c \sim 10^{-10}$。这说明，在目前能控制的温度范围内（$t = 10^{-3} \sim 10^{-6}$），平均场理论对于铁磁体已不适用，但对超导体仍能给出很好的描述。如果空间维数 $d > 4$，不等式（15）在 $|t| \to 0$ 时永远满足，这说明平均场理论在四维以上空间中总是有效的，这一点我们在后面还要谈到。

## 三、对称的破缺和恢复

连续相变没有体积变化和潜热，这说明不需要消耗有限的能量，无穷小的变化就能引起突变。仔细思考一下，就可以看出，这只能是对称性质的增减。设想一个立方晶格，它有 48 个点对称操作，如果在降温过程中有一个方向的收缩率变得与其他两个方向不同，无穷小的形变就使它突然成为四方晶格，只剩下 16 个对称操作。又如前面提到的各向异性铁磁体，临界点以上没有自发磁化，上、下是对称的，临界点以下自发磁化或者向上，或者向下，破坏了上、下的对称。这种对称性质的突然减少，称为对称的破缺。

物理参数的无穷小的变化引起对称的破缺，这反映了连续相变的本质。通常低温相是具有低对称的有序相，高温相是具有高对称的无序相。破缺的可以是离散的对称，也可以是连续的对称。前面提到的两个例子都是离散的对称。现在考虑一个各向同性的铁磁体。居里点以上，它是各个方向都等价的顺磁体，具有三维正交群 $O(3)$ 的对称。居里点以下自发磁化 $M$ 指向一个特定的方向，破坏了原来的 $O(3)$ 对称。如果降温前加一个外磁场 $H$，磁矩必然平行 $H$ 方向，这叫对称的诱导破缺。如果不加外磁场，$T_c$ 以下出现 $M \neq 0$，使这一个方向成为特殊的，这叫做对称的自发破缺。

从高温高对称相到低温低对称相的转变必须通过破坏对称的运动模式来实现。如果各种模式都有同样贡献，则对称不可能被破坏。但如果只有特定的模式被激发，对称就会被破坏，序参量就是这种特定模式的"凝聚"。在前面举的立方晶体例子中，如果对应某一波矢 $K$ 的声波能量突然降低（现代固体理论中又称为出现"软模"），就可能产生在这个软模上的"凝聚"，由立方对称变到四方对称。

另一方面，只要有序相不处于绝对零度，就会存在一种破坏有序状态的元激发。破坏有序和恢复原来高温相所具有的对称有同一趋势。在铁磁体中，这就是偏离自发磁化方向的磁矩转动，它的传播模式就是自旋波。对于离散对称和连续对称两种不同情形，这种恢复对称的模式有很大的差别。要出现对称破缺，必须有能量简并。图 4 中 $\pm M_{\text{自}}$ 都对应自由能极小。为了从一个极值跳到另一个极值，必须克服有限的位垒。如果被破坏的是连续对称 $O(2)$，可以设想将图 4 的曲线绕纵轴转一圈，极小值的位置是半径为 $M_{\text{自}}$ 的圆。自发破缺相当于选出一个特定的方向。由于不同极值间没有位垒，只要无穷小的能量就可能产生恢复对称的元激发，其能隙为零。量子场论中真空自发破缺后出现的零质量戈德斯通（Goldstone）玻色子也是这种元激发。

连续相变时比热有奇异性，说明涉及大量自由度；涨落很大，说明激发这些自由度只需要无穷小的能。前面的分析表明，在高温相，这些自由度就是破坏对称的元激发，在低温相就是恢复对称的元激发。虽然对于不同的体系，它们的性质有很大的差别，但却有一个共同的特点，就是在临界点附近，它们必须"软化"，也就是说激发能趋向于零。

以上所述虽以铁磁体为例，却具有普遍意义。序参量反映系统的内部状态，只要它具有无穷小的非零值，就意味着改变了对称性质。序参量往往对应一定的"对偶场"，例如磁矩对应外磁场。对偶场通常可以从外部控制。对偶场为零时，序参量在临界点自发出现，使对称破缺。在表 1 中我们列举不同体系的序参量、相应的对偶场、被破缺的对称以及恢复对称的模式。

### 表 1    几种连续相变的类比

| 相变名称 | 序参量 | 对偶场 | 破缺的对称 | 恢复对称的模式 |
|---|---|---|---|---|
| 液-气 | $\rho_{\text{液}} - \rho_{\text{气}}$ | $P_{\text{液}} - P_{\text{气}}$ | 反射 | 声波 |
| 有序、无序溶液 | $\rho_1 - \rho_2$ | $\mu_1 - \mu_2$ | 反射 | 声波 |
| 各向异性铁磁铁 | $M$ | $H$ | $M \leftrightarrow -M$ | 自旋波软模 |
| 各向同性铁磁铁 | $M$ | $H$ | $O(3)$ | 自旋波 |
| 铁电体 | $P$ | $E$ | 某种点群对称 | 软模 |
| 超导 | 能隙 $\Delta$ | 无经典对应 | $U(1)$ 规范群 | 集体激发 |
| 超流 | 波函数 $\psi$ | 无经典对应 | $U(1)$ 规范群 | 集体激发 |

## 四、统计模型的启示

抓住客观事物的主要矛盾，形成比较容易处理的模型，得出可以与实验及普遍理论对比的结论，这是物理学认识过程中重要的一环。平衡态统计物理的基本方法是使用像 $\exp\left(-\dfrac{E}{kT}\right)$ 这样很好的解析函数作权重求平均值，又怎么能得出热力学函数的奇异性呢？为了理解相变的本质，检验统计物理的基本原则能否解释相变这类突变现象，曾经提出过不少统计模型。

最简单的铁磁模型是 1920—1925 年楞次和伊辛（Ising）提出来的：每个格点 $i$ 上有一个"自旋" $\sigma_i$，它可以取上（$\sigma_i = 1$）、下（$\sigma_i = -1$）两种值。只考虑最近邻相互作用，"自旋"平行时能量低（$-J$），反平行时能量高（$J$）。于是，对于晶格上一种具体的 $\sigma$ 值分布，能量就是

$$E(\sigma) = -J \sum_{(ij)} \sigma_i \sigma_j \tag{17}$$

对一切可能的状态 $\{\sigma\}$ 求和，就得到统计配分函数

$$Z = \sum_{\{\sigma\}} \exp(-E/kT) \tag{18}$$

现在知道，伊辛模型的理论和实际意义远远超出了当年提出者的认识。它能相当好地描述各向异性很强的磁性晶体（如镝铝石榴石）。对于理解量子场论的一些根本问题，它也颇有教益。

这个模型虽很简单，求解却极为困难。伊辛本人证明，在空间维数 $d=1$ 时，它没有相变，即温度不为零时没有长程序。他还错误地推测，$d \geqslant 2$ 时也没有相变。1944 年昂萨格（L. Onsager）发表了二维情形下的伊辛模型严格解，并证明有相变。这是统计物理中的一个重要结果，它表明在统计物理已有的理论框架内可以解释相变现象，同时对平均场理论的准确性首次提出了怀疑。昂萨格求得的比热奇异性不是有限跃变，而是对数发散。他和杨振宁后来还

求得临界指数目 $\beta = 1/8$，吴大峻等人近来又求得 $\gamma = 7/4$，这都是与平均场理论不一致的。二维伊辛模型的严格解，是后来昂萨格获得诺贝尔奖金的原因之一。至于三维伊辛模型的严格解，许多人作过尝试，至今还没有成功（可参看文献 [8]）。

1928 年海森伯建议了另一个描述铁磁体的模型，其哈密顿量是

$$H = -J \sum_{ij} S_i \cdot S_j \tag{19}$$

其中，同一格点上自旋的不同分量遵从量子对易关系 $S_x S_y - S_y S_x = iS_x$ 等。早就知道，$d = 1$ 时海森伯模型没有相变，但是它的基态能量等严格结果直到 1966 年才由杨振宁兄弟算出。这一进展导致了另一类二维模型的突破，这就是平面冰熵、八顶角等模型的严格解。

在相变点附近统计涨落起主导作用，量子涨落退居次要地位，因此经常讨论"经典"的海森伯模型，即认为 $S$ 是有 $n$ 个分量的经典矢量。$n = 1$ 对应伊辛模型；$n = 2$ 叫平面海森伯模型，或 $X-Y$ 模型；$n = 3$ 是狭义的海森伯模型；$n \to \infty$ 对应"球模型"。

统计模型的严格解得之不易，堪称是理论物理中的一类精巧手工艺品。从现在的观点看，这种严格解的意义比原来的理解要广泛，它作为某一类物理对象的代表，能够提供很有益的精确信息。

统计模型研究的另一个重要方面是借助大型电子计算机求得各种热力学量在高温、低温等极限的展开级数。这种展开实际上归结为计算晶格上某类图形的个数，我们不可能详细介绍，但要指出，级数解的每一个系数原则上都是精确的，任何封闭严格解的正确性，以及不同近似方法的优劣，都可以在展开后与级数解比较而作出判断。级数解的"妙用"在于可以借助帕德（Padé）变换等处理方法，从有限个系数相当精确地定出临界点的位置，估出临界指数的数值。

在表 2 中我们列出了一些得自伊辛模型严格解或级数展开的临界指数，同时给出用平均场理论和重正化群方法（详见本文第 Ⅱ

篇）定出的数值。

**表 2　临界指数的理论值***

| 指数 | 平均场 | 二维伊辛模型 | 三维伊辛（级数解） | 三维伊辛（重正化群） |
|------|--------|--------------|---------------------|----------------------|
| $\alpha$ | 0（跃变） | 0（对数） | $0.125\pm0.010$<br>（0.110） | $0.110\pm0.0045$ |
| $\beta$ | $\dfrac{1}{2}$ | $\dfrac{1}{8}$ | $0.312\pm0.003$ | 0.340 |
| $\gamma$ | 1 | $\dfrac{7}{4}$ | $1.250\pm0.003$<br>（$1.245\pm0.003$） | $1.241\pm0.0015$ |
| $\delta$ | 3 | 15 | $5.150\pm0.02$ | 4.46 |
| $\nu$ | $\dfrac{1}{2}$ | 1 | $0.642\pm0.003$<br>（$0.638\pm0.002$） | $0.630\pm0.0015$ |
| $\eta$ | 0 | $\dfrac{1}{4}$ | $0.055\pm0.010$ | 0.037 |

*　关于这些数字有大量文献，级数解可看文献［9］，括号中的数是最近有人重新计算的值[10]，重正化群可参看文献［1］，［11］。

## 五、标度律和普适性

早在 1945 年就有人概括了氮、氧、一氧化碳及许多惰性气体的测量结果，认为在气–液临界点附近临界指数 $\beta\approx1/3$。但当时实验精度不高，未足置信。到了六十年代，实验技术大大提高，多次证实了以前的结论。对于磁介质，也测得类似结果。例如，对 $MnF_2$，测得 $\beta=0.335\pm0.005$。这显然与平均场的结果 $\beta=1/2$ 相差很远。

仔细分析实验数据，有两点特别引人注目：一是各类体系差别虽然很大，但临界指数非常接近；二是临界指数虽然偏离平均场理论的结果，但相当好地满足一些关系式，如

$$\alpha+2\beta+\gamma=2,\quad \alpha+\beta(\delta+1)=2 \tag{20}$$

平均场理论和统计模型的严格解及级数展开结果也都满足这些关系式（请读者利用表 2 的数值自行验证）。这是偶然的巧合吗？不是。正是在概括这两个基本实验事实的基础上，形成了现代相变理论中

的两个重要概念：标度律和普适性。近几年的主要进展就在于逐步深入地揭示了它们的物理实质。

六十年代初，根据热力学稳定性条件和一些物理上合理的假定，证明了一批临界指数应满足的不等式（包括（20）式中将"＝"换成"≥"所得关系）。1966 年前后，许多作者从不同角度"推导"出了这些标度关系，实际上是把它们归结为物理上和数学上更为清楚的标度性假定。下面简单介绍一下卡丹诺夫[13]，给出的论据，他提出的物理图像很清楚，是后来发展重正化群方法的物理基础。

为简单起见，考察一个 $d$ 维的伊辛晶格。临界点附近的行为可以通过无纲温度 $t＝(T-T_c)/T_c$ 和磁场 $h＝\mu H/kT_c$ 两个参量描述。根据前面的讨论，临界点附近关联长度趋向无穷，体系应具有某种尺度变换下的不变性。我们可以讨论"元胞"问题，即将每个自旋看成一个元胞，也可以讨论"集团"问题，即对每边 $l$ 个自旋的集团进行平均（图 8 对应 $d＝2$，$l＝3$ 的情形）。假定元胞问题与集团问题等价，平均到每个格点上的自由能为

$$F(t,h) = l^{-d}F(t_l,h_l) \tag{21}$$

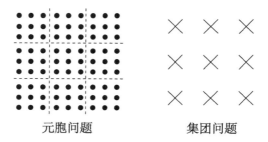

元胞问题　　　　　　　集团问题

图 8　集团模型示意

进一步假定集团问题的参量 $t_l$，$h_l$ 与元胞问题的参量具有简单的比例关系：

$$t_l = tl^x, h_l = hl^y \tag{22}$$

这里 $x$，$y$ 是待定幂次。根据磁矩定义，

$$M = -\frac{\partial F}{\partial h} = l^{y-d}M(t_l, h_l)$$

若取 $h = h_l = 0$，$t_l = -1$，求得

$$M(t, 0) = |t|^{\beta}M(-1, 0), \beta = (d-y)/x \qquad (23)$$

用类似方法容易求得

$$\alpha = 2 - \frac{d}{x}, \quad \gamma = \frac{2y-d}{x}, \quad \delta = \frac{y}{d-y} \qquad (24)$$

由（23），（24）式消去 $x$，$y$，即可求得标度律（20）式。同样，还可求得其他标度关系：

$$\alpha = 2 - d\nu \qquad (25)$$

$$r = (2 - \eta)\nu \qquad (26)$$

因此，六个临界指数中只有两个是独立的。这一点实际上包含在原有的假定中，因为一开始我们就认为热力学函数只与 $t$ 和 $h$ 两个参量有关，只有 $x$ 与 $y$ 两个独立的标度参数。

从数学角度看，这相当于将平均场理论中关于热力学函数是温度和序参量的解析函数的要求，代之以热力学量是相应变量的广义齐次函数的假定。利用（22）式可将（21）式改写成明显的广义齐次函数形式：

$$F(t\,l^x, h\,l^y) = l^d F(t, h)$$

前面的讨论就是给予这种假定以直观的物理解释。若以温度和自发磁化为自变量，根据标度假定，磁场实际上只与一个自变量有关，即

$$h = M^{\delta}f(tM^{-1/\beta}) \qquad (27)$$

这里 $f(x)$ 作为单个变量的函数在 $x = 0$ 附近是解析的。由（3）式看出，平均场理论的结果也可写成这种标度形式，其中

$$f(x) = ax + \frac{b}{6} \qquad (28)$$

因此，平均场给出的临界指数自然满足标度律（20）式。值得注意的是，只有空间维数 $d = 4$ 时，平均场理论才满足显含维数 $d$ 的

"强"标度律（25）式。只有在重正化群理论的框架中才能进一步理解这一事实的含义。

还可以指出一件有趣的事情。既然六个临界指数中存在四个标度关系，只要根据现有实验和理论的"经验"［参看文章（Ⅰ）中的表2］，强令"小"指数 $\alpha = \eta = 0$，就可以为三维情况求得 $\gamma = 4/3$，$\nu = 2/3$，$\beta = 1/3$，$\delta = 5$。这些数值显然偏离平均场理论，而与实验颇为一致。现有实验精度还很难给出"小"指数 $\alpha$ 和 $\eta$ 的确切值。

前面已经讲过，由于关联长度趋向无穷，临界点附近不同体系的共性掩盖了个性的差异。历史上早就知道各种气体在临界点的同一性表现为熟知的对应态定律，即只要把温度、压强、体积换成以其临界点的数值为单位的无纲量，范德瓦尔斯状态方程就变为不含物质参数的普适方程。六十年代后期，在总结实验事实的基础上进一步提出了关于普适性的假定：各种物理系统按若干特征分为不同的普适类，同一类的体系具有相同的临界指数和临界行为。区分普适类的主要特征是空间维数 $d$，内部自由度的数目 $n$ 和力程的长短。实际上三维以上 $d$ 起主要作用，二维以下 $n$ 才更为重要。按这种假定，气-液临界点与单轴各向异性的铁磁或反铁磁体，液氦超流相变与平面铁磁体分别具有相同的临界指数。临界行为与晶体的对称、相互作用的性质等因素都没有关系。

从上述意义说，平均场理论是过分普适的理论，因为它的结果与 $d$，$n$ 及力程长短均无关，甚至在不存在相变的情况下它也预言同样的结果。这显然与实验不符。实验上可以清楚地区分出不同的普适类。以临界指数 $\beta$ 为例，对于 $MnF_2$ ($n=1$) 为 0.335，对于液氦超流相变 ($n=2$) 为 0.354，对于 $CrBr_3$ ($n=3$) 为 0.368[6]。它们之间的差异已超过实验误差的范围。

应当指出，普适性和标度律是在一定范围内成立的实验事实，理论上也有一些论证，但仍有不少未解决的问题。三维伊辛模型的级数解明确地偏离强标度律（25）式[14]。某些二维统计模型（如八顶角模型[15]）的临界指数随相互作用强度连续变化，似乎破坏了普适性假定。这是目前仍在继续研究的两个例子。

## 六、从另一个极限开始

相变的理论研究大体上经历了三个阶段。最早的、沿用最久的描述方式是平均场理论。从上一世纪的范德瓦尔斯状态方程开始，逐步推广到各式各样的物理体系。它提供了一种直观的、定性上基本正确的物理图像。但是统计模型的严格解和级数展开，特别是精密的实验测量，表明它的定量结论不对。从六十年代开始，在总结实验事实的基础上提出了标度律和普适性的概念。这是建立唯象理论的第二阶段。

能不能从微观角度论证这两个基本假定？能不能用理论方法具体推算出临界指数，直接与实验比较？这是从七十年代初开始的第三阶段要解决的问题。这一阶段的主要成就是重正化群方法的引入和发展。从一定意义上说，这是由于从另一个极限出发考虑问题才做到的。

我们在前面说过，相变理论的困难在于它是一个"真正"的多体问题。这句话的确切含义是什么？统计物理的研究对象本来就是具有大量（实际上接近无穷多）自由度的物理体系，当然都是多体问题。但是，大多数情况下可以将多体问题归结为二体、三体等少量自由度的问题。著名的维里展开就是这样：为了求得第 $N$ 阶维里系数，只要解 $N$ 体问题。连续相变却不能这样处理。由于关联长度趋向无穷，必须同时考虑关联长度内所有粒子的相互作用，包括从微观到宏观的一切尺度。

正像物理学中经常遇到的情况一样，在"山重水复疑无路"的时候，换一个角度，改变问题的提法，就可能"柳暗花明又一村"。既然在临界点上关联长度为无穷，体系就应当具有标度不变性，即不管用什么尺子量，关联长度都是无穷。偏离临界点不远时，也还应当存在近似的标度不变性。形象地说，以不同分辨率的"显微镜"观察处于临界点附近的物理系统，看到的图像都很类似，只是所忽略掉的细节尺度不同。这里原来有三个尺度：反映物质微观结构的晶格常数 $a$，反映多体作用范围的关联长度 $\xi$ 和"显微镜"的分辨率或者说理论描述的精致程度 $r$，对于靠近临界点的宏观系统，这三者的关系是

$$a \leqslant r \leqslant \xi$$

由于 $a \leqslant r$，可以把微观尺度上的运动完全平均掉，进行宏观描述。一旦到达临界点：

$$a \leqslant r < \infty$$

$r$ 就有了无限的活动范围。不论取多大的 $r$ 进行平均，只要 $a \leqslant r$，所得结果都是一样的。

为了把标度不变性的概念讲清楚，我们回到二维伊辛模型的例子。假定原来最近邻相互作用的耦合常数是 $J$，温度因子 $(kT)^{-1}$ 也包括在 $J$ 里面。当 $J$ 趋向临界值 $J_c$ 时，关联长度趋向无穷的方式是

$$\xi(J) \propto (J - J_c)^{-\nu}$$

这是文章（1）中已讲过的临界指数 $\nu$ 的定义。

现在进行一次"粗粒"平均，把每 $l \times l$ 个自旋组成的集团看成一个新的有效自旋（参看图8）。这些有效自旋之间也只保留最近邻相互作用，新的有效耦合常数 $J_1$ 是原来耦合常数 $J$ 的函数：

$$J_1 = f(J) \tag{29}$$

$f$ 通常是一个非线性函数，它的具体形式原则上可以计算出来。由于尺子变长了 $l$ 倍，有效的关联长度就缩短了 $l$ 倍：

$$\xi(J_1) = \xi[f(J)] = \frac{1}{l}\xi(J)$$

再把 $l \times l$ 个集团合并起来，得出新的有效自旋和有效耦合常数。这个过程可以多次重复下去。第 $n$ 次归并后得到

$$J_n = f(J_{n-1}), \xi(J_n) = \frac{1}{l}\xi(J_{n-1}) \tag{30}$$

函数 $f$ 还是原来那一个。这时的观察尺度或分辨率已是 $r=al^n$，它远远大于晶格常数 $a$。变换（30）式能否无限制地重复下去，要细致地区分两种情况。如果系统正好处于临界点上，变换前后关联长度都是无穷大，$r<\infty$ 总是成立的。只要假定函数 $\xi(J)$ 仅在一个点 $J_c$ 趋向无穷，就只能有 $J_{n-1}\Rightarrow J_n\Rightarrow J_c$，或从（30）式有

$$J_c = f(J_c) \tag{31}$$

我们说，$J_c$ 是这一套自旋归并的"重正化变换"的不动点。变换（30）式一直作下去，系统处于 $J_c$ 点不动，只是 $r\gg a$ 成立得更好。

如果系统并未准确处于临界点上，$\xi$ 仍是一个有限的长度，而且每次变换后还不断缩小，这相当于逐渐偏离临界点。这种情形下只能从相当靠近临界点的状态开始作变换，在还能够满足条件 $al^n\ll\xi$ 时，把第 $n$ 次变换后的新耦合常数 $J_n$ 在 $J_c$ 附近展开：

$$J_n = f(J_{n-1}) = f(J_c) + \lambda(J_{n-1}-J_c) + \cdots \tag{32}$$

而关联长度的发散仍然是

$$\left.\begin{array}{l}\xi(J_{n-1}) \propto (J_{n-1}-J_c)^{-\nu} \\ \xi(J_n) \propto (J_n-J_c)^{-\nu} = [f(J_{n-1})-f(J_c)]^{-\nu}\end{array}\right\} \tag{33}$$

于是一方面由（33）式和（32）式有

$$\frac{\xi(J_n)}{\xi(J_{n-1})} = \left(\frac{f(J_{n-1})-f(J_c)}{J_{n-1}-J_c}\right)^{-\nu} = \lambda^{-\nu} \tag{34}$$

另一方面从（30）式知道这个比值应等于 $1/l$，结果得到

$$\lambda^{-\nu}=1/l$$

即

$$\frac{1}{\nu} = \frac{\ln\lambda}{\ln l} \tag{35}$$

式中 $\lambda$ 就是函数 $f$ 的导数值 $f'(J_c)$，它除了决定于重正化变换本身的性质，还具体依赖每次归并的倍数 $l$。重要的是仔细进行计算时，（35）式中的 $\ln l$ 会自动消去，使得临界指数 $\nu$ 完全由重正化变换的性质来决定。

上面的讨论当然是过分简化了的。实际上，经过自旋归并后，耦合常数的数目要增加。即使原来只有最近邻相互作用，变换后还会有次近邻相互作用等。但是这个讨论反映了重正化群方法的基本思想：把关联长度发散的临界点与非线性变换的不动点联系起来。这样就在统计物理中开辟了另一条分析途径：不是直接计算配分函数，而是研究保持配分函数不变的变换性质。连续相变的研究归结为分析这种非线性变换的不动点和在不动点附近线性化以后的本征值 $\lambda$ [见（32）式]，由它计算临界指数 $\nu$。

## 七、重正化群理论的主要结果

"重正化群"的概念是在量子场论中首先发展起来的。最初讨论的问题是量子电动力学中"重正化电荷"如何随动量截断而变化。后来有人研究了这类变换的群性质，称之为重正化群。1971年威尔逊把重正化群方法和相变理论中卡丹诺夫提出的集团图像结合起来，使临界现象理论有了实质性的进展[1-3]。

物理体系通常用哈密顿量描述，哈密顿量本身又由一些参数刻画（如前节中的耦合常数 $J$）。重正化群作用的对象就是这个哈密顿量的参数所构成的空间。重正化群变换实际上包括两步：第一步是进行粗粒平均，降低"分辨率"，如前节中用 $l \times l$ 的自旋集团来代替单个自旋；第二步是将长度和自旋重新标度，使哈密顿量又回到原来的形式，只是参数变了。这些变换的总体构成一个非线性半群。叫它"半群"，是因为没有逆变换。从物理上看原因很清楚：只能"粗化"，不能"细化"，或者更确切地说，"细化"要求引入没有包含在原来哈密顿量中的信息，因此不是可以单值地定义的操作。

许多根据具体的物理模型导出的哈密顿量，经过一系列重正化变换后确实达到不动点，物理上它就对应临界点（我们不在这里讨论这两者之间的细微差别）。在变换过程中，各个参数的行为不同，有的参数的作用越来越放大，通常叫"有关参数"，有的参数的作用越来越缩小，称为"无关参数"。用比较准确的语言讲，重正化群变换在不动点附近可以线性化，有关参数对应大于 1 的本征值，无关参数对应小于 1 的本征值。对于通常的不动点，只有两个有关参数，就是约化温度 $t$ 和无纲磁场 $h$。上一节的简化讨论中，只用到一个有关参数 $J$（即 $t$），没有无关参数，因此对重正化群变换的描述并不完整。重正化群的整个讨论就是对标度律假定的论证，因为不动点的存在和只有两个有关参数等都不再是假定，而是理论推演的结果。

在这个理论框架中，普适性也变得十分自然。不动点可以不止一个。不同的不动点对应不同的临界行为。整个参数空间可以分成若干区，每个区内的代表点经过重正化群变换后趋向该区的不动点。不同的普适类就对应不同的区。因此，同一个区的点所对应的物理系统都具有相同的临界指数。

重正化群方法的成功，不仅在于给出了连续相变的正确描述，论证了标度律和普适性，还在于能计算出临界指数的精确数值，直接与实验和统计模型的结果比较。要具体计算必须找到小参量。临界现象理论中的小参量有点不寻常。在文章（Ⅰ）中已经提到，空间维数大于和等于 4 时，平均场理论是正确的。很自然地想到维数稍低于 4 时，差别应不大，可将 $\varepsilon = 4 - d$ 看成小参量，在四维附近作微扰展开。实际的物理体系是三维的，对应并不小的 $\varepsilon = 1$，展开还能用吗？计算结果与实验符合相当好，说明这种近似方法抓住了本质。

威尔逊的突破引起了大量的理论研究，形成浩如烟海的文献。最初他采用的形式与标准的场论方法有差别，但物理意义明显。后来有人[16]把它纳入了标准的场论框架，计算起来更为有效。除了 $\varepsilon = 4 - d$ 展开外，还发展了对 $d - 2$ 和 $1/n$ 的展开。作为例子，我们只给出临界指数 $\gamma$ 的倒数直到 $\varepsilon^3$ 项的计算结果：

$$\frac{1}{\gamma} = 1 - \frac{n+2}{2(n+8)}\varepsilon - \frac{3(n+2)(n+3)}{(n+8)^3}\varepsilon^2$$
$$+ (n+2)\left[\frac{18\zeta(3)(5n+22)}{(n+8)^4} - \frac{55n^2+268n+424}{2(n+8)^5}\right]\varepsilon^3$$

其中 $\zeta(3)=1.202\,057$。这个式子是用和文献［16］不同的"骨架图展开"求得的[4]。这类公式中只出现空间维数 $d$ 和内部自由度数目 $n$，这是普适性的具体表现。一般情形下，可按 $(d,n)$ 和力程长短区分普适类。

这里对"内部自由度数目"再作一点解释。其实，这就是序参量的分量数目。伊辛模型中只有一个特定的方向，平均磁矩只能改变数值的大小，是一个标量，于是 $n=1$。超导体的能隙和超流体的波函数起着序参量的作用，它们都是复数，因而 $n=2$。海森堡模型中平均磁矩是三维空间中的矢量，因此 $n=3$。还有一些很特殊的情况，例如高分子溶液相当于 $n=0$，超流 $^3$He 的序参量是一个复张量，$n=18$ 等，要作专门论证，才能理解。

最近，有人直接在三维作微扰论计算到六、七阶，再参照微扰论高阶项的行为用处理发散级数的办法加以改造，求出迄今最精确的数值结果[11]。对于三维伊辛模型，临界指数 $\gamma$ 和 $\nu$ 的数值曾经与级数展开的结果有微小而明确的差异。最近重新分析级数展开的结果[10]，说明 $\gamma$ 可能差别不大，而 $\nu$ 的数值仍不一致。这些不足百分之一的差异是目前仍在争论的问题之一[1]，因为它可能表示理论中仍有某种原则问题。这同时说明当前研究深入的程度。

目前，实验与理论也符合得很好。有趣的是，研究得最早的气-液临界点长期以来似乎不能纳入现代相变理论的轨道。最近的实验表明，这是由过去的实验误差引起的。由于在临界点附近重力场的作用特别显著，必须采取特别的措施。有些实验工作者对自己测量的精度充满信心，要在重正化群和级数展开解之间涉及小数点

① 可参看前文表 2 所引数值及文献。

后第三位的争论中投票赞成前者[17]。

## 八、涨落和空间维数的关系

为什么伊辛模型在一维无相变？为什么海森堡模型和其他模型在二维以下没有长程序？为什么在四维以上空间中平均场理论才是"唯一正确"的？这主要是因为空间维数不同时，涨落起的作用不同。

设想一个一维的铁磁链，绝对零度时磁矩按同一方向排列。当 $T > 0K$ 时，允许有一些反 向排列的段落。假定 $N$ 个磁矩中有 $n$ 个这种倒向的"界面"，每个界面能量是 $e$。由于界面可处在不同位置，体系的熵增加到

$$S = k\ln\frac{N!}{(N-n)!n!} \tag{36}$$

自由能的变化是

$$\Delta F = ne - TS \tag{37}$$

利用斯特林公式容易求出

$$\frac{\partial \Delta F}{\partial n} = e - kT\ln\frac{N-n}{n} < 0 \tag{38}$$

界面越多，自由能越低，因此涨落破坏了长程序。

离散情况下的涨落作用和连续对称的情形很不相同。取一个边长为 $L$ 的 $d$ 维晶格（图 9）。设沿某一方向有自旋倒向的界面，界面的面积比例于 $L^{d-1}$。与自旋全平行的基态相比，多出一个表面能

$$\Delta E \propto eL^{d-1} \tag{39}$$

如果 $d > 1$，则当 $L \to \infty$ 时，$\Delta E$ 也趋向无穷，即有无穷高的位垒，它不能靠熵的增加补偿。因此，涨落的作用受到抑制，不再能破坏长程序。

对于连续对称，情形很不一样（见图 10）。假定在某一方向上加

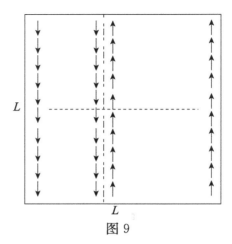

图 9

边界条件，使左右两端面间自旋夹角为 $\theta$。由于自旋方向可以连续变化，平均到每一层上的角度变化是 $\theta/L$，它和自旋平行状态的能量差是 $e\left(1-\cos\dfrac{\theta}{L}\right)L^{d-1}$。与基态的总能量差是层能量差之和，即

$$\Delta E \propto e\left(1-\cos\frac{\theta}{L}\right)L^{d-1}\cdot L \approx \frac{e}{2}\theta^2 L^{d-2}$$

只有 $d>2$ 时才会出现无穷高的势垒。因此，对于连续对称，是否存在长程序的"边界维数"是 $d>2$。正是根据这一点发展了 $\varepsilon = d-2$ 的展开技术。

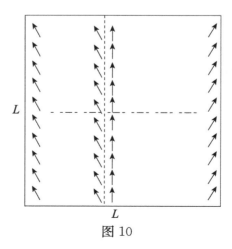

图 10

正如文章（Ⅰ）中讲过的，临界点附近的涨落是一种无能隙的长波（即波矢 $k \to 0$）元激发。不管是连续还是离散对称，都有 $T \to T_c$ 时能隙趋向于零的"软模"。对于连续对称的情形，还有所谓戈尔茨通玻色子，它在任何温度下能隙都为零。正是这些恢复对称的元激发破坏了长程序。前面结合图 10 所作的讨论还可以表述得更数学化一点。没有能隙的元激发的能量 $\varepsilon(k) \propto k^2$。如果要计算它们对总能量的修正，就要把各种"中间态"的贡献都加起来。这时微扰论中的"能量分母"就是 $\varepsilon(k)$，因此要计算的积分是

$$\int \frac{\mathrm{d}^d k}{k^2}$$

当 $d \geqslant 2$ 时，这个积分在 $k \to 0$ 时发散（在场论中称为"红外"发散），说明涨落的作用很大，建立不了长程序。对此还可以给予比较直观的物理解释：把一维和二维的波矢 $k$ 的空间都扩大成三维的，满足长波条件 $k \leqslant \delta$ 的区域在一维情形下是一个厚度为 $\delta$ 的薄片，二维是半径为 $\delta$ 的圆柱，三维是半径为 $\delta$ 的球，权重越来越小。涨落在任何情况下都存在，但空间维数越高，它的作用越受到抑制。

平均场理论在四维以上正确，道理也是类似的。考虑长波元激发的相互作用对总能量的贡献时，要计算的积分是

$$\int \frac{\mathrm{d}^d k}{\varepsilon(k) \cdot \varepsilon(k)} \sim \int \frac{\mathrm{d}^d k}{k^4}$$

如果 $d > 4$，没有红外发散，这些涨落的权重太小。平均场理论在四维以上成为一种没有相互作用的"自由场"理论。因此，$d = 4$ 也是一个特别的"边界维数"。

这样我们就看到，人类生活的三维空间巧妙地夹在两个"边界维数"之间，恰好容许有丰富多彩的相变现象和远非平庸的理论解释。然而，这并不是说，更低维和更高维的空间没有现实的物理意义。许多物理系统具有在一维或二维为主的相互作用，作者之一在

多年前就讨论过这种一维或二维"发达"的系统[18]。低维系统的物理学是一个方兴未艾的领域，而四维时空中的相变问题涉及基本粒子理论的某些根本问题，它们都超出了本文的范围。

顺便指出，实际计算前面写出的两类积分时，还会遇到 $k \to \infty$ 时的"紫外"发散问题。不过在研究关联长度发散的相变现象时，完全可以忽略晶格常数 $a$ 尺度上的运动，自然地把积分在 $k \leqslant \dfrac{1}{a}$ 处截断。如何处理这些发散积分，得出与截断无关的物理结果，这正是"重正化"的原旨。前两个积分与所谓"质量重正化"和"电荷重正化"有关系。相变的物理图像赋予重正化手续以直观的解释。

空间维数 $d$ 和内部自由度数目 $n$ 都等于 2 的情况有些特殊。早在 1966 年就严格证明，连续对称即 $n \geqslant 2$ 的情形下，$d = 2$ 时没有自发破缺。但几乎同时有人从级数展开中看到存在相变的迹象。这究竟是什么状态呢？原来这是一方面没有长程序，另一方面又发生相变的特殊情形。这时，除原有的元激发外，还有一类总体性（或称拓扑性）的激发态。设想一个平面铁磁体，自旋按同心圆排列。这类状态的能量和熵都有对数奇异性。$T_c$ 以下，左旋和右旋的两种"漩涡"可以处于互相束缚的状态，能量是有限的，$T_c$ 以上才离解。由于自旋的平均值是零，所以没有长程序，然而由自旋波决定的关联长度却趋于无穷。关联函数

$$G(r) \propto r^{-\eta(T)} \tag{40}$$

中的临界指数 $\eta$ 与温度有关。仔细的理论分析表明可 $\eta(T_c) = 1/4$。这是一种比普通二类相变更弱的相变，不仅没有体积变化和潜热，比热也是连续的。有奇异性的是更高阶的导数[19]。

客观世界中有没有这类系统？有！非常薄的液氦和液晶膜、平面各向异性很强的铁磁体和某些层状化合物都具有接近这类模型的特性。不久前在液氦薄膜的研究中，证实超流部分的密度在 $T_c$ 有一跃变[20]，这与理论预言一致。这类弱相变的实验和理论研究

当前很活跃。

## 九、怎样理解连续变化的空间维数？

涨落和维数的关系，从一个侧面说明了空间维数在相变和临界现象中的重要作用。为什么对连续对称模型存在自发破缺的"边界维数"正好是 2，而平均场理论成立的"边界维数"正好是 4，还可以有一些"几何"解释。怎样理解从四维往下降的 $\varepsilon = 4 - d$ 展开或者从二维往上升的 $\varepsilon = d - 2$ 展开？看来我们对于空间维数的认识应当深化，还需要有连续变化的空间维数。

其实，数学已经为我们准备了必要的概念。维数和测度有密切关系：用半径为 $R$ 的小圆来覆盖一块面积 $S$，所需小圆的数目比例于 $S/R^2$；同样，用半径为 $R$ 的小球来覆盖一块体积 $V$，所需球数比例于 $V/R^3$。一般情形下，用高维球来覆盖一个 $d$ 维对象 $A$，所需球数大致是 $N \propto A/R^d$。如果保持 $R$ 不变，把 $A$ 的线度增大 $L$ 倍成为 $A_l$，则 $A_l$ 作为 $d$ 维对象可能比原来大 $k$ 倍：$A_l = kA$。为了覆盖 $A_l$，所需球数为 $N_l \propto A_l/R^d = kA/R^d$。另一方面，如果保持 $A$ 不变，把球的半径缩小 $l$ 倍，所需球数自然也是 $N_l \propto A/(R/l)^d = l^d A/R^d$。比较这两个式子，得到重要关系式

$$l^d = k \tag{41}$$

它可以作为空间维数的新定义：如果一个对象的线度放大 $l$ 倍，它本身就成为原来的 $k$ 倍，而且 $l^d = k$，则这个对象的维数就是 $d$。对于普通的点、线、面、体，这样定出的维数仍是 0，1，2，3。我们也可以构造具有"自相似"的内部层次的几何对象。例如，把（0，1）区间三等分舍去中段，剩下的两段各自三等分舍去中段，如此无穷分割下去。取（0，1/3）的一段为对象 $A$，放大 $l = 3$ 倍，它又充满（0，1）区间，其中（0，1/3）和（2/3，$l$）是与原来完全相同的两套对象。于是 $3^d = 2$，$d = \log_3 2 = 0.6309\cdots$，这就是

1919 年豪斯道夫引入的维数概念[21]，它不必取整数值①。本节中的 $d$ 都是指这种豪斯道夫维数，空间维数用 $D$ 代表。读者可能已经注意到，这类"自相似"的变换手续，和前面提到的自旋集团的归并有共同之处。

包含随机因素的几何对象，可能具有更高一些的豪斯道夫维数。例如，考虑一个完全随机的无规行走粒子。从布朗运动的初等理论知道：每步长 $R$，行走 $N$ 步后首尾距离的平方均值是 $\langle r^2 \rangle = R^2 N$。$\langle r^2 \rangle$ 可以看作是无规行走的尺寸，而覆盖数目是 $N = \langle r^2 \rangle / R^2$。由此看出无规行走的豪斯道夫维数是 $d_{RW} = 2$，即两倍于力学运动轨迹的维数。

在 $D$ 维空间中考察两个几何对象 $A$ 和 $B$ 的相交部分 $A \bigcap B$ 的维数，数学公式

$$d_{A \bigcap B} = d_A + d_B - D \qquad (42)$$

的正确性可用一些直观的例子检验：$D = 3$ 维空间中面与面交于线，面与线交于点，线与线基本上不相交。如果把（42）式用于无规行走，立刻得到两个不等式。首先，要求两个无规行走至少相交于点，即

$$d_{RW} + d_{RW} - D \geqslant 0$$

其次，相交部分的维数不应比单个无规行走更高，即

$$d_{RW} + d_{RW} - D \leqslant d_{RW}$$

由此得到

$$2 = d_{RW} \leqslant D \leqslant 2 d_{RW} = 4 \qquad (43)$$

这里恰好出现了两个"边界维数"：二维以下空间容纳不了相交的无规行走，而四维以上空间中无规行走基本上不相交，即不发生相互作用。

把（41）式写成

---

① 作者感谢 G. Parisn 在一次讨论中引起对豪斯道夫维数的注意。

$$d = \frac{\ln k}{\ln l}$$

并与文章（Ⅱ）中（35）式比较，可见临界指数 $\nu$ 的倒数可以看成某种豪斯道夫维数。平均场理论中 $\nu = 1/2$，恰好与纯无规行走的维数 $d_{RW}$ 一致。因此它在四维以上空间中才是准确的。重正化群方法和实验测量都给出 $\nu > 1/2$，乃是有记忆效应的无规行走。这个类比在高分子溶液的统计理论中有直接的物理意义，那里每个高分子链就是一个无规行走的轨迹。如果计入分子本身占据的空间，排除无规行走的自交，就是一种记忆效应，于是 $\nu$ 获得大于 $1/2$ 的正确数值。

## 十、动态临界现象

到目前为止，我们只讨论了临界点附近的热力学平衡性质，没有涉及系统随时间的演化。实际上临界点附近各种非平衡性质也有许多异常，而且比静态现象更为丰富。这里研究的对象包括扩散、热导、黏滞流等输运过程，系统对随时间变化的外场的响应，外界扰动除去后趋向平衡的弛豫过程等。与平衡性质不同，这些物理量不仅与体系在某一时刻的状态有关，而且依赖于它的时间演化。但是，它们大多可以直接测量，例如用超声吸收和核磁共振测弛豫时间，用光或中子的非弹性散射测动态结构因子——时间关联函数的傅里叶变换，还可间接地定出输运系数。

动态现象中最有代表性的事实是所谓临界慢化，即逼近临界点时序参量和其他"慢模"的弛豫时间趋向无穷。基于文章（Ⅰ）中介绍的物理图像，很容易理解这一点。在临界点附近关联长度趋向无穷，出现许多大尺度的涨落或"花斑"，趋向平衡的时间必然很长。在气液临界实验中往往要花几天或几个月的时间才能达到新的平衡状态。

在动态临界现象的描述中，相应于平均场理论的是所谓"常规"理论。它假定序参量趋向平衡的速度比例于自由能（或有效哈密顿量）对序参量的导数。还是以自旋系统为例，准到二次项的自由能写成

$$F = \sum_k \frac{1}{2}(at + k^2) M_k M_{-k} \qquad (44)$$

这里 $M_k$ 是序参量的傅氏分量，$t$ 是约化温度，$a > 0$。序参量随时间的变化用唯象方程

$$\frac{dM_k}{d\tau} = -\Gamma \frac{\partial \Gamma}{\partial M_{-k}} = -(at + k^2)\Gamma M_k \qquad (45)$$

描述。弛豫时间是

$$\tau_k^{-1} = (at + k^2)\Gamma \qquad (46)$$

临界点上 $t = 0$，对于 $k \to 0$ 的长波涨落，只要输运系数 $\Gamma$ 是有限量，$\tau$ 就会趋向无穷大。根据文章（I）中第（6）式，弛豫时间还可通过磁化率表示，即

$$\tau_0 = \chi \Gamma^{-1} \qquad (47)$$

这说明弛豫时间和磁化率的发散是由同一原因引起的。$\frac{\partial F}{\partial M}$ 表示"恢复力"的大小，$\tau^{-1} \to 0$ 表明几乎没有恢复力。与平均场理论类似，这种常规理论能定性地解释临界慢化现象，但定量上与实验不符。这里假定输运系数 $\Gamma$ 与温度无关，实际上由于不同运动模式间的非线性耦 合，它和不同尺度的涨落有关，因而要随温度变化。

近十多年来，动态临界现象的研究也有很大进展。重正化群方法出现以前，主要有两方面：一是模模耦合理论，一是关于动态标度律和普适性的假定。前者主要是考虑不同运动模式之间的非耗散型耦合，能够相当好地描述一部分输运系数的反常。动态标度律是静态标度律的自然推广，对于时间演化过程多引入一个标度参数，假定弛豫时间是

$$\tau_h = \xi^2 f(k\xi) \qquad (48)$$

这里 $\xi$ 是关联长度，对于常规理论，由（46）式知

$$Z = 2, f(x) \sim (1 + x^2)^{-1} \tag{49}$$

动态标度律假定，只要将长度、时间、磁场、磁矩等作相应的标度，临界点附近的广义磁化率就不再显含约化温度 $t$，由此可以推出一些动态临界指数间的关系。

七十年代以来，重正化群方法也被推广到研究动态临界现象，不仅论证了动态标度律，重复了模-模耦合理论的结果，而且可以分析后者所不能处理的耗散型耦合，动态临界现象也有普适类，但比静态普适类分得更细。动态临界指数不仅与 $(d, n)$ 有关，还取决于体系有哪些守恒量，不同模式之间的耦合类型等。因此，同一个静态普适类的物理系统可能分属不同的动态普适类。

总的说来，动态临界现象的研究还处于发展过程中。现有的理论分析主要是借助于一些模型，用比较唯象的方式描述。较为完整的微观理论还有待建立，不少实验现象也还没有得到解释，详情可参阅文献 [22]。

# 十一、 远离平衡的突变现象

对称破缺和突变不是平衡态附近特有的现象，它更广泛地存在于远离平衡的体系中，一般地说，平衡态附近的体系以趋向平衡为主要倾向，远离平衡后却可能趋向新的更有序的定态。当然，这种状态要靠外部的能量或质量流来支持。自然界中这类现象不胜枚举。研究得很早的一个例子是流体力学的不稳定性[23]。取两块导热平板，中间有静止液体。如果下板的温度高于上板，且温度趋于临界值，就出现美丽的对流花纹（图 11）。激光、半导体器件中的电流不稳定性、质量欠佳的日光灯管在一定条件下的辉纹放电、带有周期性时空结构的自催化反应、具有非线性输运性质的生物膜等，都是远离平衡突变现象的例子。

图 11　对流图案

　　长期以来，这些现象都是分别进行研究的。平衡态相变理论的进展，对各种相变的普适描述，启发人们在远离平衡的现象中也作类似的尝试。果然，各有千秋的突变现象确实具有深刻的相似之处。平衡态相变的一些概念很容易推广到非平衡突变的情形。这里主要指平均场理论的结果，重正化群方法所考虑的效应在大多数情况下并不重要。

　　在非平衡相变中也可以引入序参量和对称破缺的概念。序参量 $\eta$ 通常是指失稳运动模式的幅度。在流体不稳定性中，对流的速度是序参量；在激光中，受激发射模的振幅是序参量。与连续相变类似，只有当相应的外参量 $\lambda$ 超过阈值 $\lambda_c$ 时才会出现新的有序状态，而且

$$| \eta | \propto (\lambda - \lambda_c)^{1/2} \tag{50}$$

即临界指数 $\beta$ 也等于 $1/2$。在流体不稳定性中，破缺的是空间平移对称。激光现象中破缺的是定态本身的时间平移对称，复数序参量 $\eta$ 取了一个特定的相位。后一点不可能发生在平衡相变中，因为周期运动伴随着能量的耗散。

　　与平衡态相变类似，这里也有恢复对称的运动模式。如果取了热力学极限，它们就是通常的流体力学模。对于有限的体系，这是序参量的一种扩散型运动。经历各种可能的状态后，序参量的平均

值趋向于零。体系越大，达到这种状态所需的时间越长，因此，仍可在每个时刻用瞬时的序参量描述。这是与平衡态相变不同的特点。

在阈值附近，序参量的涨落反常增大，同时出现"临界慢化"。相应的临界指数也与平衡态一样，即

$$\tau \sim \langle \, | \, \eta \, |^2 \rangle \sim (\lambda - \lambda_c)^{-1} \tag{51}$$

造成这一现象的原因，也在于失稳点附近恢复力趋近于零。

在临界点附近，关联长度反常增大。按平均场理论，

$$\xi = \xi_0 \left( \frac{\lambda_c}{\lambda - \lambda_c} \right)^{1/2} \tag{52}$$

然而现在 $\xi_0$ 是一个宏观尺度的量。这是因为在非平衡定态中序参量靠外源支持，直接与宏观变量耦合，通常存在一个宏观的特征长度。根据平均场理论的适用范围（金兹堡判据），对于三维情形，

$$t_c \sim (\xi_0^{-d})^{2/(4-d)} = \xi_0^{-6} \tag{53}$$

由于 $\xi_0$ 是宏观大小的量，总有 $t_c \to 0$，即平均场理论永远成立。从物理上考虑，这是因为关联长度超过 $\xi_0$ 之后，就谈不上标度不变性了。最近有人对流体失稳现象作了精密的测量，发现各种临界指数确实与平均场理论的预言一致。

远离平衡的突变现象与平衡态相变之间如此深刻的类比决不是偶然的。虽然失稳现象 中没有平衡分布的概念，但只要有细致平衡，就可以在相当普遍的前提下证明存在定态分 布，引入相应的势函数，其作用与自由能类似。换言之，细致平衡是共性的原因。

上面主要讲了与平衡相变相似的一面。其实，矛盾的特殊性才使我们对事物有更深刻的认识。远离平衡的突变现象必然伴随着耗散，与体系的尺寸和历史有密切关系。这些都与平衡态相变完全不同。尺寸效应可能使远离平衡的现象中不会有真正的"连续相变"。

平衡态附近的相变研究已经初具轮廓，远离平衡突变现象的研

究方兴未艾，不同的流派从各自的角度进行探索，取了各种名称。有的叫"耗散结构"[24]，有的叫"协同学[25]"有的叫"突变论"[26]，实际研究的都是同类现象（还可参阅文献[27]）。

## 十二、结束语

连续相变研究的进展是理论与实验相互促进的过程。统计模型的严格解证明了理论的潜力，在平均场理论的天地里打开了缺口，大量使用计算机的级数展开揭示了更多的矛盾，但决定性的因素还是精密的实验测量。它充分暴露了平均场理论的弱点，把尖锐的矛盾提到理论面前。标度律和普适性的概念在促成现代相变理论的过程中起了很重要的作用。建立了正确的物理图像，形成了反映客观的概念，豁然贯通的最后一击来自统计物理与量子场论在概念和方法上的相互交流。

五十年代末期，量子场论方法在统计物理中的广泛应用带来过一批丰硕成果。最初在铁磁，后来在超导理论中形成的对称破缺概念，经过量子场论的锤炼，又回到统计物理中，对平衡和非平衡相变的研究起了促进作用。重正化群方法和相变物理图像的结合，促成了临界现象理论的突破。当前，不少作者又试图借助相变的概念来解释夸克禁闭和量子场论中的一些根本问题。理论形式的一致，反映了客观世界的统一，统计物理和量子场论都是研究无穷多自由度的体系，统计涨落和量子涨落有深刻的类似之处。涨落场论和量子场论这对"孪生兄弟"将会继续并肩前进，在相变和临界现象的研究中揭示更深刻的物理内容。

## 参考文献

[1] K. G. Wilson, J. Kogut, *Phys. Reports*, **12C** (1974), 75

[2] C. Domb, M. S. Green (eds.), Phase Transitions and Critical Phenomena,

vols. 1—3，5a，5b and 6，Academic Press，（1972—1976）

[3] S. K. Ma（马上庚），Modern Theory of Critical Phenomena，Benjamin，
（1976）

[4] 于渌，郝柏林，物理学报，**24**（1975），187

[5] 于渌，连续相变与重正化群，《统计物理学新进展》，第二章，科学出版
社，（待出版）

[6] C. J. Thompson，*Contemp. Phys.*，**19**（1978），203

[7] M. R. Moldover，W. A. Little，Critical Phenomena. N. B. S. Misc. Publ. No.
**273**（1966），79

[8] 石赫，许以超，郝柏林，物理学报，**27**（1978），47

[9] 见 [2] 的 vol. 3

[10] J. Zinn-Justin，*J. de Physique*，**40**（1979）.969

[11] J. C. Le *Guiilou*，J. Zinn-Justin，*Phys. Rev. Lett.*，**39**（1977），95

[12] A. Z. Patashinskii，V. I. Pokrovsku，Fluctuation Theory of Phase Transitions，
Pergamon Press，（1979）

[13] L. P. Kadanoff，*Physics*，**2**（1966），263

[14] G. A. Baker Jr.，*Phys. Rev. B*，**15**（1977），1552

[15] R. J. Baxter，*Ann. Phys.*（*N.Y.*），**70**（1972），193

[16] 见文献 [2] 第 6 卷中 E. Brézin 等人的总结文章所引文献

[17] A. L. Sengers，R. Hocken，J. V. Sengers，*Physics Today*，December，
（1977），42

[18] 陈春先，郝柏林，科学通报，**10**（1961），30

[19] J. M. Kosterlitz，D. J. Thouless，in Progress in *Low Temperature Physics*，
*ed. by D. F. Brewer*，North-Holland，Ⅷ B（1978），341 – 433

[20] D. J. Bishop. *J. D. Reppy*，*Phys. Rev. Lett*，**40**（1978），1727

[21] B. B. Mandelbrot，Fraetals，Form，Chanee and Dimension，W. H. Free-
man，San Francisco，1977

[22] P. C. Hohenberg，B. I. Halperin. *Revs. Mod. Phys.*，**49**（1977），435

[23] C. Normand，Y. Pomeau，M. G Velarde，*Revs. Mod. Phys.*，**49**（1977），581

[24] G. Nieolis，I. Prigogine，Self-organization in Nonequilibrium systems，

Wiley-Interscience，（1977）

[25] H. Haken，Synergetics，Springer-Verlag，（1977）

[26] R. Thom，Stabilité Structurelle et Morphegénèse，BenJamin，（1972）

[27] Proceedings，of the XⅧ Lnternational Solvay Conference on Physics，November 20—23，1978，Wiley-Interscience

## 后记

　　1972 年杨振宁先生访华，周总理接见，他建议重视基础研究，在场的周培源先生在《光明日报》发表整版文章。在这个"小回春"的气氛下我们惊奇地发现国际上相变和临界现象的研究取得了突破（后来 K. Wilson 因其杰出贡献获得 1982 诺贝尔物理奖）。没有直接的国际交流渠道，唯一的办法就是逐篇阅读文献，在组里反复报告、讨论。这里连载的三篇短文是由几十次报告的讲稿浓缩而成的。稍感欣慰的是这些短文和后来扩展成的小书对帮助年青同行了解这方面的进展发挥了一定作用。

于渌，郝柏林
2012.1.27

本文原载于《物理》，1980 年第 4、5、6 期

# 暴涨宇宙学的研究与进展

◆朴云松　张元仲

宇宙学研究的是我们宇宙的起源与演化。基于爱因斯坦广义相对论的大爆炸宇宙模型（宇宙的标准模型）虽然被许多天文观测所证实，但是也存在很多基本困难。暴涨宇宙模型为解决这些基本困难提供了一种途径。

宇宙模型的研究历史可以追溯到牛顿。1691 年，牛顿根据他的万有引力理论提出过一个静态宇宙模型。这个模型的困难在于，在一个有限的空间区域内，恒星之间的相互吸引会使恒星向某中心一起坍缩。为了避免这种不稳定性，牛顿提出在这个区域之外的无限空间内加上足够多（但有限）的其他恒星。然而研究表明，外部的球壳不会影响内部的动力学。因此，牛顿的修正并不能避免不稳定性困难。近代宇宙模型的研究起源于爱因斯坦；1917 年，为了使广义相对论给出静态宇宙学解，他引进了一个宇宙常数项。同

---

张元仲：中国科学院理论物理研究所研究员。研究领域：相对论理论与实验、引力理论、宇宙学等。
朴云松：原中国科学院理论物理研究所博士研究生，现中国科学院大学教授。研究领域：引力理论和宇宙学。

年，德西特提出了一个完全没有物质存在的静态宇宙模型，可以解释当时观测到的遥远天体的红移。但是，爱丁顿等人后来证明了静态宇宙是不稳定的。从此，人们开始意识到宇宙可能是随时间变化的。1922 年和 1924 年，俄国科学家 Friedmann 基于广义相对论研究了膨胀的闭合和开放宇宙模型；1929 年，Robertson 研究了平坦宇宙模型。同年，哈勃基于对河外星系的观测数据发现了星系的红移（或退行速度）与距离之间成线性关系（即哈勃定律或哈勃关系），表明星系的运动不是随机的，因而彻底否定了静态宇宙模型。从此，膨胀宇宙模型逐渐被人们所接受。

# 1 标准（大爆炸）宇宙模型的成功和困难

宇宙学研究的是宇宙大尺度的行为。天文观测表明，虽然宇宙中的天体或星系都是质量集中的区域因而宇宙的小尺度是极不均匀的，但是当我们把直径为几亿光年的区域内的总质量平均分布到整个这个区域的时候，我们会发现，不管这个区域选在宇宙中的哪一部分，我们都会得到大致相同的平均密度。由此，人们假定在大尺度上，宇宙（的平均质量密度）是均匀的和各向同性的。这就是通常说的宇宙学原理。标准宇宙模型的出发点是：把宇宙物质当成理想流体；宇宙学原理要求宇宙物质的质量密度和压强只随时间变化而与空间位置无关。在这样的条件下，爱因斯坦广义相对论给出了三种不同类型的膨胀宇宙：闭宇宙、平坦宇宙、开宇宙；它们的尺度随时间而变化；由于时间有个起点（宇宙的诞生），因而宇宙具有年龄；在时间趋于零时，宇宙的尺度趋于零，宇宙的密度、压强和膨胀速度趋于无穷大。这是一个典型的大爆炸图像。由此，Lemaitre 在 1932 年称这种图像为"Big Bang"（大爆炸）；所以，广义相对论给出的这三种类型的宇宙被称为大爆炸宇宙模型，即宇宙标准模型。按照这个模型，我们今天的观测宇宙是从一个极小的火球的大爆炸开始随后不断膨胀而成的。

　　大爆炸宇宙模型一些重要预言已经被天文观测所证实，例如：
（1）哈勃定律。这个定律已被约三万个星系的红移（或退行速度）
与距离的关系的观测数据所证实；（2）宇宙年龄。大爆炸模型与天
文观测数据相比较给出宇宙今天的年龄约为 140 亿年。宇宙中的恒
星和星系等都是在宇宙诞生以后逐渐形成的，所以它们的年龄必须
小于宇宙年龄。星系和恒星的年龄可以用几种不同的方法来确定，
例如测量放射性元素及其衰变产物在星体中的丰度。各种方法给出
的星系和恒星的年龄大致在几十亿年的量级，这个结果与大爆炸模
型给出的 140 亿年的宇宙年龄是相容的；（3）微波背景辐射。标准
宇宙模型预言：今天宇宙中存在着遗留下来的微波辐射背景，它的
能谱应当与绝对温度为几度的黑体辐射谱一样。1964 年，就在物
理学家们计划用辐射计观测这种背景的时候，美国的两位工程师彭
齐亚斯和威尔逊在安装调试卫星天线的定标过程中（无意中）发现
天空各个不同方向上都存在一种不变的相当于绝对温度 3.5K 的黑
体辐射背景（微波背景辐射）。他们因此而荣获 1978 年的诺贝尔物
理学奖。近年，使用 1989 年升空的宇宙背景探测器测到的微波背
景的数据与绝对温度为 $2.726\pm0.010$K 的黑体辐射谱极为吻合；
（4）大爆炸核合成。标准宇宙模型的最早证据是宇宙中轻元素丰度
的观测结果。轻元素是指氘、氦-3、氦-4、锂-7 等。按照大爆炸
模型，这些轻元素最初（指大爆炸之后的 0.02s 到 3min 这个时期）
是由中子与质子通过核反应合成并遗留至今的。宇宙中轻元素丰度
的观测结果与大爆炸核合成的预言一致。

　　尽管有了上述的成功，但是大爆炸宇宙模型还存在许多基本困
难，主要包括奇性困难、视界困难、平坦性问题、重子数不对称问
题、星系形成问题等；此外，当把粒子的统一理论应用于早期宇宙
时又会出现畴壁问题、磁单极问题、固有对称性破坏的问题、时空
维数问题以及宇宙常数问题等。限于篇幅，本文不能详细解释所有
这些问题及解决它们的各种尝试。我们将只简单说明如下几个最主

要的困难及其解决它们的可能的方法。（1）奇性困难。宇宙在诞生时刻其能量密度和温度都趋于无穷大，但是物理上无法接受无穷大的概念。这种奇性问题被看成是广义相对论的固有问题。由此，很多人认为广义相对论只是一个经典理论，它不适用于解释宇宙大爆炸时刻的物理现象。在这样小的尺度上应当用量子态来描写。所以，研究引力场的量子化（量子引力与量子宇宙学）成为一个极为重要的研究课题；由于广义相对论场方程的高度非线性，人们离获得一个满意的量子引力还相差甚远。解决奇性困难的其他尝试也在不断地进行；（2）视界问题。大爆炸宇宙模型预言的宇宙尺度比现在天文观测给出的观测宇宙尺度小很多很多；（3）平坦性问题。大爆炸宇宙模型还预言，宇宙的极早期的质量密度与一个平坦宇宙的质量密度（即宇宙的临界密度）之间的差别出现在小数点后面第几十位上。人们难于找到宇宙如此"精细调节"的谜底，这被称为平坦性困难。研究表明，暴涨宇宙模型可以解决大爆炸宇宙模型的视界困难、平坦性困难及其他大多数困难。

## 2　暴涨宇宙模型

"暴涨"的研究历史可以追溯到 1965 年 Gliner 的图像：宇宙在处于类真空的状态下指数地膨胀大约 $e^{70}$ 倍。同年，Sakharov 讨论了暴涨宇宙中质量密度的扰动。但是，暴涨宇宙学在此后的很多年都受到冷落。直到 1979 年，暴涨宇宙的第一个半现实的方案才由 Starobinsky 提出来。然而当时并不十分清楚暴涨宇宙的初态是什么。如果宇宙最初处于高温状态，那么暴涨过程就不会发生。为此，Zeldovich 在 1981 年提出暴涨宇宙"从无"产生。同年，Guth[1] 提出了一种暴涨模型，这是暴涨宇宙学发展过程中的重要一步。他的核心思想就是放弃标准宇宙模型中关于绝热膨胀的假设，认为宇宙在极早期经历的高速膨胀（暴涨）过程使宇宙的总熵增加

了 $Z^3$ 倍，其中 $Z$ 是个大数。例如，如果开始暴涨时的温度为 $10^{20}$ K（此时宇宙年龄约为 $10^{-40}$ s），那么 $Z \geqslant 10^{28}$。这样，就可以同时解决上面的视界困难和平坦性困难。Guth 的模型称为旧暴涨模型，它的主要困难在于：要么暴涨不能开始，要么开始之后永不终结。1982 年，Lind 等人[2]对 Guth 的模型做了改进：认为宇宙极早期处于 SU（5）大统一理论的基态，随着温度下降而产生对称性的自发破缺（宇宙发生从高温相到低温相的相变）这个模型称为新暴涨宇宙模型。新模型虽然解决了宇宙均匀和各向同性问题以及暴涨的终结问题，但是它又有自身的不足：难于给出形成星系所必需的质量密度的扰动等。1983 年 Linde 又提出了混沌（chaotic）暴涨模型[3]，通过一个具有平方势的标量场的暴涨，宇宙可以从势的较高处慢滚到较低处。混沌暴涨模型的优点在于它在某种程度上抛弃了以前模型中引入的"超冷"和"相变"等概念，使模型看起来更加简洁，也为以后的模型构造提供了一个清晰的指导。现在看来，这种观念的转变是非常重要的，同时它也使暴涨成为独立于相变的极早期宇宙的一个重要的理论。上述暴涨模型之间的差别在于在爱因斯坦广义相对论的框架内选取不同的宇宙物质场（暴涨场）来研究宇宙的快速膨胀。另一种不同类型的尝试是通过修改广义相对论的构架来建立新的模型，使真空泡的成核率与宇宙膨胀率的比值随时间而变化[4]，这种模型称为扩展（extended）暴涨模型。到了 20 世纪 90 年代初，Linde 还提出了杂化（hybrid）暴涨模型[5]。该模型显示，引入一个辅助的标量场也可以得到真空泡成核率与宇宙膨胀率的比值随时间而变化。在接下来的工作中，Linde 抛弃了关于真空泡的成核概念，形成了目前流行的版本：随着暴涨子的演化，与之相耦合的辅助场逐渐成为不稳定的，使宇宙向引力势的极小值滚动而导致暴涨的结束。杂化暴涨模型不仅有更宽的参数空间，而且普遍存在于各种超引力和超弦模型中。更为重要的是它是单标量场暴涨模型分类中最后被发现的一类模型。

事实上从 20 世纪 80 年代到 90 年代，人们从粒子物理的标准模型、超引力和超弦理论出发，构造出了许许多多的暴涨模型，其中的标量场有效势涉及到初等函数中的 $n$ 次方型、指数型、对数型和三角函数型以及它们的组合。我们在这里没有提及的原因是，所有这些模型依然没有摆脱上述几类暴涨模型限定的框架。这能够从随后几年的单场暴涨模型的分类看出来。1997 年，Dodelson 等人[6]在慢滚动参数的基础上，根据张量标量比和标量谱指数两个观测量对各种单场暴涨模型系统地做了分类，并指出新暴涨模型（小场模型）、混沌暴涨模型（大场模型）和混合暴涨模型彻底地覆盖了整个张量标量/标量谱平面，从这种意义上来说，这三类模型差不多涵盖了所有的单场暴涨模型。在这种情况下，不论你选取什么样的有效势，它在张量标量比/标量谱平面中的点一定属于上述三类模型之一。这种分类目前已经被人们广泛采纳。至此人们对单场暴涨模型的理解研究告一段落。

伴随着暴涨模型的发展，原初扰动的理论也在同一时期被逐步建立起来。在暴涨期间，场的量子扰动被拉伸到视界以外凝结。这些超视界的扰动在辐射为主或物质为主时再进入视界，导致了相应尺度上的能量密度的扰动，这就提供了宇宙大尺度结构形成的种子。更重要的是原初扰动在微波背景中留下了可观测的印迹。因此微波背景不均匀性的探测就成为检验和证实暴涨模型的重要手段。

在新暴涨模型提出后不久，Bardeen，Steinhardt 和 Turner[7]指出，在超视界尺度上共动的曲率扰动近似是个常数，这使人们能够通过计算暴涨期间的出视界扰动幅度来估算进视界的扰动量。一般地说，原初扰动的幅度正比于暴涨时期的 Hubble 参数，反比于标量场的滚动速度，其功率谱是绝热的和近标度不变的，在统计上满足 Gauss 分布。这些特点是暴涨理论不依赖于模型的一般预言。同期，Guth 和 Pi 以及 Starobinsky，Hawking 等人也都对原初扰动做了相关研究。规范不变的宇宙学扰动理论的研究始于 20 世纪 80

年代初。1992 年 Mukhanov，Feldman 和 Brandenberger[8] 系统地阐述了宇宙学扰动理论及其演化。1993 年，Stewart 和 Lyth[9] 使用慢滚动参数，对标量和张量扰动谱进行标准化计算。他们的论文至今仍然成为计算扰动谱的教科书。1996 年，Sasaki 和 Stewart[10] 给出了一个在多场条件下计算绝热扰动的公式。但是对于多个场同时驱动暴涨的情况，事情并非那么简单。由于不同成分的扰动演化并不等同，这将产生一个净的非绝热扰动，一般会成为等曲率扰动（在单场模型中也存在着非绝热的压强扰动，但在大尺度上是被压低的）。这个现象在 20 世纪 90 年代中期以前已经被许多人在一些双场模型中注意到，但是一直没有找到系统的公式来计算一般情况下的等曲率扰动。2000 年，Gordon 等人[11] 提出了一种计算多场暴涨模型中的绝热扰动和等曲率扰动的普适方法。他们把场扰动分解为平行于场空间背景轨道的扰动（绝热）和垂直于轨道的扰动（等曲率），这样就使两种不同的扰动被分离出来满足各自不同的方程，使人们能够通过一些近似的解析和数值解来得到它们各自的演化图像。进一步的研究表明，绝热扰动和等曲率扰动可以相互关联因而导致许多有趣的观测结果。如果假设绝热条件成立，即不同场的扰动演化是全同的，那么等曲率扰动就能被忽略，仅仅剩下绝热扰动。事实上，20 世纪 90 年代末多标量场暴涨模型已经开始引起人们的广泛关注，这不仅是因为多标量场很自然地出现在许多高能物理理论中，诸如弦/M 理论中，而且更重要的是，多场模型中的参数不需要有大的精细调节，即使每个场不满足慢滚动条件，多场的辅助效应也将使场慢滚动，在场的数量很多的情况下更是如此。1998 年，Liddle 等人[12] 最先在指数势的情况下分析了多场暴涨模型，并讨论了多场暴涨的辅助性质。接着我们进一步研究了具有不同指数势的多场暴涨模型及其标度解，并分析了这些解的稳定性[13]。现实的多场演化及扰动计算相当复杂，因此目前很难有一个类似于单场模型的分类。除了上述通过背景场来产生扰动的方法外，近年来人们也提出了一些由非背景场导致的原初扰动产生机制。例如，2003 年 Dvali 等人[14]和 Kofman[15]各自独立地提出了不均匀的重加热机制，即在暴涨结束后暴涨子衰变为普通的粒子并加热宇宙；这种机制是通过非背景场来产生扰动的，因此有着更加广泛的应用。

## 3 暴涨宇宙学的新进展

暴涨宇宙模型在现代宇宙学的研究中扮演着非常重要的角色。它不但能使标准大爆炸宇宙模型存在的诸多问题得以解决，同时暴涨时期产生的量子涨落被拉伸到视界以外形成了原初扰动，因而为宇宙结构的形成提供了来源。近年来的天文观测数据，特别是 Wilkinson 微波各向异性探测器（WMAP）探测到的大角度微波背景温度-极化反关联，极大地支持并促进了暴涨宇宙学的理论研究。

近年来一些具有特殊动力学项的标量场暴涨模型成为了研究热点。事实上，20 世纪 90 年代末非正则动力学项的暴涨模型就被研究过，因为它在一些高能物理理论中能够出现。另一个更为重要的原因是人们对于正则动力学项的单场暴涨模型的理解已经趋于完善，因而需要把注意力放在其他一些新的方向上；从单场走向多场，从正则动力学走向非正则动力学成为必然；而且，这对于丰富暴涨模型、深化暴涨理论的理解也是非常重要的。例如，1999 年的 k 场暴涨模型[16]就包含由弦理论的高阶修正导致的一个非正则动力学项。虽然在其后的几年中很少有人再继续研究这类暴涨模型，但是由于近年来理论和观测的需要，k 场的一些特殊形式如快子和鬼场（phantom）则引起了许多人的很大兴趣。但在快子暴涨模型中，慢滚动条件和观测的扰动幅度不能被同时满足。为了克服这个困难，我们提出了多快子暴涨模型[17]，这个工作为建立在弦理论多 D 膜上的宇宙学图像的研究提供了有意义的尝试，因而促进了这一方向上的许多相关研究。快子宇宙学在此后两三年的迅速发展，成为弦理论和宇宙学交叉的一个热点方向。鬼场是不同于通常物质的反常物质场。1999 年，Galdwell[18] 已经指出，把鬼场当作宇宙中的暗能量并不与当前的天文观测装置 SNe1a 和 CMB 的观测数据相矛盾，但是当时并没有引起人们的重视，他的论文直到 2002 年才被专业刊物接受。不过随着观测的进一步发展，人们逐渐意识到鬼场也是一种解释宇宙晚期演化的候选者，由此才引起人们的广泛关注。由于鬼场能够使宇宙晚期的演化出现一段时期的超加速膨胀（它类似于极早期宇宙暴涨），因而基于鬼场为主的解是宇宙演化的吸引解这一事实，2004 年我们首次提出了鬼场暴涨模型[19]。进一步的研究表明，鬼场暴涨与正则标量场暴涨及循环模型之间呈现着特殊的对偶关系，这为我们重新审视极早期宇宙的演化提供了独特的视角[20]。由于鬼场违反能量条件，所以以它为主的宇宙将不可避免地演化到 "Big Rip（大撕裂）"，这是一种不同于大塌缩的宇宙学奇异性；研究表明，鬼场与其他物质场的耦合可以避免这种困难[21]。从量子场论的观点来看，尽管鬼场存在一些诸如量子不稳定性等问题，但是不管怎样，如果鬼场被以后的观测证实的话，那将是对现有理论的一个冲击。

除了模型本身的发展之外，近年来天文观测精度的提高，特别是天文观测装置 WMAP 对宇宙学参数的精确测量[22]，也带来了对暴涨理论的新的挑战。WMAP 的重要结果之一是微波背景角功率谱在大角度上的反常压低，这与通常的暴涨模型所预言的近标度不变的平坦谱不同。尽管这需要进一步的观测证实，但是依然引起了广泛的关注。为了解决这种反常，人们提出了许多不同的方案。其中，国内的一些研究者提出了双暴涨场[23]和非对易空时暴涨模型[24]。事实上，从原初功率谱的角度看，最好的解决方法是在大尺度上功率谱有一个截断（cutoff）。为此，我们提出了一个新模型[25]，其中宇宙先收缩然后暴涨，而在收缩相中产生的强蓝谱能够很自然地提供必要的截断。更为有趣的是，我们把大尺度功率谱的压低与宇宙的反弹（避免大爆炸奇异性）联系在一起，这为循环宇宙图像提供了一个可能的支持。当然，上述理论解释还需要观测的进一步证实，因此未来几年内，WMAP 数据的再发布必将带来新的理论研究热潮。

## 4　结束语

　　暴涨宇宙学的研究至今已有 25 年。由于近 10 年的快速发展，暴涨理论已经日趋完善。从单场到多场，从各种不同的有效势到各种不同的动力学项，人们已经基本穷尽了以标量场作为暴涨子的各种可能的模型，同时对原初扰动的理解也已经趋于成熟。目前暴涨理论已经发展成为现代宇宙学的一个重要的组成部分，越来越多的人已经意识到，暴涨的理论研究和观测证实不仅对宇宙学而且对整个物理学都会有划时代的意义。因此在今后的几年中，暴涨理论的研究将依然是令世人瞩目的焦点。

　　未来人们或许会更加关注以下两个方面。首先，人们至今还未找到一个有说服力的高能物理理论的现实模型，在这个模型中应当包含暴涨理论所需要的暴涨场。不过这种状况并不意味着暴涨理论存在缺陷。而恰恰相反，暴涨理论无论是模型本身或扰动，还是重新加热机制，都为高能物理理提供了多种可能的选择。事实上人们对一个现实暴涨模型的无奈期待正反映了人们对一个自洽的高能物理框架的无知。面对天文观测和暴涨理论的进一步发展，寻找一个自洽的现实理论模型依然是研究的迫切任务。同时暴涨模型的观测与检验也为研究高能物理提供了一个非常有用的窗口。其次，从观测上说，在未来的几年内，随着 WMAP 数据的不断的再发布及新的 Planck 卫星上天，宇宙学将进入越来越精确的时代。WMAP 和 Planck 的重要目标之一就是进一步检验和证实暴涨理论，特别是未来将更加侧重于极化、高斯性及其他次级效应的观测，因而相关的理论方法都在发展之中。相对于理论模型的构造，特别是人们面对着各种各样的理论模型的时候，大多数人似乎更加重视用天文观测对理论模型进行检验。此外，目前由于缺乏新的思想而使得新理论模型的构造举步维艰，因此需要新的天文观测来进行进一步的推动。

## 参考文献

[1] Guth A H. Phys. Rev. , 1981, D23：347

[2] Linde A D. Phys. Lett. , 1982, B108：389；Albrecht A, Steinhardt P J. Phys. Rev. Lett. , 1982, 48：1220

[3] Linde A D. Phys. Lett. , 1983, B129：177

[4] La D, Steinhardt P J. Phys. Rev. Lett. , 1989, 62：376

[5] Linde A D. Phys. Lett. , 1991, B259：38；Phys. Rev. , 1994, D49：748

[6] Dodelson S, Kinney W H, Kolb E W. Phys. Rev. , 1997, D56：3207

[7] Bardeen J M, Steinhardt P S, Turner M S. Phys. Rev. , 1983, D28：679

[8] Mukhanov V F, Feldman H A, Brandenberger R H. Phys. Rept. , 1992, 215：203

[9] Stewart E D, Lyth D H. Phys. Lett. , 1993, B302：171

[10] Sasaki M, Stewart E D. Prog. Theor. Phys. , 1996, 95：71

[11] Gordon C, Wands D, Bassett B A et al. Phys. Rev. , 2001, D63：023506

[12] Liddle A R, Mazumdar A, Schunck F E. Phys. Rev. , 1998, D58：061301

[13] Guo Z K, Piao Y S, Zhang Y Z. Phys. Lett. , 2003, B568：1；Guo Z K, Piao Y S, Cai R G et al. Phys. Lett. , 2003, B576：12；Lyth D H, Wands D. Phys. Lett. , 2002, B524：5

[14] Dvali G, Gruzinov A, Zaldarriage M. Phys. Rev. , 2004, D69：023505

[15] Kofman L. astro-ph/0303614

[16] Armendariz-Picon C, Damour T, Mukhanov V. Phys. Lett. , 1999, B458：209

[17] Piao Y S, Cai R G, Zhang X et al. Phys. Rev. , 2002, D66：121301 (R)

[18] Caldwell R R. Phys. Lett. , 2002, B545：23

[19] Piao Y S，Zhang Y Z. Phys. Rev. D，2004，70：063513

[20] Piao Y S，Zhang Y Z. Phys. Rev.，2004，D70：043516；Piao Y S. Phys. Lett.，2005，B606：245

[21] Guo Z K，Zhang Y Z. Phys. Rev.，2005，D71：023501；Guo Z K，Cai R G，Zhang Y Z. astro-ph/0412624

[22] Bennett C L et al. astro-ph/0302207；Spergel D N et al. astro-ph/0302209

[23] Feng B，Zhang X. Phys. Lett.，2003，B570：145

[24] Huang Q G，Li M. JCAP，2003，0311：001

[25] Piao Y S，Feng B，Zhang X. Phys. Rev.，2004，D69：103520

本文原载于《物理》，2005，34（7）：491

# 超级"Z-玻色子工厂"——高能物理实验研究的特种正负电子对撞机

◆张肇西

理论研究和实验研究（本文涉及的实验研究是广义的，包括对客观世界的观察）对于物理学的发展是缺一不可的。物理学的历史是两者的互相推动而发展的历史；物理学的未来发展也将是如此，不断地发展。与纯数学不同，物理学的理论研究脱离了观测和有目的的实验，只能是（或者暂时是）数学的研究（如果数学家们认为尚有价值）；实验研究脱离了理论研究，则只能停留在表面现象，难于深入做到"透过现象看本质"，总结出现象中反映出的内在深刻规律；而且没有理论的指导，实验不会有非常明确的目标，只好"碰运气"（尽管"碰运气"有时也是需要的）。所以我们理论物理研究所的研究人员在进行理论研究时极自觉地关注和重视实验研究及实验研究得到的结果。

---

张肇西：中国科学院理论物理研究所研究员，中国科学院院士。研究领域：粒子物理理论和量子场论。

## 一　粒子物理面临的挑战

作为理论物理必须包含粒子物理这一重要的分支学科。粒子物理代表了物理学不断深入探索微观世界的基本研究方向。粒子物理领域的研究从上世纪以来，在理论和实验的紧密联系和互相推动下，取得了里程碑的成功，即粒子物理"标准模型"的提出和确立。在标准模型理论成功的背景下，粒子物理面临着如何进一步发展的问题。虽然在粒子物理标准模型内尚存在许多待解决的问题，另一方面存在如何突破标准模型，确立超出标准模型的实验证据和建立超出标准模型的正确理论的问题。目前提出的超出标准模型的各种理论已经很多，但仍缺乏能够证实所建超出标准模型理论的正确与否，和能指引这些理论发展的实验证据。标准模型的高度成功，使能够满足上述需求的实验，技术上的要求极高，其造价和运行费用又极其昂贵，所以在提出和设计回答这类问题的实验时不仅受到经济实力、技术能力方面的限制，还需要有对粒子物理的各种理论的深入理解，能将这些因素综合起来权衡，做出正确的决定，在正确方向上推动人类对微观世界的认识再上一台阶，使粒子物理学有实质性的进一步发展。即当今发展粒子物理学的挑战亟待粒子物理实验的重大突破。

根据量子力学的"测不准"原理，能-动量转移越高，越是深入到更小的时间-空间尺度中去。作为研究微观世界前沿学科的粒子（高能）物理研究，从实验研究运用的设备总体可分为两类：一类是利用加速器装置的：利用电磁波（行波或驻波）加速带电粒子，使带电粒子获得极高能量，在极高的能量下有控制地令它们对头撞击（或打固定靶），记录带电粒子撞击下所发生的各式各样的转化，从中研究微观世界中微观粒子及能量转化的规律。而且随加速带动粒子能量的提高，使人类认识的微观世界微观前沿不断向前推进。另一类的实验是不利用加速器，而利用专门设计的实验（观测）装置，包括对天体、宇宙学的观测，包括利用宇宙线中的高能粒子的碰撞或在地下深处观测低本底、极稀有事例等，来推动人类对微观世界前沿的认识的深入。前者的好处是可以根据人们的意愿，通过控制加速器的加速粒子及携带的能量，实现在确定的控制的条件下 "安排"（控制对撞粒子种类，对撞能量等）已知带电粒子，甚至是撞击产生的次级粒子的撞击（对撞或打固定靶），从而对发生的撞击有所预期，对撞击产生出的粒子的观测比较容易进行。因此它在揭示微观世界的规律方面有众多优越性。对于这类高能物理实验研究，似乎人们可将加速带电粒子的能量不断地提高上去，只要撞击的带电粒子束亮度（正比相互 "正对" 撞击的两束粒子束流中的束团撞机频率和各自束团内的粒子数等，反比撞击束团横截面）尚够大，人们即可通过此方法不断地窥测到更加小的时间-空间尺度的微观世界。其实不然，下文将见到不断提高被加速粒子的能量是要受到限制的。我国在北京的正负电子对撞机（BEPC）、日本的 B 介子工厂、停运不久的美国质子-反质子对撞机（Tevatron）和正在运行的日内瓦的质子-质子对撞机（LHC）等都是前者的例子。后者 "不利用加速器的一类" 的粒子物理实验是 "靠天吃饭"，在揭示微观世界的规律方面上，一般比较 "间接"，受到 "靠天吃饭" 的限制比较大。日本的超级神冈探测器（Super-Kamiokande）地下实验，美国威尔金斯微波各向异性探测器（WMAP，外空观测），我国大亚湾中微子实验等是后者的例子。本文将不涉及 "不利用加速器的一类" 粒子物理实验装置，而集中讨论属于利用加速器的一类粒子物理高能实验装置。特别是集中聚焦于亮度处于 "极限" 高，运行的对撞能量在 Z-玻色子质量处的正负电子对撞机——超级 "Z-玻色子工厂"。

## 二　加速器高能物理实验研究

从科学研究的视角出发，利用加速器和配套实验装置上的高能粒子物理实验有目标明确，对实验发生的条件和观测产物的选择有尽可能的严格控制，使得到的实验结果客观、可信等优点，这类实验在人类探索微观世界规律上，在粒子物理发展史上一直起着主导作用，占据着主体地位。另外，加速器、对撞机和探测器对各种技术都要求很高，还需要处理巨量收集到的数据等，所以粒子物理高能加速器和探测器装置的发展，计算机处理数据能力的提高，有力地推动了相关高技术和计算程序的发展。发展出来的这些高技术已经应用或正在开发应用到国防安全和民生等各个领域。惠及到人们的日常和经济生活的实例有很多：3W 互联网，医用加速器治疗癌症，加速器束流对材料和部件的探伤等是典型的，是以前的实验装置产生出来的应用的例子。因此从粒子物理学科自身和实际应用两方面，多年来人们非常青睐加速器一类的粒子物理高能实验研究。

虽然原则上人们能够提高能量不断地追求深入到尽可能小的时间-空间尺度内的微观世界，了解其中的规律性，但越是深入到小的时间-空间尺度越是要求发生"碰撞"的能-动量转移越高，即需要粒子携带可供转移的输入的能量越高。因此进行加速器粒子物理高能实验，需要不断地提高参与高能实验的粒子能量，这样能够产生高能粒子的装置的造价和运行成本迅速上涨，而且其中的技术也不断地提高要求。实际上达到如何高的对撞能量和亮度是要受到经济支撑能力和技术能力的限制的。尽管有如此的限制，"利用加速器的一类"的实验研究，在不断地提高加速器粒子对撞的能量，特别是不断追求发现之前高能装置从未观测到的粒子（打开产生新的粒子的阈）。提高对撞能量仍然是利用加速器发展高能物理实验研究的一个基本方向（方便起见，下面简称为"高能前沿"）。上述提到的美国"十亿电子伏特级对撞机"（Tevatron，质子-反质子对撞）和日内瓦的"大的强子对撞机"（LHC，质子-质子对撞）是这一方向的代表。目前这一方向的发展是追求提高碰撞粒子能量，从而实现粒子物理实验有重大突破，为粒子物理学突破标准模型理论提供线索。在已有的 LHC 装置的当今背景下，再建更高能量的对撞机，其建造费昂贵到需要世界大国整个国家，以至于众多国家组成的国际合作才能胜任和承担。

另外，在"利用加速器"一类的，有意义的高能物理实验研究装置是通过建造粒子撞击前、后环境的"干净"，撞击粒子束流强度（对撞亮度）尽量地高的加速器（对撞机）和尽可能提高探测器的性能，并通过选择适当对撞能量①进一步提高对撞产生粒子的效果，来实现提高粒子物理高能实验的测量精度，提高观测极端稀有的、难于探测到的事例的能力，从而实现粒子物理实验有重大突破。当前的目标同样是为粒子物理学突破标准模型理论提供线索。这是目前利用加速器实现粒子物理高能实验研究突破的又一个基本方向（方便起见，下面简称为"精确前沿"）。

从量子理论原理出发，测量精度提高和/或直接观测到极端稀有的、难于探测到的事例，必然包含了量子涨落的高阶效应。这样，一来可对量子理论原理做出检验，二来也可对参与到量子涨落之中的粒子（进入到高阶费曼圈图中的粒子——量子场论的语言）的效应给出有意义的约束。参与到量子涨落之中的粒子（进入到高阶费曼圈图中的粒子）是"虚粒子"，其能动量不像自由粒子那样受到在"质量壳"②的限制，因此质量很大的粒子仍然会对量子涨落有贡献（仅仅是质量越大效应越被压低）。这样精确测量和观测到极稀有的事例也能窥测到出现在量子涨落中的粒子的效应。特别是当人们不能从"高能前沿"打开新的未知粒子产生的阈之前，"精确前沿"却能够窥测到的量子涨落中的粒子的效应，能够推导出"高能前沿"大概会在怎样的能量下有未知粒子产生的阈会被打开，对"高能前沿"有重要意义。可见"高能前沿"与"精确前

---

① 技术上的原因，加速器和对撞机只能在个别能量上运行时其束流品质最佳，若偏离了此最佳能量，其束流品质急速变坏，甚至完全丢失。因此给定的对撞机和加速器都只能在确定设计能量下正常运行。

② 自由粒子的能量 $E$，动量 $P$ 和质量 $M$ 一定受爱因斯坦的质能关系 $E^2 = P^2 c^2 + M^2 c^4$ 限制。通常将这爱因斯坦的质能关系称为质壳条件，满足这一条件的称为"在质壳上"。

沿"两者是相通的。

"精确前沿"所追求的目标是"高精度"和过程的"稀有性"，而提高它们的途径一是加大统计量，从而压低统计误差，二是压低实验观测的系统误差。系统误差的改进靠的是设计实验要保证实验观测灵敏，探测器的分辨率的提高等，从而压低误判等；而降低统计误差则要求增加事例样本，要靠有关事例的大量产生。"事例的大量产生"提高对撞机的亮度是需要的，而"通过选择粒子和对撞能量"使对撞发生"共振"，即通过在已经发现的粒子中选择量子数合适，与对撞机中被加速的粒子的相互作用强，能够通过选择适当的对撞机能量，而发生共振，而"免费"地大量地产生所要观测的粒子。但是这样的要求受到很强的限制，在已经发现的粒子中能够成为可发生共振的粒子"寥寥无几"。在"精确前沿"上的对撞机常常被称作能够发生共振产生粒子的"工厂"。我国的北京电子对撞机（BEPC）和日本的运行在$\Upsilon$（4S）（Upsilon 激发态）共振处的正负电子对撞机（KEKB）[1] 等是这一方向的代表。这一方向在技术上要求高，往往是在技术上有重大进展时会产生推进"精确前沿"的机会。

# 三 "Z-玻色子工厂"和超级"Z-玻色子工厂"

运行在精心选择的能量上的高性能强流对撞机和配备高性能、合适的探测器的大型粒子物理高能实验综合装置——"粒子-工厂"是"精确前沿"方向上的"主体"装备。其参与撞击的粒子和能量确定，撞击后的产物背景"干净"，通常还通过选择撞击的粒子及对撞的能量，令对撞发生"共振"，使产生的粒子和次级粒子的数量有很大的增加，提高了所产生事例的统计量，为压低统计误差创造了前提条件。目前的技术条件下只有加速正、负电子的对撞机能

---

① BEPC 是能够大量共振产生粲介子和稠轻子的正负电子对撞机，可称为"稠-粲工厂"；对应地 KEKB 能够大量共振产生 B 介子的正负电子对撞机，常被称为 B 介子工厂。

够实现"撞击粒子及其能量确定"[①] 和"粒子撞击后的环境'干净'"的要求的。因此,"粒子-工厂"多是正、负电子对撞机;同时又是通过选择正、负电子的对撞能量到发生共振的能量,即对撞能量选择在具有光子或 Z-玻色子相同量子数的粒子的质量处,能够发生共振的能量,能够进一步提高对撞产生粒子事例数的正、负电子的对撞机。为了使得共振效果好,所选择的共振粒子与正、负电子的耦合强度强,还要做到对撞的正、负电子束流的能量散度尽可能小,可非常准确"对准"共振的能量。这样一来能够满足这些要求的可供选择的共振不多,这是因为实际存在的能够满足具有光子或 Z-玻色子相同量子数的又与正负电子耦合强的要求的可供选择的粒子不多。实际上,能够满足这些要求的粒子(可发生有效共振)只有四个,它们是 φ 介子(K 介子-工厂),ψ"(韬粲-工厂),Υ(4S)(B 介子-工厂)和 Z(Z 玻色子-工厂)。由于在共振处只对相关的粒子产生具有共振效果,因此在该共振能量上运行的正、负电子的对撞机成为了该相关粒子的"工厂"。这四个中的前三个,只对一、两种粒子产生有共振效应,所以它们的命名只用有共振效应的,如括弧内,粒子来命名,而第四个是 Z-玻色子自己产生造成的,能有共振效果的粒子包括了标准模型除顶夸克外的所有费米子,因此该"工厂"采用造成共振的 Z-玻色子命名为 Z-玻色子工厂。实际上从国际所建造的装置的实际情况来看,这四种工厂都已经都被建造过了,而且前三种粒子工厂都不只一次升级,只有第四种 Z 玻色子-工厂,世界上曾经建造过两个 Z 玻色子-工厂:LEP‑I(在日内瓦 CERN)和 SLC(在美国 SLAC)。但是现在它们已经完全停止运行多年。

---

① 当今最先进的技术,只能加速稳定的带电粒子(正、负电子,正、反质子和离子等)。在这些稳定的粒子中只有正、负电子是"基础粒子",能够满足"粒子撞击的能量确定和粒子撞击后的环境'干净'"的要求。而正或反质子或离子由于不是"基础粒子",它们在高能下进行对撞时是由组成它们的"部分子(基础粒子的夸克和胶子)"对撞,做不到部分子"撞击参加对撞的能量确定",也做不到"粒子撞击后的环境'干净'"。

自 LEP - 1 和 SLC 停止运行以来，加速器、对撞机的建造技术有巨大的进展，建造环形的对撞亮度可达原来的 LEP - 1 和 SLC 的 $10^{4\sim5}$ 倍（亮度 $L=10^{35}\sim10^{36}\,\mathrm{cm^{-2}\,s^{-1}}$），对应的环形正、负电子对撞机的技术已经十分成熟。因此若采用最新技术再建一环形的、上述亮度 $L=10^{35}\sim10^{36}\,\mathrm{cm^{-2}\,s^{-1}}$ 的全新的 Z - 玻色子工厂，则粒子物理高能实验的精度和发现稀有过程的能力会比原来的 Z - 玻色子工厂 LEP - 1 和 SLC 有四个数量级的提高，因而原来未能在 LEP - 1 和 SLC 上观测到的稀有过程可能被观测到，实验的精度也会有质的提高！因此，下面我们将把可能再建的，达上述高亮度的 Z - 玻色子工厂称为"超级 Z - 玻色子工厂"，并作为"精确前沿"的代表，进行分析和讨论。

经过认真定量的理论估算，发现配备合适、最先进的探测器的"超级 Z - 玻色子工厂"能够把精确检验标准模型大大推高，有望找到超出标准模型的线索，在韬轻子物理和双重味强子物理方面的实验将会做出没有其他实验平台能够超过它的实验工作；在标准模型内的 QCD 研究方面，在实验测量各种碎裂函数（包括极化碎裂函数）和研究部分子强子化方面是最理想的地方，在重味和双重味物理的研究，CKM 矩阵和标准模型内、外的 CP 破坏的测量方面做出极有价值的实验工作（详见由超级 Z - 玻色子工厂工作组撰写的《中国粒子物理学科发展战略报告》的超级 Z - 玻色子工厂部分）。超级 Z - 玻色子工厂上有极丰富的实验和观测的内容，势必将把"精确前沿"的实验研究推进一大步。当前粒子物理学发展亟待实验发现超出标准模型线索和深入理解标准模型的时期，世界上亟需建造一"超级 Z - 玻色子工厂"实验平台。

## 四 "超级 Z - 工厂"可作为我国最近期加速器高能物理实验平台建设的选择

我国粒子物理的高能加速器实验基地建设方面，在改革开放后，成功地在北京中国科学院高能物理研究所建造了"北京正负电子对撞机（BEPC）"和"北京谱仪（BES）"。因为主要工作在粲介子共振产生能区，因此其也可称为"韬轻子和粲工厂"。自 1989 年建成至今，BEPC＋BES 经过了数次升级，并在国内、外的合作下，在它上在粲偶素物理，粲介子物理，韬轻子物理和奇特粒子物理等方面做出了重要的、在世界上有重要影响的工作。然而，BEPC＋BES 在这一能区，已经工作了这么多年，明显面临在 BEPC＋BES 后，我国加速器高能物理实验基地建设如何发展的问题。在我们理论物理研究所的研究人员的首先倡导下，2009 年在国内高能物理界的一批理论和实验专家自发地聚集在一起，第一次提出了我国在 BEPC＋BES 之后建造一台上述的"超级-玻色子工厂"是我国加速器高能物理实验基地建设应该作为优先的选项的建议。为深入开展研究该建议，正式组织起了定名为"'超级 Z 工厂'工作组"的工作组。

自工作组成立以来，"超级 Z 工厂"工作组成员进行了认真地工作并多次召开工作组学术会议，对"超级 Z 工厂"本身的认识和在我国建造"超级 Z 工厂"的建议不断地深化和具体化，加以完善。对在超级 Z-玻色子工厂中能够做出的各种实验研究的科学意义做出了确切评价，丰富了在超级 Z-玻色子工厂中可能进行的实验研究项目，给出了超级 Z-玻色子工厂的性能指标定量要求的根据等，从而更加坚信了"超级 Z-工厂"将能够完成当前粒子物理发展的急迫任务，为粒子物理学的发展，世界上至少需要一台"超级 Z-工厂"。同时，也更加认识到，如果抓紧时间在我国率先建设一台亮度达 $10^{35} \sim 10^{36} \mathrm{cm}^{-2} \cdot \mathrm{s}^{-1}$ 的环形超级 Z-玻色子工厂，其科学意义将是重大的。

其理由是我国已有的对撞机和探测器 BEPC＋BES，正负电子对撞机工作能量区在韬强子和粲介子产生能区（2.0～5.0GeV），亮度为 $10^{32} \mathrm{cm}^{-2} \mathrm{s}^{-1}$，若建造超级 Z-玻色子工厂，正负电子对撞能量在 Z-玻色子质量处（91GeV），提高了近 20 多倍，同时亮度提高了上万倍，进到世界对撞机的最高水平，对于我国加速器和对撞机的建造是一次飞跃。虽然建造环形正负电子对撞机从原理和建造技术上相对成熟，但在这一能量区建造这样的高亮度对撞机在世界上也是第一个，需要克服多种挑战。如果我国成功地建造，将标志在环形高能正负电子加速器对撞机的建造上我国进到世界的最前沿！另一方面，由于超级Z-玻色子工厂使粒子高能物理实验进到全新的精确水平，使观测稀有过程的能力有重大提高，对 QCD 理论、强子物理和韬轻子的实验研究开阔了新天地，注定会吸引国际同行的关注，甚至可能使国际同行积极参与进来，合作建造等；超级 Z-玻色子工厂一旦建成，能够保证我国在超出标准模型外新物理和/或 QCD 理论、强子物理和韬轻子等标准模型内的物理上一定会有重要科学发现。一旦超级 Z-玻色子工厂建造成功，由于其上有丰富的实验物理研究要做，其运行时间需要 5～10 年或更长，"专门建造单一的超级 Z-工厂"是目前世界上尚未有国家或国际组织明确要"占领"的，能量最低的，从投资到回报最迅速的，性价比最优的、用于粒子物理高能实验研究的，会有重要发现的正、负电子对撞机平台。由于它能量不很高，总造价相对低，所以如果我国决定集中人力，物力和财力，作为我国继 BEPC＋BES 后的第一步（阶段），在相对短期内专一地建造超级 Z-玻色子工厂这粒子物理高能实验平台可能是目前一种现实可行的选择。

在当前国内、外的形势下，如何顺利地延续 BEPC＋BES 后的我国高能粒子物理实验基地发展是至关重要的；集中人力物力走好 BEPC＋BES 之后的第一步是重要中的重要！因此把在相对短期内专一地建造超级 Z-玻色子工厂作为一种现实可行的选择应该是合适的。至于将来超级 Z-玻色子工厂完成了基本历史任务后如何进一步利用它的问题可留待超级 Z-玻色子工厂快要完成历史使命时再做认真考虑，目前最多也只需在选址建造超级 Z-玻色子工厂时，为将来的发展和充分利用已有超级 Z-玻色子工厂的设备留足发展的空间足矣。

# 超重元素和超重稳定岛

◆赵恩广

## 什么是超重元素和超重稳定岛

  1869 年 2 月 17 日，俄罗斯化学家门捷列夫首次公布了他所排列的元素周期表。当时，只有 63 种元素。1894～1900 年，惰性气体氩、氦、氖、氪、氙和氡陆续被人们发现。据此，门捷列夫又改进了元素周期表。从那时起的五十多年的时间里，又有三十多种元素被发现或在实验室里产生。所有这些元素，都能成功地安排在门捷列夫的元素周期表里。这真是一个科学上的奇迹。可是，周期表的奇迹，并没有停留在经验规律的水平上。随着量子力学的建立，原子的电子壳层结构被揭示出来。人们发现，元素的周期性完全与核外电子壳层的周期性一致。也就是说，周期表的这些惊人的成就，深刻而准确地反映了原子的微观结构。元素周期表构筑了元素自然

赵恩广：中国科学院理论物理研究所研究员。研究领域：极端条件下的核结构，超重核合成与性质，核天体物理中的中子星性质，核内非核子自由度。

分类的完整体系，揭示了元素之间的内在联系，成为宇宙最基本的规律之一。为纪念门捷列夫的杰出贡献，把 1955 年在美国的 Berkeley 实验室产生的 101 号元素，命名为 Mendelevium（Md，中文译为钔）。到 20 世纪末，已经有 110 多种元素被发现或人工产生。如果把他们的同位素都统计在一起，已经有 3000 多种核素被发现或人工产生（每个元素或其同位素对应的每种原子核，称为一个核素）。

但是，元素周期表也留给人类一个巨大的悬念：它有没有尽头。如果有，那么，尽头在哪里，最重的元素的原子序号是多少？回答这个问题的关键，是位于原子中心的原子核能有多重，它最多能有多少个质子和中子。对此，原子核物理学家已经研究了多年。把中子和质子束缚在一起的是力程很短的强相互作用，即核力。它所引起的位能近似正比于中子和质子总数 $A$。但是，质子之间还有力程很长的库仑排斥力。它所引起的位能近似正比于质子数目 $Z$ 的平方。这就是说，在原子核不太重时，核力造成的吸引位能占主导地位。当原子核很重时，长程的库仑排斥作用，就有可能超过核子之间的短程吸引作用。根据原子核的液滴模型，当一个原子核中的质子数目超过 106 时，这种情况就要发生。也就是说，原子序数似乎不能超过 106。不过，当人们应用更合理的模型做估算时，特别是考虑到原子核结构的壳层效应后，原子序数不但可以超过 106，而且在 114 到 120 之间，可能会有一些寿命很长的原子核。习惯上，人们把原子序数小于 20 的原子核叫轻核，原子序数 80 左右的原子核叫重核。而 103 或 105 号元素以后的原子核，就叫超重原子核。这些长寿命的超重原子核在核素表中所占据的区域，称为超重稳定岛。从 20 世纪 60 年代起，人们就开始研究这些原子核的性质及其产生途径。超重元素的性质以及超重稳定岛的存在与否，是对目前的原子核理论的重要检验。如果超重稳定岛确实存在，这些元素和原子核的性质如何，则不仅是对当前物理界的挑战，对化学界的挑战，还会给宇宙中元素的合成、星体演化带来重大的影响。因此，对超重元素的研究，不仅是核物理的重大前沿领域之一，还是自然科学的一个重要的基本问题。

本文原载于《物理教学探讨》，2007，25（1）

# 原子核的电荷与质量极限探索

◆周善贵

## 1 引言

一般把 104 号（𬬻，Rf）及之后的元素称为超重元素。原子核中的量子壳效应是这些超重元素存在的根本原因。超重原子核与超重元素研究涉及到原子核的电荷和质量极限的探索，是一个重要的科学前沿领域。由于超重原子核的核电荷数非常大，核外电子运动速度很快，相对论效应变得非常重要，可能导致核外电子排布不再遵循已知的规律，进而影响到这些元素在周期表上的位置。因此，超重元素的研究不仅涉及到原子核物理，也涉及原子物理；不仅是物理学家关心的问题，也是化学家关心的问题。2005 年，美国的 *Science* 杂志发布了 125 个有待解决的科学问题，其中之一就是，是否存在稳定的超重元素[1]。

周善贵：中国科学院理论物理研究所研究员。研究领域：原子核理论和量子多体理论。

## 2　超重稳定岛的理论预言

1911 年，卢瑟福提出原子的核式结构模型：原子的正电荷集中在中心一个极小的区域内，电子围绕着这个核心运动。1932 年查德威克发现了中子后，海森堡即提出，原子核是由质子和中子组成的。然而，原子核内能容纳多少个质子和中子，是否存在原子核的电荷和质量极限等，仍然是悬而未决的问题。

从原子层次看，核电荷数存在一个上限。若把原子核看成是一个点电荷，由玻尔的量子论可知，原子内层电子的运动速度 $v \sim Z\alpha c$，其中 $Z$ 为质子数，即核电荷数，$\alpha$ 为精细结构常数，$c$ 为光速。电子的运动速度不能超过光速，因此核电荷数 $Z$ 不能大于 $1/\alpha = 137$。因此，不存在 137 号以上的元素。当然，原子核不是点电荷，而是有一定的大小，其电荷具有一定的空间分布。考虑到这一因素，利用量子电动力学给出的元素存在的限制可以放宽到 $Z < 173$[2]。

从原子核的层次看，原子核的电荷和质量极限主要取决于核子之间的短程核力和质子之间的长程库仑力之间的竞争。库仑力倾向于原子核处于具有较大拉长形变的状态，而核力则使得原子核尽量保持球形。这个竞争导致在原子核中可能出现一个位垒，阻挡原子核发生裂变（见图 1）。图 1（a）和图 1（b）给出了把原子核看成经典带电液滴时的基态、具有很大拉长形变的状态和裂变后的状态以及裂变位垒的情况。其中图 1（a）显示了铀元素（质子数 $Z = 92$）原子核对应的裂变位垒。由于这个裂变位垒较高，可以在很大程度上阻挡裂变的发生，所以某些铀同位素的寿命很长。由于核力的饱和性，核力的效应近似与核子数成正比，而库仑力的效应大致与质子数的平方成正比。因此，质子数越大，库仑斥力效应越显著，阻挡原子核裂变的位垒就越低[3]。如果把原子核看成是经典的带电液滴，当质子数达到 104 左右时，原子核的裂变位垒就几乎消失，无法阻挡原子核发生裂变，见图 1（b）；换言之，原子核质子数即核电荷数的上限为 104，不存在 104 号以上的元素。

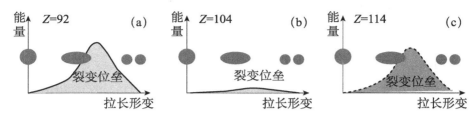

图 1　原子核的裂变位垒示意图。把原子核看成是带电液滴：（a）质子数 $Z=$ 92 的铀原子核具有较高的裂变位垒；（b）质子数 $Z=104$ 时，原子核的裂变位垒几乎消失；（c）量子壳效应导致质子数为 114 和中子数为 184 的原子核具有较高的裂变位垒。每幅图中三种原子核形态分别对应基态、具有很大拉长形变的状态和裂变后的状态。

　　然而，在原子核这个有限量子多体系统中，量子效应起着非常重要的作用。由于量子效应，在原子核中存在显著的壳层结构，（见图 2）。这种壳层结构有很多表现。例如，与相邻的原子核相比，质子数或中子数等于某些特定数目的原子核更稳定，在自然界中存在的更多。因此，人们把这些数称为幻数。例如，$^{208}$Pb（铅-208）由 82 个质子及 126 个中子组成。82 和 126 分别是目前已知最大的质子和中子幻数。因此，$^{208}$Pb 是双幻核，非常稳定。对于质子来说，目前已知的幻数为 2、8、20、28、50 和 82；对中子来说，除了与质子相同的以外，还有 126 这个幻数。

　　1949 年，Mayer 和 Jensen 等人通过引入很强的自旋轨道耦合效应，提出了原子核的壳层结构模型，成功解释了原子核的幻数[4]（见图 2）。图 2 左侧为未考虑自旋自由度时的单粒子能级，用径向量子数（1，2，3 等数字）和轨道量子数（s，p，d，f，g，h 和 i 分别表示轨道角动量为 0，1，2，3，4，5 和 6）来标记。右侧为考虑自旋轨道耦合效应后的单粒子能级分布。这时，轨道角动量非零的能级劈裂为两条，分别为自旋向上和自旋向下。从图 2 可见，只有引入较大的自旋轨道劈裂，才能解释 20 以上的幻数。由于这个贡献，Mayer 和 Jensen 于 1963 年获得诺贝尔物理学奖。之后，很快就有人想到，量子壳效应可能会导致质子数大于 104 的超重原子核相对稳定地存在。若忽略中子和质子之间的差别，自然地，82之后的质子幻数也应该为 126，因此可能存在质子数为 126 的超重原子核[5]；在这些原子核中，质子数远大于当时已知最重元素的核电荷数。当然，针对量子壳效应是否足以使得高电荷数原子核稳定或相对稳定地存在，也有很多争论[6]；这类定性的或半定量的讨论一直持续到 20 世纪 60 年代中期。

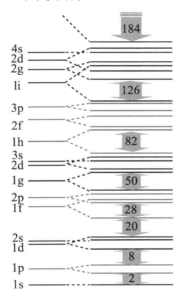

图 2 原子核的单粒子壳层结构。右侧能隙中给出的数字 2，8，20，28，50，82 等为幻数

1966 年，Strutinsky 提出了一个定量描述壳效应的方法[7]。这个方法很快被用来研究超重原子核。基于不同形式的唯象平均势场给出的核子单粒子能级，定量计算量子壳效应，并恰当考虑质子之间的库仑相互作用后，Sobiczewski 等人以及 Meldner 分别从理论上预言 $^{208}$Pb 之后的质子幻数为 114，中子幻数为 184[8]。而且，这两个幻数附近的壳效应足够强，使得质子数为 114、中子数为 184

的原子核及其附近的原子核存在足够高的裂变位垒，阻挡这些原子核发生裂变，见图 1 （c）。因此，这些原子核比较稳定，形成所谓的"超重稳定岛"，岛上的原子核可能具有较长的寿命。

## 3　超重原子核与超重元素实验研究进展

基于上述理论预言，在元素核合成过程中可能会产生超重核，进而在自然界中留下痕迹。如果这些超重核的寿命很长，在自然界中甚至还可能有存在的迹象。因此，自 20 世纪 70 年代起，很多科学家开始在自然界寻找超重元素[9]。但是，一直没有取得令人信服的结果。一直到近些年，这类探索仍在继续[10]。

虽然在自然界中寻找超重元素的努力没有取得进展，但科学家在人工合成超重元素的工作中却取得了很大的成功。事实上，从 20 世纪 40 年代起，科学家就开始探索利用人工方法合成比铀重的新元素[11]。对于超铀元素，可以利用中子俘获的方法来合成。原子核俘获中子后，发生 β 衰变，质子增加 1 个；94 号至 100 号元素就是利用这个方法在反应堆中合成的。在实验室里，利用轻离子（质子、氘核、氚核、α 粒子等）轰击靶核，最重可以合成到 101 号元素。对于更重的元素，由于靶材料的限制，需要用比 α 粒子重的重离子作炮弹（弹核），轰击合适的靶（靶核），使弹核与靶核熔合来合成。

前面提到的关于超重稳定岛的理论预言，极大地促进了国际上重离子加速器和相关探测设备的建造以及重离子物理的发展。很多著名的实验室，包括德国重离子物理研究所（GSI）、俄罗斯 Dubna 联合核子研究所、美国 Livermore 国家实验室和 Berkeley 国家实验室、法国国家重离子加速器实验室（GANIL）、日本理化学研究所（RIKEN）、我国的兰州重离子加速器国家实验室（HIRFL）等，都投入了大量的人力物力，建造或改进了重离子加速器和相关探测设备，探索超重稳定岛。

利用重离子熔合蒸发反应合成超重核可看成是一个三步过程[12]（见图3）。（1）俘获过程：弹核与靶核克服它们之间的库仑位垒，形成一个双核体系。（2）复合核形成过程（熔合过程）：虽然这个双核体系有很大的概率分裂为类弹和类靶碎片（准裂变），但仍有很小的概率形成超重复合核。（3）存活过程：超重复合核激发能较高，发生裂变的概率极大；但超重复合核也有一定的概率通过发射一个或多个中子退激发，保持电荷数不变，在这个意义上，超重核存活下来。发射中子后，超重核或处于基态，或处于能量较低的激发态，再通过发射一系列 α 粒子而产生进一步的衰变。实验上可以测量这一系列特征 α 射线谱，结合 α 衰变链上最终子核的鉴别来确定所合成的超重核。

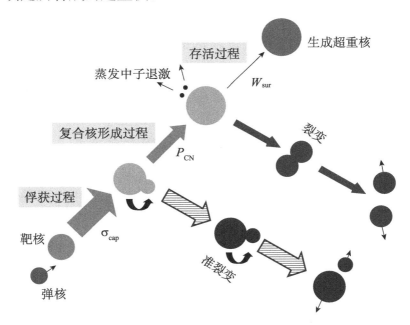

图 3　利用重离子熔合反应合成超重核的三步过程

一般说来，利用重离子熔合蒸发反应合成超重核的反应截面非常小。实验需要持续很长的时间，有时几个星期甚至几个月才能合成一个超重原子核。因此，科学家要想方设法寻找合适的弹靶组合

（即合适的弹核和靶核），并把弹核加速到合适的能量，尽可能地使超重核的合成截面最大化。20 世纪 70 年代，Oganessian 提出[13]，利用双幻核$^{208}$Pb 或相邻的$^{209}$Bi 做靶，针对待合成的目标超重核，选择合适的弹核和入射能量，可以得到较大的超重核合成截面。这类方法中，弹核与靶核熔合而成的超重复合核的激发能通常较低（冷），有较大的存活概率，发射一个中子后，就可以生成超重核，所以称为冷熔合反应。利用冷熔合反应合成的超重原子核，非常缺中子，经过一系列 α 衰变，最后衰变至已知原子核。如果利用双幻核$^{48}$Ca 作为弹核，针对目标超重核，选择合适的靶核和入射能量，能得到较大的熔合截面，进而给出较大的超重核合成截面。在这种方法中，$^{48}$Ca 与相应的靶核熔合而成的超重复合核，其激发能一般较高（热），存活概率相对较小，通常需要发射 3 到 4 个中子，才能退激到超重核的基态或能量较低的激发态，所以称为热熔合反应。利用热熔合反应合成的超重原子核，尽管也是在 β 稳定线的缺中子一侧，但比起冷熔合反应合成的超重核来，中子数稍多一些；这些超重原子核，经过一系列 α 衰变，最终子核一般仍发生裂变，这给实验鉴别最终子核和确认所合成的超重核带来了一定的困难。

20 世纪 80 年代以来，科学家在实验室合成了 $Z \leqslant 118$ 号元素的很多超重原子核（见图 4）。一个由国际纯粹与应用物理联合会与国际纯粹与应用化学联合会所任命的联合工作组负责考察新元素的实验发现工作。一旦这个工作组最终确认了一个新元素的实验发现，即邀请发现者建议该新元素的名称。

德国 GSI 利用冷熔合反应合成了 107 至 112 号超重元素[14]。这些新元素都已被命名。2009 年，GSI 的科学家 Hofmann 领导的团队建议 112 号元素名为 Copernicium，元素符号为 Cn，以纪念天文学家哥白尼（Copernicus），这个建议于 2010 年得到采纳[15]。我国科学技术名词审定委员会于 2011 年公布了该元素的中文名称"鎶"[16]。在 Dubna 联合核子研究所，科学家利用热熔合反应合成

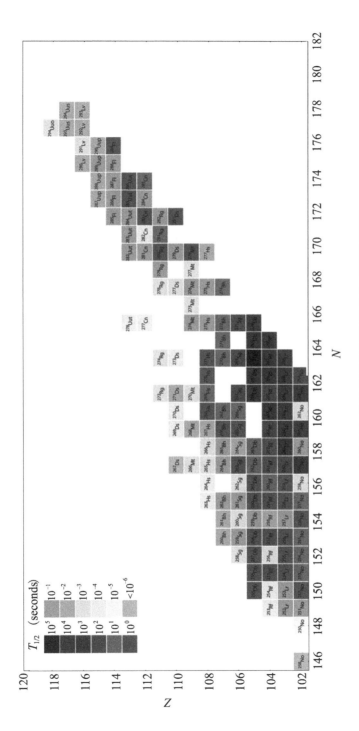

图4 实验室合成的超重原子核及寿命（后附彩图）

横轴N表示中子数，纵轴Z表示质子数，图例给出原子核的半衰期$T_{1/2}$，以秒为单位

了 113 至 118 号元素[17]。经过前述联合工作组的考察，114 号元素与 116 号元素的发现于 2011 年得到最终确认。这两个新元素的发现者对它们的名称提出了建议：为纪念联合核子研究所弗廖罗夫（Flerov）核反应实验室，114 号元素被命名为 flerovium，元素符号为 Fl；为纪念美国利弗莫尔（Livermore）国家实验室，116 号元素被命名为 livermorium，元素符号为 Lv。2012 年 5 月，该建议得到了采纳[18]（见图 5）。我国科学技术名词审定委员会于 2013 年公布了这两个元素的中文名称"铁"和"铊"[19]。值得指出的是，最近 115 号和 117 号元素的合成在德国 GSI 也得到了验证[20,21]。①

在经过长期探索和积累，验证了德国 GSI 利用冷熔合反应合成的 110 至 112 号元素之后，科学家利用冷熔合反应，在日本 RIKEN 成功合成了 113 号元素[22]。在我国，兰州重离子加速器国家实验室（HIRFL）在超重核合成方面也取得了进展，先后合成了超重新核素$^{259}$Db[23]和$^{265}$Bh[24]，并于 2011 年成功进行 110 号元素的一个核素$^{271}$Ds 的合成实验[25]。

从图 4 可见，实验室合成的超重新核素可以大致分为两个区域。利用冷熔合方法合成的原子核集中于该核素图的左上部分，核电荷数最大为 113。其中中子数最多的核素为$^{277}$Cn（铜－277）和$^{278}$Uut（113 号元素尚未命名，根据惯例，暂用 Uut 表示），有 165 个中子。利用热熔合反应合成的原子核集中于该核素图的右上部分，核电荷数最大为 118。其中中子数最多的核素为$^{293}$Lv（铊－293）和$^{294}$Uus（117 号元素尚未命名，根据惯例，暂用 Uus 表示），有 177 个中子。由此可见，实验室合成的超重原子核，其中子数与理论预言的下一个中子幻数 184 还相差很多。正因为如此，这些超重核的寿命不长。但从图 4 也可以看到，随着中子数的增加，一个同位素链上

---

① 编者注：113 号、115 号、117 号和 118 号元素也已被命名，中文名称（英文名和元素符号）分别为𬭩（nihonium，Nh）、镆（moscovium，Mc）、鿬（tennessine，Ts）和鿫（ognesson，Og），参见《中国科技语》2017 年第 2 期"113 号、115 号、117 号、118 号元素中文名专栏"。

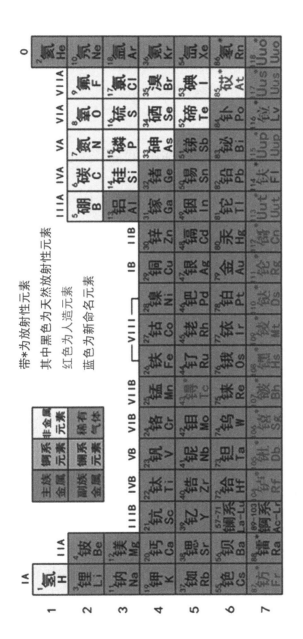

图5　元素周期表 [26] （后附彩图）

的超重原子核的寿命逐渐变长。以 112 号元素为例，中子数为 165 的$^{277}$Cn（鿔–277）的半衰期仅为 1.1ms。中子数增加 4 个，$^{281}$Cn（鿔–281）的半衰期增大了两个数量级，为 0.1s。中子数增加到 173 时，$^{285}$Cn（鿔–285）的半衰期为 29s。因此，可以期待，进一步增大中子数，超重核的寿命会继续增长；如果到达理论预言的超重岛中心，原子核寿命可能更长。

## 4 超重原子核与超重元素研究面临的问题与挑战

当前，超重核的实验室合成遇到了很多困难。困难之一是，超重核合成反应截面非常小。目前，利用冷熔合机制合成的核电荷数最大的超重元素是 113 号。基于冷熔合机制合成 113 号超重元素的反应截面仅为 22fb（飞靶）[22]。利用热熔合反应合成 $Z > 118$ 的超重元素的实验尚未取得进展，仅有的几个实验探索给出的反应截面上限也在几十个飞靶量级[27,28]。如此小的合成截面，已经达到当前实验设备的极限。为克服这个困难，需要强流加速器和可耐强流的靶，以增大超重核的产生率；也需要更先进的探测设备，以提高探测效率。目前，俄罗斯 Dubna 联合核子研究所正在建设超重元素工厂（SHE Factory），将有望大幅提高超重核的合成率和探测效率，以系统研究超重核性质。

第二个困难是，到目前为止，实验室合成的这些超重原子核，包括 114 号元素的同位素，中子数与理论预言的下一个中子幻数 184 还相差很多。这是由于随着质子数的增加，对于 β 稳定线附近的原子核，其中子数与质子数之比越来越大。因此，利用 β 稳定线附近的原子核作为弹核与靶核，合成的超重核一定是缺中子的。解决这一困难的可能途径有两个：一是利用丰中子的放射性核束轰击靶核。但放射性核束的流强非常低，尚无法用于超重核合成实验；二是利用多核子转移反应合成超重核，这在目前仍处于探索阶段。

第三个困难是，利用重离子熔合蒸发反应合成更重的超重元素，所需的靶材料非常稀少，而且通常具有放射性。

如果上述困难能够得以解决，合成了长寿命的超重核，随之而来的另一个难题是如何鉴别它们。目前采用的通过追踪 α 衰变链来鉴别超重核的方法，只适用于短寿命的超重核。对于长寿命的超重核，需要探索新的鉴别方法。

理论研究对于探索超重核具有非常重要的意义。一方面，如前所述，20 世纪 60 年代关于超重稳定岛的理论预言促进了重离子物理的发展。另一方面，理论研究对于未知超重元素的合成也具有重要的参考意义。例如，在 117 号新元素合成实验之前，很多理论家即针对弹靶组合、入射能量等进行了预言[29-32]。又如，为鉴别超重核，需要测量 α 衰变谱，这通常也需要与理论结果进行比较[24]。

鉴于目前实验探索超重稳定岛面临很多问题，理论研究以及实验与理论的结合更凸显其重要性。与研究其他核区的原子核一样，超重核的理论研究也涉及结构、衰变与反应等方面。在超重核结构的理论研究方面，有很多重要问题需要进一步探索。这些问题包括：（1）超重核区的壳层结构及幻数，这直接决定了超重岛的中心位置；（2）超重核的质量[33]、形状[34,35]、同核异能态[36,37]等性质；（3）超重核的势能面[38,39]、鞍点性质、鞍点及其附近原子核的形状特性、裂变路径以及裂变相关的质量参数等。

超重岛的位置涉及到超重核的寿命、合成机制等关键问题。因此，如何更好地预言稳定或者长寿命超重元素岛的中心位置，仍是对理论工作者的极大挑战。量子壳效应是超重核存在的根本原因。早期的核结构理论预言，$Z=114$ 和 $N=184$ 是下一个双幻核。但后来的理论研究给出的预言很不相同（见文献［40］及其中的文献）。例如，采用不同的参数，Skyrme-Hartree-Fock 模型预言的幻数除了 $Z=114$ 和 $N=184$ 以外，还有 $Z=120$ 和 $N=172$，$Z=126$ 和 $N=184$[41]，而相对论平均场模型则预言质子幻数 $Z=120$，132 和 138 以及中子幻数 $N=172$，184，198，228，238 和 258[42]。此外，张量力对超重核区壳层结构的影响也需要考虑[43]。

当前，更为突出的理论问题是超重核合成机制的研究。在理论研究中，针对利用重离子熔合反应合成超重核的三步过程（见图3），需要计算俘获截面、熔合概率和存活概率。目前，已经建立了很多理论模型，用于研究重离子熔合蒸发反应，计算合成超重核截面[29-32,44-49]。这些模型都能很好地描述熔合蒸发剩余截面的已有实验结果。但是，对于未知核区，各种模型所得结果相差甚远。即使对于已有实验结果的核区，不同的模型给出的熔合概率也有较大的分歧。这些分歧主要源于：（1）在计算反应截面，尤其是计算复合核存活概率时，所采用的核结构信息具有很大的不确定性；（2）不同的模型基于不同的熔合机制，因而给出不同的熔合概率。因此，除了前面提到的超重核结构外，探索重离子熔合机制[50-52]对于超重核合成机制的研究也是至关重要的。

## 5 结束语与展望

超重原子核研究是理论与实验相互结合、相互促进的一个典型例子。超重稳定岛的探索涉及一系列基本的科学问题。例如，元素存在的上限在哪里？超重元素的化学性质如何？是否仍然符合现有元素周期表给出的规律？是否存在奇特形状的超重原子核？超重核中同核异能态的寿命比基态还长吗？在超重核中是否存在新的衰变方式？是否存在空心原子核？等等。

基础科学研究具有延续性，只有经过长期积累，才有可能取得创新性成果，超重原子核与超重元素的研究也不例外。在这一领域取得重要成果的实验室，都历经了长达几十年的努力。例如，俄罗斯 Dubna 联合核子研究所从 20 世纪 50 年代后期即开展重离子物理研究，日本 RIKEN 的超重核实验组在 2004 年成功合成 113 号元素之前，默默地探索了 20 年。我国的超重原子核与超重元素研究起步较晚。过去的十几年里，在国家自然科学基金、中国科学院知识创新工程和国家重点基础研究发展计划（973）项目等的支持下，我国的超重原子核研究在实验和理论两方面都取得了一些进展。

　　由于合成超重核具有极大的技术难度，相关研究不仅具有十分重要的科学意义，也是人类认识自然的能力和一个国家科技水平的最好展示。更重要的是，超重稳定岛的探索可能具有重大的应用前景。在稳定核大陆附近的小岛上存在的钍和铀同位素，其重要意义不言而喻。如果人类能够登上超重稳定岛，可以期望，岛上的这些原子核可能会对人类社会的发展产生更为重要和深远的影响。

　　**致　谢**　中国科学院理论物理研究所温凯博士和孟旭同学分别为本文制作了图 4 和图 5，特此致谢。

## 参考文献

［1］Science，2005，309：83

［2］Indelicato P. Nature，2013，498：40

［3］Bohr N. Nature，1939，143：330；Bohr N，Wheeler J A. Phys. Rev.，1939，56：426

［4］Mayer M G，Jensen J H D. Elementary theory of nuclear shell structure. New York：John Wiley & Sons，1955

［5］Wheeler J A. Nuclear Fission and Nuclear Stability. In：Niels Bohr and the Development of Physics：Essays Dedicated to Niels Bohr on the Occasion of His Seventieth Birthday. McGraw-Hill，1955，pp. 163 - 184；Scharff-Goldhaber G. Nukeonika（Nucleonics），1957，15：122；Werner F G，Wheeler J A. Phys. Rev.，1958，109：126

［6］Myers W D，Swiatecki W J. Nucl. Phys.，1966，81：1；Siemens P J，Bethe H A. Phys. Rev. Lett. 1967，18：704

［7］Strutinsky V M. Nucl. Phys. A，1967，95：420

［8］Sobiczewski A，Gareev F A，Kalinkin B N. Phys. Lett.，1966，22：500；Meldner H. Arkiv Fysik，1967，36：593

[9] Herrmann G. Nature，1979，280：543

[10] Marinov A，Rodushkin I，Kolb D，et al. Int. J. Mod. Phys. E，2010，19：131

[11] 蔡善钰. 人造元素. 上海：科学普及出版社，2006

[12] Zhao E G，Wang N，Feng Z Q，Li J Q，Zhou S G，Scheid W. Int. J. Mod. Phys. E，2008，17：1937

[13] Oganessian Y. Lecture Notes in Physics，1975，33：221

[14] Hofmann S，Münzenberg G. Rev. Mod. Phys.，2000，72：733

[15] Tatsumi K，Corish J. Pure Appl. Chem.，2010，82：753

[16] 全国科学技术名词审定委员会. 中国科技术语，2011，13：62

[17] Oganessian Y. J. Phys. G，2007，34：R165；Oganessian Y，et al. Phys. Rev. Lett.，2010，104：142502

[18] Loss R D，Corish J. Pure Appl. Chem.，2012，84：1669

[19] 全国科学技术名词审定委员会. 中国科技术语，2013，15：60

[20] Rudolph D，Forsberg U，Golubev P，et al. Phys. Rev. Lett.，2013，111：112502

[21] Khuyagbaatar J，Yakushev A，Düllmann C E，et al. Phys. Rev. Lett.，2014，112：172501

[22] Morita K，et al. J. Phys. Soc. Jpn.，2004，73：2593；J. Phys. Soc. Jpn.，2012，81：103201

[23] Gan Z G，Qin Z，Fan H M，et al. Eur. Phys. J. A，2001，10：21

[24] Gan Z G，Guo J S，Wu X L，et al. Eur. Phys. J. A，2004，20：385

[25] Zhang Z Y，Gan Z G，Ma L，et al. Chin. Phys. Lett.，2012，29：012502

[26] 孟旭，赵恩广，周善贵. 物理，2014，43：215

[27] Oganessian Y，et al. Phys. Rev. C，2009，79：024603

[28] Dullmann C E，"News from TASCA"，in the 10th Workshop on Recoil Separator for Superheavy Element Chemistry，October 14，2011，GSI Darmstadt，Germany

[29] Feng Z Q，Jin G M，Huang M H，Gan Z G，Wang N，Li J Q. Chin.

Phys. Lett. , 2007, 24: 2551

[30] Shen C W, Abe Y, Boilley D, Kosenko G, Zhao E G. Int. J. Mod. Phys. E, 2008, 17: 66

[31] ZagrebaevV, Greiner W. Phys. Rev. C, 2008, 78: 034610

[32] Liu Z H, Bao J D. Phys. Rev. C, 2009, 80: 034601

[33] Wang N, Liu M, Wu X, Meng J. Phys. Lett. B, 2014, 734: 215

[34] Ren Z, Toki H. Nucl. Phys. A, 2001, 689: 691

[35] ChenY S, Gao Z C. Nucl. Phys. Rev. , 2013, 30: 278

[36] Xu F R, Zhao E G, Wyss R, Walker P M. Phys. Rev. Lett. , 2004, 92: 252501

[37] Herzberg R D, Greenlees P T, Butler P A, et al. Nature, 2006, 442: 896

[38] Lu B N, Zhao E G, Zhou S G. Phys. Rev. C, 2012, 85: 011301 (R)

[39] Lu B N, Zhao J, Zhao E G, Zhou S G. Phys. Rev. C, 2014, 89: 014323

[40] Sobiczewski A, Pomorski K. Prog. Part. Nucl. Phys. , 2007, 58: 292

[41] Rutz K, Bender M, Burvenich T, Schilling T, Reinhard P G, Maruhn J A, Greiner W. Phys. Rev. C, 1997, 56: 238

[42] Zhang W, Meng J, Zhang S Q, Geng L S, Toki H. Nucl. Phys. A, 2005, 753: 106

[43] Zhou X R, Qiu C, Sagawa H. Effect of Tensor Interaction on the Shell Structure of Superheavy Nuclei. In: Bai H B, Meng J, Zhao E G, Zhou S G (eds.), Nuclear Structure in China 2010 - Proceedings of the 13th National Conference on Nuclear Structure in China, Chi-Feng, Inner Mongolia, China, 24 - 30 July 2010, Singapore: World Scientific, 2011, pp. 259 - 267

[44] Adamian G G, Antonenko N V, Scheid W, Volkov V V. Nucl. Phys. A, 1998, 633: 409

[45] Li J Q, Feng Z Q, Gan Z G, Zhou X H, Zhang H F, Scheid W. Nucl. Phys. A, 2010, 834: 353c

[46] Siwek-Wilczynska K, Cap T, Kowal M, Sobiczewski A, Wilczynski J. Phys. Rev. C, 2012, 86: 014611

[47] Nasirov A K, Mandaglio G, Giardina G, Sobiczewski A, Muminov A I. Phys. Rev. C, 2011, 84: 044612

[48] Wang N, Zhao E G, Scheid W, Zhou S G. Phys. Rev. C, 2012, 85: 041601 (R)

[49] Zhu L, Xie W J, Zhang F S. Phys. Rev. C, 2014, 89: 024615

[50] Zhang H Q, Lin C J, Jia H M, et al. SCIENCE CHINA Physics, Mechanics & Astronomy, 2011, 54 (S1): s6

[51] Wen K, Sakata F, Li Z X, Wu X Z, Zhang Y X, Zhou S G. Phys. Rev. Lett., 2013, 111: 012501

[52] Dai G F, Guo L, Zhao E G, Zhou S G. SCIENCE CHINA Physics, Mechanics & Astronomy, 2011, 57: 1618

本文原载于《物理》，2014，43 (12)：817

# 如何让爱因斯坦走进大众（代后记）

◆方晓　庄辞　王延颋

## 一、理论物理科学传播工作的学科特点

理论物理的研究领域涉及粒子物理、原子核物理、宇宙学、统计物理、凝聚态物理、化学物理、生物物理、量子物理等等，几乎涵盖了物理学所有分支的基本理论问题。理论物理既具有"高深莫测"的特点，往往需要用到非常复杂的数学语言和并行计算等最前沿的计算技术；又具有"看得见、摸得着"的特点，是对现实世界的总结抽象。因此，理论物理学科的科学传播工作既有很难的一面，即如何避免使用高深的术语和知识；又有容易的一面，即科学结论原则上是可以用身边的日常事物加以比喻引申从而启发受众理解的。相对实验物理而言，理论物理更加注重知识面的广度深度以及逻辑思维的缜密性，因此理论物理科普工作的预期效果不仅是普

方晓：经济学硕士，中国科学院理论物理研究所国际交流合作兼科学传播工作主管。
庄辞：理论物理博士，中国科学院理论物理研究所科研处副处长。
王延颋：中国科学院理论物理研究所研究员。研究领域：软物质与生物物理理论。

及具体的物理知识，还能提高受众的理论修养和逻辑思维能力。

相对而言，历史上著名的物理学家中理论物理学家比实验物理学家更为普通大众所熟知。尤其是家喻户晓的爱因斯坦，几乎成为了理论物理学家的代名词。然而对于爱因斯坦到底揭示了哪些重要的理论物理规律，以及对我们的日常生活产生了怎样的深刻影响，相信没有受过高等物理教育的大众很少有人清楚。作为中国理论物理研究的"国家队"，中科院理论物理所有义务让以爱因斯坦为代表的著名理论物理学家们及其研究成果不仅仅是高高在上供人景仰的符号，而是让他们的事迹以及科研成果实实在在地进入大众的日常生活当中，让理论物理不再是高深莫测的少数智力超群者的游戏，而是普通大众能够充分理解且予以支持的全体社会活动的有机组成部分。

## 二、理论物理的科普方法

从科普的内容和受众的角度来看，理论物理的科普方法可以分为"软科普"和"硬科普"。软科普主要面向具备较少专业知识的大众，目的是让大众在了解相对浅显的物理学知识的同时建立科学精神、科学思维方法、科学的世界观和人生观，以及引导对物理学的兴趣。在内容的组织方面，软科普注重"扫科盲"，使读者能够比较容易地由不知道到知道，由略知到熟知；在文字的组织方面，软科普往往需要有一定的情节，具备文学化的结构和明快、流畅的语言，因为有一定艺术感染力的科普文章才有可能吸引各行各业不同知识背景的读者。历史上很多理论物理学家都是软科普的高手，如著名物理学家乔治·伽莫夫就是科普界一代宗师，他的《从一到无穷大》启迪了无数年轻人的科学梦想；当代著名理论物理学家霍金的《时间简史》也影响了很多人。

硬科普主要面向具备较好的物理学基础知识的受众，如物理学或相关专业的大学生、研究生等，旨在介绍有一定深度的专业知识，如对某个研究领域的系统评论与回顾，或者对某个研究方向最新研究进展的深入浅出的解读。硬科普的主要目的在于激励有潜质的学生选择从事理论物理研究工作以及大同行之间的成果交流。硬科普的内容有一定的难度，需要具备较好的物理背景知识以及逻辑思维能力才能读懂。如介绍引力波研究的硬科普文章，就需要读者对于相对论和宇宙学等方面的物理知识有相当程度的基础。

介绍物理学史是理论物理科普工作里很重要的一部分内容，比如牛顿发现万有引力、爱因斯坦发现相对论、居里夫人发现镭元素、量子力学的发展史等等，这些伟大理论的发现和完善的过程中无不体现出了科学巨人们勇于探索的科学精神、打破常规追求真理的人格魅力，激励着年轻人追求真理、投身科学事业并勇攀科学高峰。介绍物理学史既可以用软科普的方法，着重于名人轶事、社会环境、人格魅力等的渲染，也可以用硬科普的方法，展示一个成熟的物理理论体系是如何在众多物理学家接力棒式的共同努力下，从模糊萌芽的一些初步想法通过艰苦的摸索探究一步步得以完善的。

## 三、理论物理所开展科学传播工作的实践

中科院理论物理所作为理论物理研究的国家队，于 1978 年在时任国务院副总理邓小平的批准下成立。经过近 40 年的发展，理论物理所已经发展成为理论物理各个领域（包括物质起源和基本组元、宇宙起源和演化、生命起源和进化等）均有完整学科布局的一流研究所，以几乎全中科院最少的人员组成（59 个编制）先后走出了 16 名中国科学院院士。结合理论物理的学科特点，近年来理论物理所在科普方面也做了一系列的工作，取得了显著的成果。

在中小学科普方面，与北京青少年科技俱乐部合作，在人大附中、汇文中学、清华附中、101 中学、陈经纶中学等开展了科学家进校园活动。理论物理所的院士和研究员们不定期地走进中学校园，为中学生感兴趣的内容做生动的科普报告。我们还在研究所国

际交流和学术活动期间，邀请外国专家走进中小学，为中小学做相关内容的科普报告。例如 2012 年理论所开展国际学术活动期间，在人大附中和十二中学组织了"中国科学院卡弗里理论物理研究所、理论物理国家重点实验室拓展项目"专题系列报告。报告先后邀请到了美国霍普金斯大学 Charles Meneveau 教授、德国慕尼黑技术大学 Erich Sackmann 教授以及马来西亚大学化学系 Rauzah Hashim 教授为 300 余名师生带来题为"流体湍流中的科学与工程学"、"从遗传学与物理学交互作用的角度看待生物进化"和"什么是化学"的精彩报告。Meneveau 教授在报告中从基本的牛顿力学出发，运用最简单的语言和生动形象的实例，向学生介绍了流体和湍流理论的一些基本概念和定义，深入浅出地为同学们解释了"稳定层流""过渡流"与"湍流"之间的区别；他还从数学、计算科学与模拟、工程建模、物理学、几何学、环境与能源六个方面，向同学们介绍了研究湍流所面临的挑战，以激发同学们对科学的热情。Hashim 教授的报告从古代炼金术开始，系统地向同学们介绍了古代和现代化学的区别和联系、化学和化学家的演变过程等科普知识。Hashim 教授也被同学们的热情和孜孜以求的精神所感染，她希望同学们能够树立"我用我的双手和大脑来寻找答案，我不断研究直到得出正确的道理，我从中追察错误"的科学方法，并运用到将来的学习、工作和生活中。

物理既是一门理论的学问，也是一门实验的学问，无数伟大的理论正是经受了实验的验证才让它显得如此闪耀。尽管理论物理与实验物理的科普工作侧重点不同，物理实验因为更为具象，往往能够帮助受众更好地理解理论物理的基本原理。为此，我们在国家重大项目的支持下做了一系列以实验演示为主的科学普及展示。例如，2016 年初，我所与北京大学一起在国家自然科学基金中德重大项目的支持下，联合北京大学物理系和波恩大学数理学院的研究生共 22 人，经过为期 4 天的精心排练，共同完成了一出科学舞台展示秀。研究生们通力合作，为一百多名中学生们带来了一场精彩有趣的关于声、光、电、磁等物理现象的演示实验，并将时空穿越的科幻故事穿插到整个实验过程中，利用日常道具展示出奇特的效果，将现象背后的物理学原理阐述出来，让中学生感受到了物理的奥妙，激发了他们学习科学的浓厚兴趣。

为进一步落实国家和中国科学院倡导的科教结合精神，为高校和中学培养与选拔拔尖创新人才尝试新的模式，充分发挥理论物理所独特的科研软环境与学术交流合作的国际化优势，为我国拔尖创新人才的成长提供强有力的支持，我们面向高校和中学的学生和教师开展了一系列的科学素质拓展项目，进行自然科学领域的科学知识普及、科学兴趣培养、科研技能锻炼和科学素养的培养。例如，2012 年我们联合中科院研究生院和美国费米国家实验室夸克网络中心、北京青少年科技俱乐部以及创新人才教育研究会联合举办了"大型强子对撞机和宇宙线，真实的粒子和真实的数据"的拓展项目。项目由来自美国费米实验室的国际知名物理学家授课，在两周的实践中，孩子们与科学家们一起学习和探讨。美国的物理学家们带来了宇宙探测器的实验装置，让孩子们有机会与物理学家们一起使用真实的宇宙探测器研究宇宙射线。来自欧洲日内瓦的强子对撞机的数据也出现在了课堂上，物理学家们带领孩子们进行数据分析，让孩子们学习到了如何探测和发现基本粒子。这个拓展项目极为成功，物理学家带领学生们体验了研究工作的完整流程，把学习、教育和实验联系在了一起。《北京科技报》对本次项目进行了专题报道："用互动的方式吸引孩子们的注意力，有机会使用真实的宇宙线探测器，并邀请他们和国际顶级实验室的科学家一起做科研……这种教育模式，对于拓展孩子们科学视野的广度和科学思维的深度很有帮助。"

最近，在新任副所长（主持工作）蔡荣根院士的大力推动下，我所开通了微信公众号，短短的几个月内已经刊登了几十篇科普文

章，拥有三千多粉丝，起到了良好的科普效果。相信理论物理所微
信公众号将在日后的理论物理科普工作中发挥越来越重要的窗口
作用。

## 四、对理论物理所科学传播工作的总结、思考和展望

理论物理的学科特点决定了学术交流合作在其科研活动中的重
要地位。结合这一特点，我们与大中小学合作，在科研学术活动期
间邀请国际知名学者给学生们开展科普讲座，对热点科学时事和科
研成果进行解说点评。物理学家们亲自带领学生们全程体验科研活
动是我们非常有特色的科普举措，产生了非常良好的科普效果。我
们还利用微信公众号等新媒体进行科普传播，大大扩展了理论物理
科普的受众范围和影响力。

与国外相比，我国的科普工作还需要在政策和制度层面上增加
支持。例如，美国的研究资助机构会要求某些项目申请包括科普部
分，承担科研项目者有义务向社区民众及中小学生传播与该研究项
目相关的科学知识。很多大学在本校招募科研人员（主要包括教授
和博士后）进行科普工作，到当地中小学（小学、初中和高中）讲
授相关科学知识。在项目的实施过程中，首先由项目办公室向全校
科学工作者发邮件招募志愿者，根据志愿者报名情况，如研究背
景、专业及从事科研工作的时间，进行面试，最后决定录用志愿者
名单。科普办公室对志愿者进行较严格的教学培训，一般培训3天
左右。培训结束后，志愿者（2～3人为一组）被分配到相应的中
小学去讲授科普课程。美国的科普计划能够非常长久并高效地实
施，得益于学校的大力支持，设立专门的科普办公室，在项目实施
中起到了组织核心作用；知名学者、教授倡导和大力支持；科普办
公室与辖区内的中小学建立良好的合作关系；招募优秀的志愿者，
并对他们进行严格的教学培训。这些做法都值得我们借鉴。

习近平总书记强调："科技创新、科学普及是实现创新发展的

两翼，要把科学普及放在与科技创新同等重要的位置"。加强科学普及，成为新形势下我国全面推进创新的重大任务。今天的中国正全面进入创新时代，这个时代横跨从现在起到本世纪中叶的 30 多年，直接关系到建设世界科技强国、实现中国梦的大局。创新发展是我们必须坚持的发展理念，创新驱动是我们必须落实的发展战略，创新大众化是我们必须适应的发展趋势，科学普及是我们必须强化的发展要务。作为科研国家队的中科院的组成部分，理论物理所有责任、有义务也必将努力将科普工作进一步做好、做实，让爱因斯坦切切实实走进大众的心中。

理论物理所成立 40 年来，所里的研究人员先后撰写了大量的科普文章发表在不同的媒体上，对于普及理论物理的科普知识起到了重要作用。但是这些科普文章的撰写和发表缺乏系统的规划。值此 40 周年所庆之际，我们挑选了一些代表性的科普著作编辑成册，希望能够成为今后理论物理所在科普文章和书籍方面的系统、持续性工作所迈出的第一步。

彩　图

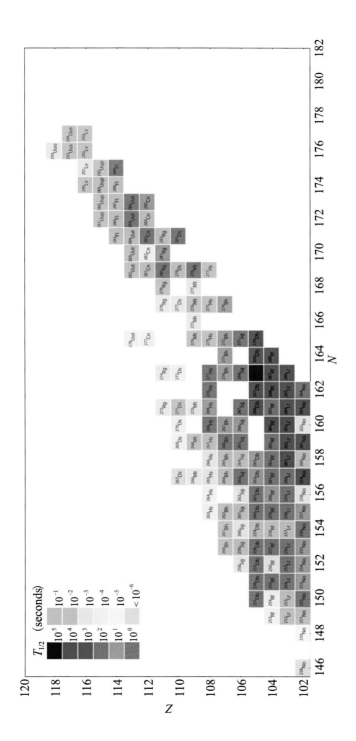

图4　实验室合成的超重原子核及寿命

横轴 $N$ 表示中子数，纵轴 $Z$ 表示质子数，图例给出原子核的半衰期 $T_{1/2}$，以秒为单位

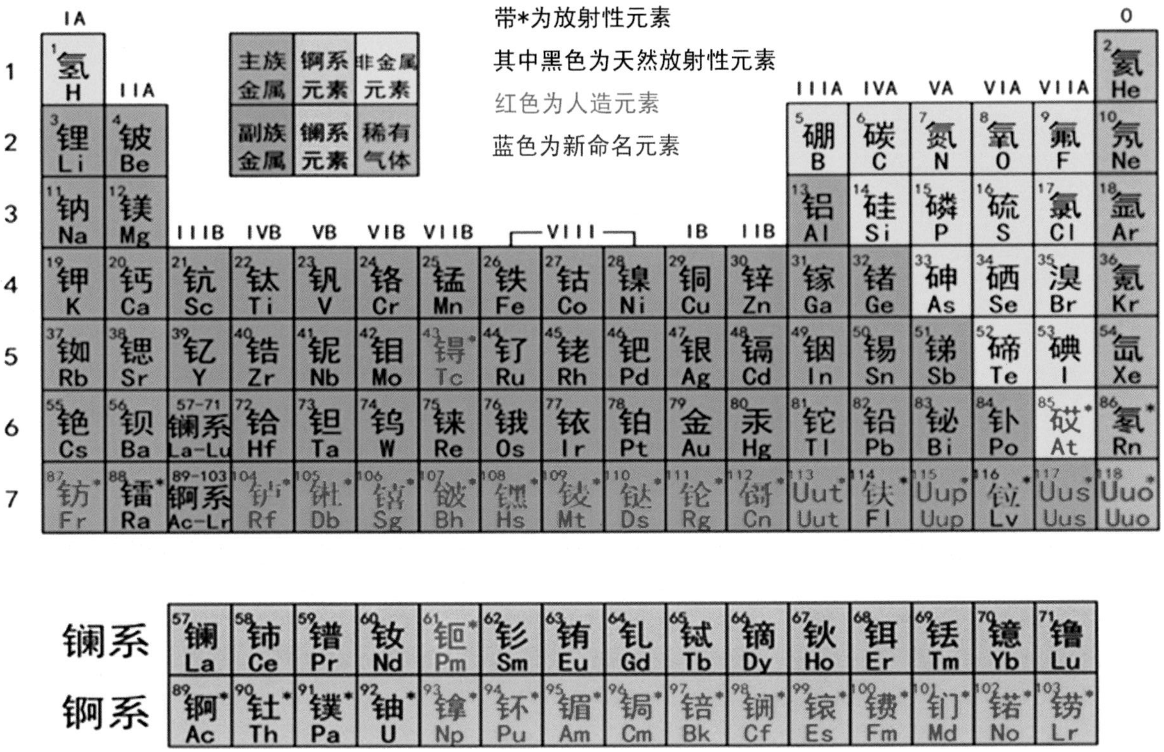

图5 元素周期表 [26]